暖通空调产品系列标准应用实施指南

住房和城乡建设部标准定额研究所　编著

中国建筑工业出版社

图书在版编目（CIP）数据

暖通空调产品系列标准应用实施指南 / 住房和城乡建设部标准定额研究所编著. — 北京 ：中国建筑工业出版社，2023.11

ISBN 978-7-112-29557-9

Ⅰ.①暖… Ⅱ.①住… Ⅲ.①采暖设备-产品标准-中国-指南②通风设备-产品标准-中国-指南③空气调节设备-产品标准-中国-指南 Ⅳ.①TU83-65

中国国家版本馆 CIP 数据核字（2023）第 253158 号

责任编辑：刘诗楠　石枫华
责任校对：赵　颖
校对整理：孙　莹

暖通空调产品系列标准应用实施指南
住房和城乡建设部标准定额研究所　编著
*
中国建筑工业出版社出版、发行（北京海淀三里河路 9 号）
各地新华书店、建筑书店经销
北京科地亚盟排版公司制版
建工社（河北）印刷有限公司印刷
*
开本：787 毫米×1092 毫米　1/16　印张：15¼　字数：378 千字
2023 年 12 月第一版　2023 年 12 月第一次印刷
定价：**76.00** 元
ISBN 978-7-112-29557-9
（41896）

《暖通空调产品系列标准应用实施指南》
编委会

编 制 单 位

河南安筑新材料科技有限公司
中国建筑金属结构协会采暖散热器委员会
大金（中国）投资有限公司
浙江曼瑞德舒适系统有限公司
珠海格力电器股份有限公司
浙江荣荣实业有限公司
北京钴得暖业能源技术发展有限公司

前　　言

任何一项建筑工程，都是从设计规划开始，经过施工和验收，最后进入运行维护，为用户所使用。而建筑产品的应用贯穿建筑工程的全过程：在设计阶段要具体了解各建筑产品的功能、性能和作用，确定其使用方式和方法；在招投标阶段，要综合考虑建筑产品的质量、安全、节能、环保等多方面因素，才能合理确定中标方；在施工阶段和验收环节，要结合工程建设标准技术内容，统筹安排安装、现场检测、见证取样等；在运行维护阶段，要保证建筑产品的正常运转，及时解决各类设备故障，关注能耗和运行成本。各阶段应环环相扣，其中建筑产品标准作为保证产品质量的基础，应满足工程建设标准的需求，以便更有效地服务于工程实际应用。

具体到建筑供暖、通风、空调领域，产品标准与工程建设标准之间存在一定程度的脱节，主要是没有把产品标准的实施纳入工程建设各个阶段的基本程序中，技术人员仅按照工程建设标准完成工作，并没有真正了解和应用产品标准，造成部分产品在工程中没有发挥应有的作用，对产品性能、工程施工质量及建筑运行能耗都产生了不良影响。具体来说，在设计阶段，产品的适用性差异较大，如何选用与系统相匹配、经济适用的产品，是设计师遇到的难题；在招投标阶段，负责人员没有充分了解产品标准的规定，对产品各方面性能的综合分析不够准确，导致中标方的产品并不能真正满足工程建设要求；在施工阶段，施工人员安装操作不当，导致产品或零部件损坏，系统整体能耗增加或效率下降；在验收阶段，多种暖通空调产品需要现场复验，见证取样过程中会出现产品性能与铭牌标识不一致、不满足产品标准要求、判定依据不准确等问题，很难满足工程要求，施工质量难以保证；在运行维护阶段，设备使用者或物业人员操作不当，造成安全隐患和能源浪费，建筑运行维护成本居高不下。

分析上述供暖、通风和空调产品在工程应用中出现的问题，可知原因主要是：生产企业对标准理解不透彻，标准执行有偏差；部分产品标准未及时修订，标准内容间没有协调一致，部分性能指标或技术内容跟不上行业变化；产品标准应用率低，未能有效指导设计师的设计选型、工程现场技术人员的施工安装及验收，以及使用者和物业管理人员的日常运行维护。

为此，住房和城乡建设部标准定额研究所组织编写了《暖通空调产品系列标准应用实施指南》（以下简称《指南》），在针对上述问题和原因进行分析的基础上，结合相关工程建设标准，对工程各阶段产品标准的使用进行解析，以解决产品标准与工程建设标准脱节的问题，搭建好产品与工程实际应用相衔接的桥梁，提高建筑工程暖通空调系统的工程应用水平，助力建筑领域实现绿色发展、节能减排和低碳转型。

需要说明的是，空气净化领域和通风领域、空调领域密切相关，但相对独立，高效及超高效空气过滤系统更多地应用于医疗建筑、工业厂房、生物安全等工程中，故《指南》不包括空气净化领域相关内容。此外，《指南》由住房和城乡建设部标准定额研究所组织编写，内容以住房和城乡建设部归口管理的产品国家标准和行业标准为主，相关工程国家标准和行业标准为辅，为保证内容的完整性，其他部委归口管理的相关标准会有所涉及，但不作为主要内容。

《指南》共分7章：第1章介绍了国内外暖通空调技术和产品发展现状，系统梳理了国内外标准体系并进行了比对；第2章详细阐述了暖通空调产品的分类及其性能要求，重点分析了产品标准在工程应用中的常见问题；第3章给出了产品在工程设计选型中应注意的要点；第4章介绍了产品在施工过程中的安装及验收要点；第5章系统介绍了工程调适运维要点；第6章给出了典型工程应用案例；第7章展望了暖通空调产品技术及标准化的发展趋势。

对《指南》的应用有以下事项进行说明：

(1)《指南》以目前颁布的暖通空调的主要产品标准为立足点，以满足相关工程技术规程的需求为目的进行编写。

(2)《指南》对标准本身的内容仅作简要说明，详细内容可参阅标准原文，本《指南》不能替代标准条文。

(3)《指南》也参考了部分即将颁布的标准，相关内容仅作参考，使用中仍应以最终发布的标准文本为准。

(4)《指南》列出了暖通空调产品在工程应用各阶段的常见问题，其目的是通过分析，指导《指南》使用人员在实际工作中正确运用概念和技术，做到科学选择、合理设计施工和验收，高效调适运维。避免同类错误重复出现，切实提高暖通空调产品在工程中的应用质量。

(5)《指南》中案例说明不得转为任何单位的产品宣传内容。

(6)《指南》内容不能作为使用者规避或免除相关义务与责任的依据。

由于暖通空调产品涵盖内容广泛，书中选材论述引用可能存在不当之处，望广大读者批评指正，并及时联系作者加以修正，以期在后续出版中不断完善。

住房和城乡建设部标准定额研究所

2022年11月

目　　录

第1章 概述

建筑供暖、通风、空调产品是工程建设领域中不可缺少的设备组成部分，对节约能源、保护环境、保障工作条件、提高生活质量有着十分重要的作用。经过70年的发展，我国的建筑供暖、通风、空调产品技术水平基本上与国外发达国家相当，也有很多产品达到了国际先进水平，相应产品的标准体系已逐步完善，主要包括设备和配件等。这些标准的发布实施，对建筑环境落实暖通空调设计参数，能源与末端设备匹配适度和效率提升，保证建筑工程质量起到了举足轻重的作用。本章将基于国内外暖通空调技术和产品发展现状及存在的问题，介绍产品标准和相关工程建设标准应用情况及标准体系现状，分析产品在建筑工程中的需求。

1.1 国内外技术发展概况

1.1.1 供暖产品

供暖是冬季为人们创造温暖、舒适的生活或工作环境的手段，供暖设施是保证人体健康、提高生活质量和工作效率的基本建筑设备。随着人们对供暖舒适、节能、环保要求的提高，供暖产品作为建筑物供暖系统中的主要散热设备，其种类繁多。供暖产品可以指房间内独立的供暖产品（如电暖器），也可以是由热源、供暖系统配套设备、输配调节装置、末端设备等组成的集中供暖系统中的各部件和产品。供暖系统配套设备包括换热器、膨胀定压装置、分集水器等；输配调节装置一般为各类阀门；末端设备包括供暖散热器、热水辐射供暖装置、热风供暖装置。本指南供暖产品主要介绍供暖散热器、热水辐射供暖装置、电供暖产品三大类产品。从技术发展来看，供暖散热器作为传统的供暖产品，技术发展成熟已经有100多年的历史；随着人们对舒适性和节能性要求的提高，低温热水辐射供暖系统也得以广泛应用；同时随着核电、风电、水电等清洁发电方式的发展，利用电能进行供暖变得更加经济可行、低碳环保，从而电供暖也快速发展并得以应用。以下分别介绍供暖散热器、热水辐射供暖装置、电供暖产品的国内外发展情况。

（1）供暖散热器

供暖散热器在欧洲，尤其是在意大利较早起步并发展至日益成熟。供暖散热器在欧洲成熟出现的年代公认为19世纪末。1890年铸铁浮雕单柱形式散热器在欧洲贵族宅邸兴起，因其价格极其昂贵，作为一种生活中的奢侈品流行于上流社会。20世纪是供暖散热器快速发展时期。1900～1920年，供暖散热器伴随着取暖的方便性、舒适性被广泛认可和用于上流社会交际场所（如教堂、剧院），产生了散热量较大的多柱铸铁浮雕供暖散热器，满足了较大空间的楼堂馆所。20世纪30年代，供暖散热器第一次革命产生了单柱钢质供暖散热器，明显地提高了生产量，较大地满足社会需求。1930～1950年，随着人们生活水平的不断提高，大多数人放弃生火取暖的基本方式，追求更高的生活水准，从而产生了大众化的供暖散热器，即多柱铸铁和多柱钢质供暖散热器。1950～1960年，人们在满足取暖舒适的同时，在节能环保、美观装饰方面提出了更高的要求。钢制板式供暖散热器以散热量大、外观简洁、价格适中，受到人们青睐，成为主流产品。1960～1980年，人们考虑到铝材传热系数高的特点，希望其能取代铸铁和钢质供暖散热器。但由于铸铝型材粗犷简单及不能很好解决碱性水质腐蚀问题，故在1980～1990年，供暖散热器主流又回归到钢质。目前，欧洲使用散热器的种类有钢制柱式散热器、钢制板式散热器、铸铁散热器、铜管铝串片对流散热器、铸铝散热器等。美洲使用散热器主要以铜管铝串片对流散热器为主。

我国在20世纪初期，开始了铸铁散热器的生产，但产品类型较少。20世纪40年代以前，我国的供暖系统仍然是少数上层人物和高级建筑物使用的奢侈品。新中国成立后，20世纪50～80年代，我国散热器仍以铸铁散热器为主，铸铁813型、M-132型、长翼60型和圆翼型等少数几种形式。进入80年代，开始生产钢制散热器，改进铸铁散热器。1986年6月，中国建筑金属结构协会采暖散热器委员会成立。1996年以后随着超声波自动焊接（激光焊）工艺的普及和焊接成本降低，国内生产厂商经过生产设备改造，大胆采用色彩，运用文化底蕴和卓越的创造力，以专业的国际化设计理念，创造出装饰性与供暖功能完美结合的现代钢质供暖散热器。2000年以后，随着散热器行业的发展，轻型散热器日益受到市场的欢迎，在国内得到普遍应用。为解决国内由于水质问题引起的散热器腐蚀问题，2000年左右国内创新发明了复合型散热器，以铜管、厚壁钢管和塑料管为流道的铜铝复合、钢铝复合以及塑铝复合型散热器受到了广泛的欢迎。目前，我国供暖散热器产品按材质分主要是钢制（钢制板型、钢制管型）、复合型（铜铝复合、钢铝复合、铝塑复合）、铸铁、铝制等。

（2）热水辐射供暖装置

20世纪30年代，著名的美国建筑设计大师莱特先生在其设计的大量作品中采用了热水辐射供暖装置，极大地推动了热水辐射供暖的应用，但由于当时只能采用铜管作为加热盘管，不仅价格高昂，而且腐蚀渗漏导致维护成本较高，致使热水辐射供暖的应用受到了很大的限制。直到60年代末，抗老化、耐高温、耐高压、易弯曲的塑料管材进入实际应用，以上状况才得到改观。塑料管材因价格便宜、地面下埋管无接口、管内壁不易结垢、使用寿命长等优点，促进了热水辐射供暖技术的推广和应用。

20世纪50年代末期，我国的科技工作者们开始对热水辐射供暖技术进行研究，并付诸具体的工程实践。在人民大会堂门厅，由于其空间高大和使用条件的限制，传统的散热器供暖和热空气供暖系统均难以满足取暖需求，最终采用热水辐射供暖装置。此外，一些大型建筑门厅、展厅等公共场所也都采用了热水辐射供暖装置。随着中国住宅产业化的迅速发展，地暖的普及也在日益加快。2004年10月1日，正式实施了由中国建筑科学研究院主编的行业标准《地面辐射供暖技术规程》JGJ 142。2005年5月，中国建筑金属结构协会给水排水设备分会推动热水辐射供暖的工作，这之后，热水辐射供暖在中国迅速发展，现在热水辐射供暖已经是中国一、二线城市业主装修时的优选项。热水辐射供暖根据安装位置分为地面及顶面辐射供暖，从铺装结构上分为填充式辐射供暖和预制式辐射供暖两种。

（3）电直接加热供暖产品（简称“电供暖产品”）

电供暖系统在20世纪起源于北欧芬兰，在欧洲、北美、日本、韩国等60多个国家得到广泛应用。目前电供暖系统已在欧洲、北美得到了广泛接受和认可，在发达国家的普及率非常高。1926年，欧洲开始生产和应用电供暖产品。美国及欧洲1930年开始推广电供暖产品。随着核电站发电使得电力产业迅速发展，以及风电、水电、太阳能光伏发电等可再生能源不断增加，人们用电十分便利，从而也带动了电供暖产品的迅速发展。目前，在自己国家供暖产品中电供暖产品在挪威占90%、日本和韩国占80%、法国和瑞典占70%、美国和加拿大占50%。

我国尤其是北方地区的电力供应主要来源于火力发电，而火电的热电转换效率较低，采用电供暖存在高质低用，也是不经济的。因此，在我国经济起步和发展阶段，电供暖一直存在种种限制，未作为主要的供暖能源加以推广。近年来，国家不断加大节能减排工作力度，大力开展清洁取暖缓解供暖期雾霾问题，推广以电供暖等形式为主的清洁能源供暖技术。此外，随着“双碳”目标的提出，建筑电气化逐渐成为未来的发展方向。以上因素在近年来推动了电供暖技术的不断发展和进步。20世纪80～90年代，作为小家电的红外辐射电热器、电热油汀、PTC陶瓷、卤素电暖器等已经是成熟的产品。近些年，随着材料的发展，电加热元件又出现了碳纤维发热线、碳晶、石墨烯等。在政策驱动和市场需求的双重作用下，市场上出现了各种类型的电暖器产品，仍以直热式电暖器和蓄热式电暖器为主，新增的产品如电暖桌、电暖炕、内置电热层电供暖地板或瓷砖等也得到了越来越多的关注。电辐射供热的加热元件有加热电缆和电热膜。电热膜技术引入我国是在20世纪90年代后期，随后经过十几年的技术研发和应用实践，主要有热水辐射供暖、顶板辐射供暖和墙体辐射供暖等形式。加热电缆供暖方式于2000年左右在我国试推广，加热电缆供暖方式一般布置成地板供暖形式。目前，电供暖已在东北、京津沪、长江流域各省，以及内蒙古、青海、贵州、甘肃等许多省份的住宅、工业建筑、别墅等多种建筑中应用。

1.1.2 通风产品

通风理念在过去的几十年大致经历了以下阶段：在20世纪70年代，国际上的能源危机导致西方国家普遍加强了对建筑物的“封闭”，以此减少建筑的能源消耗，随之进入或渗入室内的空气量也显著降低。然而，渗透空气的减少产生了与室内空气品质相关的问题，“病态建筑综合征”出现了。到20世纪80年代，国际上开始致力于研究病态建筑的成因，从而引入了新的通风概念，达成了增加室外新风量的共识。世界卫生组织（WHO）在1983年对病态建筑综合征进行了定义：由室内环境原因所导致的以非特异症状为表现的综合征，包括鼻子、眼睛和喉咙黏膜刺激、全身不适、恶心、疲劳和头痛。这些症状在离开特定环境之后很快得到缓解，且呈现群体（并非全体）发病。加强室内通风换气被认为是改善室内环境、提升室内空气品质、预防和改善病态建筑综合征的重要措施。在20世纪90年代，国际上的研究者和设计者对建筑通风的研究重点放在了节能和保护环境上，例如自然通风的节能潜力以及局部环境的个性化控制等。与之相适应的通风气流组织优化、强化通风换气的通风器产品等得到普遍研究和采用。

进入21世纪初期，随着我国社会高速发展，大量现代电子办公用品（复印机、电脑、打印机）广泛使用，室内装修采用大量合成材料，再加上为了节能密闭门窗和尽可能减少新风量等，严重影响了室内空气质量，一些高层建筑成为“病态建筑”。我国学者也开始关注建筑室内空气质量问题，对空调系统的要求不仅限于环境温度，而开始扩大到环境清洁度，各种通风净化器开始在建筑通风空调系统设计中采用。现阶段，随着我国城镇化的高速发展和人民对健康生活追求的提高，健康且节能的建筑是未来建筑可持续发展的方向。一方面降低建筑能耗是实现“双碳”目标的重要途径，另一方面营造良好的室内空气品质是保障健康的迫切需求。因此，节能高效、调节灵活、控制方便准确的通风产品得到广泛应用。同时随着建筑直流供电技术的发展，直流变频类的通风产品将是未来的发展方向之一，包括各类通风器以及各种类型的风机、风口、风管和风阀产品会逐渐得到研究和开发。

（1）通风机

通风机在通风空调系统中，是重要的动力设备。我国的风机制造业起步于20世纪50年代，经过20世纪50年代～60年代起步阶段和20世纪70年代～80年代引进消化创新发展阶段，中国的风机制造业的设计制造技术水平跃上了新的台阶。20世纪90年代以来，受引进技术制约和市场经济的推动，产学研结合、企业与院校联合开发研制机制的形成及技术研发体系的不断完善，我国的风机制造业开始步入全新的发展时期。风机行业初步形成了集设计制造、科技研发、成套服务等相互依存、相互促进、协调发展的中国风机工业体系。目前用于通风空调系统的风机主要有离心式风机、轴流式风机、斜流式风机、混流式风机、贯流式风机和射流式风机等。近10年来，我国建筑通风设备行业随着我国经济的发展和风机工业体系的不断壮大，高端产品逐步替代进口品牌，技术基本上满足建筑通风发展的需要，有些产品已达到或接近国际先进水平。

（2）通风管道

风管系统是通风空调系统的重要组成部分，通风管道的结构、形状、布置形式及制作、施工质量，将直接影响通风空调系统的技术经济性能和运行效果。通风管道系统的一些关键构件，如三通、弯头、变径等的阻力较大，往往导致通风空调系统能耗巨大，且高阻力还会诱发气动噪声，加速管壁磨损，危及安全。我国通风空调系统的风管大规模发展是从20世纪70年代开始的。伴随着集中式通风空调系统的快速发展，通风管道在工程应用中越来越受到重视，对通风管道本身的保温性能和美观性能的要求也越来越高，与之相关的核心生产技术应用与研发逐渐成为风管企业关注的焦点。风管技术的进步，主要表现在材料的进步以及机器、设备、工具的进步。材料的进步直接影响着作业方式的进步，也直接影响产品质量的稳定性。制作风管的材料主要包括镀锌钢板、玻璃纤维复合板、玻璃钢等。镀锌钢板风管是以镀锌钢板材为主要原料，经过咬口、机械加工成型，现场制作方便，同时具有可设计性，是传统的通风管道。国内玻璃纤维复合风管起源于20世纪80年代，是在美国的玻纤风管技术的基础上发展起来的，90年代随着国家相关标准的发布，玻璃纤维复合风管进入成熟期。玻璃钢风管从20世纪50年代开始在我国制作使用。三通、弯头、变径等关键构件随着通风管道技术、材质和施工工艺等的不断发展，其结构和阻力特性在不断优化，对于通风管道系统功能的实现和经济运行起到了重要的作用。

（3）通风部件

风口（空气分布器）在通风空调系统中，是较重要的设备部件，由于其所在位置的特殊性，它的性能直接影响室内气流组织和空调效果。20世纪60年代以前，国内风口不但品种少，形式单调，而且大多是安装部门在施工现场加工制作，手工操作既费工时，又难以保证质量，且很不美观，与建筑装饰不相匹配。到了20世纪70年代，一部分安装公司开始将风口在工厂进行机械化生产，最早生产的是手动百叶风口标准尺寸的系列产品。20世纪80年代以后，宾馆空调的迅速发展促进了我国风口产品的商品化、系列化生产的发展，国内安装工程公司引进国外先进技术，逐渐形成大规模批量生产风口能力。

风阀种类繁多，是建筑环境控制通风模式的关键设备之一，可以对空气流量进行精确调节。风阀是随着建筑通风空调系统的发展而逐渐发展起来的，随着对建筑室内空气环境控制质量和要求的提高，通风空调系统对风量的精准调控显得越来越重要，风阀的密闭性、调控等性能也在不断提升。对于防火阀门，随着高层建筑及复杂建筑的不断出现，对通风空调的防火性能要求越来越高，相应地对防火阀门的防火、耐火、调控等性能要求也越来越高。

1.1.3　空调产品

空调产品是指能够为建筑空间提供满足使用要求的空气或对空间内空气温度、湿度、洁净度、新风量、气流组织等进行处理和保障的产品。它可以指房间内独立的空调设备（如房间空调器），可以指将冷热源、冷媒输配设备、空调房间末端设备、机电控制设备有机结合成一体的集中空调系统，也可以指集成一体空调系统中的各个功能部件。

现代空调技术最早可追溯到20世纪初，美国开利公司为实现工厂生产的工艺环境条件而开发的空调系统；20世纪50年代～60年代日本和韩国在美国空调技术的基础上，研发并推广了家用空调产品。我国则是在引进国外技术和产品的基础上，于20世纪80年代末开始逐渐自主生产空调产品。随着使用需求的不断增长，空调产品从最初的以热湿处理作为基本功能扩展到具备过滤净化、新风处理、远距离输配等多元功能。

（1）独立式空调产品

独立式空调一般是用户直接采购后，不经过工程建设流程，供应商直接帮助用户安装和投入使用，以房间空调器为典型代表。在世界空调器发展中，制造和控制技术上日本都处于领先地位，随着生活水平的提高和能效要求的提升，更是领先生产出了变频空调器和一拖多空调器及变制冷剂流量多联机空调。在家用空调领域，我国基本是从20世纪80年代起步，近些年以格力、美的、海尔等为代表的国产品牌空调，逐渐赶上国外发达国家先进水平。

由于独立式空调产品直接由供应商向用户提供采购咨询、安装、售后等服务，因此本指南不涉及独立式空调产品的具体内容。

（2）集中空调产品

集中空调系统涉及组成系统的冷热源设备、冷热媒输配设备、末端换热和空气分布设备、调节和监测控制设备，需依据专业工程设计标准，在经济技术比较的基础上，围绕设计目标，对产品材料进行集成，来满足建筑空间内热舒适和工艺环境要求，包括户用集中空调系统和商用集中空调系统。

对于户用集中空调系统，主要采用风冷冷水机组与风机盘管机组集成一体的户用中央空调系统，20世纪90年代末以美国特灵、约克等品牌为代表，在我国大户型家用中央空调系统中得以快速推广，目前国内和合资品牌的产品市场份额不分伯仲。另外，为了适应高质量发展和健康安全节能的要求，户用新风空调系统和产品，如热回收新风机组、热泵型新风环境控制一体机等也得到了快速发展。

对于商用集中空调系统，主要是以环保安全的水为冷热传递介质，将冷热源能量与建筑空间需求冷热量相互传递交换，其产品包括完成末端空气处理的设备如风机盘管机组、组合式空调机组，完成冷热源侧和需求侧之间输配调节功能的设备如风阀、水阀，完成冷热气流分布功能的设备如空调风口、变风量空调末端。此外还包括一些空气处理功能的部件产品，如吊顶辐射板换热器、表冷器、加湿器、过滤器等。

回顾我国空调末端产品和标准的发展，风机盘管机组产品在被引进我国之前，在国外广泛用于旅馆、公寓、医院和办公楼等高层建筑物中，同时也用于小型多室住宅建筑的集中空调场合。20 世纪 80 年代初，由于改革开放和建筑功能要求的提高，我国开始研发和引进风机盘管生产线，这时期以北京空调器厂、北京青云、上海新晃空调、上海通惠开利等品牌为代表的企业，成为产品标准编制的主要力量。

组合式空调机组产品，在我国广泛用于宾馆、办公楼、医院、文娱体育场馆、会议中心等民用建筑和机械、化工、轻工、电子、纺织制药、食品、造纸等工业用建筑的集中空调系统，通过机组功能段中的空气处理部件，对空气进行各种热湿净化等处理。20 世纪 80 年代初，出现了以希达、宜兴、苏净、通惠开利、新晃等品牌为代表的金属空调箱产品生产企业，成为产品标准编制的主要力量。

除了传统的空调产品外，随着节能减排、绿色发展、“双碳”目标成为国家发展战略，还出现了充分利用自然冷源降温节能的空调产品，如蒸发冷却空调机组等，相应的产品标准也得以立项和编制发布。

需要说明的是，本指南主要针对住房和城乡建设部归口管理的空调产品标准进行编写，由于冷热源类空调产品归口其他部门管理，因此本指南不涉及冷热源类空调产品的具体内容。

1.2 标准体系概况

1.2.1 供暖产品

供暖技术最早在欧洲和美国等发达国家发展并成熟起来，并成立相应的标准化组织，国际上与供暖产品相关的标准化组织主要有国际标准化组织（ISO），国际电工委员会（IEC），欧洲标准化委员会（CEN），美国供暖、制冷与空调工程师学会（ASHRAE）和日本工业标准委员会（JISC）。下面分别介绍相关标准。

（1）国际标准化组织（ISO）标准

ISO 在供暖产品方面出版了一系列标准，包括供暖散热器、辐射供暖供冷方面的标准。

ISO 在 1975 年相继出版了一批散热器测试方面的标准。相关标准主要有：《热交换器—供水或蒸汽主环路的热平衡实验—原理和试验方法》ISO 3147：1975、《空气冷却闭式小室测定散热器、对流器和类似设备散热量的试验方法》ISO 3148：1975、《液体冷却冷闭式小室测定散热器、对流器以及类似设备散热量的试验方法》ISO 3149：1975 和

《散热器、对流器和类似设备-散热量计算和结果的表达式》ISO 3150：1975。上述标准目前已经作废，未有新标准替代。

ISO在辐射供热供冷方面有2个系列标准：《建筑环境设计—嵌入式辐射供暖和供冷系统—第1部分：定义、符号和舒适度标准》等ISO 11855共7部分和《建筑环境设计—液体循环辐射供暖和供冷板系统的设计、试验方法和控制—第1部分：术语、符号、技术规范和要求》等ISO 18566共5部分。辐射供暖和供冷系统由辐射末端、热源、输配系统和控制系统组成。ISO 11855系列标准是针对直接控制空间热交换的嵌入式表面供暖和供冷系统，不包括热源、输配系统，也不包括建筑结构和面板之间有空气隔层的类型，可以用于以水作为介质的系统，也适合其他流体或电作为加热或冷却介质的系统；ISO 11855系列标准主要内容包括定义、符号和舒适度标准，设计供热量和供冷量的确定，产品设计和选型，主动供热/冷建筑动态供热供冷能力的确定及计算方法，安装，控制和能耗计算的输入参数。ISO 18566系列标准的部分内容是基于EN 14240、EN 14037系统标准和ASNI/ASHRAE 138，适用于非嵌入式低温辐射供暖和高温辐射供冷系统；ISO 18566系列标准主要内容包括术语定语、符号、技术规范和要求，吊顶式辐射板供热量、制冷量的测试设备和测试方法，吊顶辐射板的设计要求和设计过程，吊顶辐射供暖和供冷板的控制，能耗计算的输入参数；ISO 18566系列标准确保了当系统实际在建筑物中运行时，所能达到的最大性能。

目前，现行ISO供暖产品相关标准主要是辐射供冷供暖系统标准，见表1.1。

ISO供暖产品相关主要标准 **表1.1**

序号	标准编号	英文名称	中文名称
1	ISO 11855-1：2021	Building environment design—Embedded radiant heating and cooling systems—Part 1：Definitions，symbols，and comfort criteria	《建筑环境设计—嵌入式辐射供暖和供冷系统—第1部分：定义、符号和舒适度标准》
2	ISO 11855-2：2021	Building environment design—Embedded radiant heating and cooling systems—Part 2：Determination of the design heating and cooling capacity	《建筑环境设计—嵌入式辐射供暖和供冷系统—第2部分：设计供热量和供冷量的确定》
3	ISO 11855-3：2021	Building environment design—Embedded radiant heating and cooling systems—Part 3：Design and dimensioning	《建筑环境设计—嵌入式辐射供暖和供冷系统—第3部分：设计和尺寸》
4	ISO 11855-4：2021	Building environment design—Embedded radiant heating and cooling systems—Part 4：Dimensioning and calculation of the dynamic heating and cooling capacity of Thermos Active Building Systems（TABS）	《建筑环境设计—嵌入式辐射供暖和供冷系统—第4部分：主动供热/冷建筑动态供热供冷能力的确定及计算方法》
5	ISO 11855-5：2021	Building environment design—Embedded radiant heating and cooling systems—Part 5：Installation	《建筑环境设计—嵌入式辐射供暖和供冷系统—第5部分：安装》
6	ISO 11855-6：2018	Building environment design—Design，dimensioning，installation and control of embedded radiant heating and cooling systems—Part 6：Control	《建筑环境设计—嵌入式辐射供暖和供冷系统的设计、尺寸确定、安装和控制—第6部分：控制》
7	ISO 11855-7：2019	Building environment design—Design，dimensioning，installation and control of embedded radiant heating and cooling systems—Part 7：Input parameters for the energy calculation	《建筑环境设计—嵌入式辐射供暖和供冷系统的设计、尺寸确定、安装和控制—第7部分：能耗计算的输入参数》

续表

序号	标准编号	英文名称	中文名称
8	ISO 18566-1：2017	Building environment design—Design，test methods and control of hydronic radiant heating and cooling panel systems—Part 1：Vocabulary，symbols，technical specifications and requirements	《建筑环境设计—液体循环辐射供暖和供冷板系统的设计、试验方法和控制—第1部分：术语、符号、技术规范和要求》
9	ISO 18566-2：2017	Building environment design—Design，test methods and control of hydronic radiant heating and cooling panel systems—Part 2：Determination of heating and cooling capacity of ceiling mounted radiant panels	《建筑环境设计—液体循环辐射供暖和供冷板系统的设计、试验方法和控制—第2部分：吊顶式辐射板供热量制冷量的测定》
10	ISO 18566-3：2017	Building environment design—Design，test methods and control of hydronic radiant heating and cooling panel systems—Part 3：Design of ceiling mounted radiant panels	《建筑环境设计—液体循环辐射供暖供冷板系统的设计、试验方法和控制—第3部分：吊顶式辐射板的设计》
11	ISO 18566-4：2017	Building environment design—Design，test methods and control of hydronic radiant heating and cooling panel systems—Part 4：Control of ceiling mounted radiant heating and cooling panels	《建筑环境设计—液体循环辐射供暖供冷板系统的设计、试验方法和控制—第4部分：吊顶式辐射供暖供冷板的控制》
12	ISO 18566-6：2019	Building environment design—Design，test methods and control of hydronic radiant heating and cooling panel systems—Part 6：Input parameters for the energy calculation	《建筑环境设计—循环辐射加热和冷却板系统的设计 试验方法和控制—第6部分：能耗计算的输入参数》

（2）国际电工委员会（IEC）标准

IEC制定的供暖产品方面的标准主要是电供暖产品安全方面和性能方面的标准，包括《家用和类似用途电器的安全—第2-30部分：室内加热器的特殊要求》IEC 60335-2-30、《家用直接作用式房间电加热器—性能测试方法》IEC 60675、《家用和类似用途电器的安全—第2-61部分：蓄热式室内加热器的特殊要求》IEC 60335-2-61和《家用储热式室内加热器—性能测试方法》IEC 60531。IEC制定的电供暖产品标准见表1.2。

IEC电供暖产品相关主要标准 **表1.2**

序号	标准编号	英文名称	中文名称
1	IEC 60335-2-30	Household and similar electrical appliances-Safety—Part2-30：Particular requirements for room heaters	《家用和类似用途电器的安全—第2-30部分：室内加热器的特殊要求》
2	IEC 60675	Household electric direct-acting room heaters—Methods for measuring performance	《家用直接作用式房间电加热器—性能测试方法》
3	IEC 60335-2-61	Household and similar electrical appliances-Safety—Part2-61：Particular requirements for thermal storage room heaters	《家用和类似用途电器的安全—第2-61部分：蓄热式室内加热器的特殊要求》
4	IEC 60531	Household electricthermal storage room heaters—Methods for measuring performance	《家用储热式室内加热器—性能测试方法》

（3）欧洲（EN）标准

目前现行的EN供暖产品相关标准见表1.3，分别对供暖散热器、辐射供暖供冷和电供暖产品的性能检测方法、性能评价分级等进行了详细规定。

EN 供暖产品相关主要标准 **表 1.3**

序号	标准编号	英文名称	中文名称
1	EN 442-1-2014	Radiators and convectors Part 1：Technical specifications and requirements	《辐射器和对流器—第 1 部分：技术规范和要求》
2	EN 442-2-2014	Radiators and convectors Part 2：Test methods and rating	《辐射器和对流器—第 2 部分：测试方法和评定》
3	EN 442-3-2014	Radiators and convectors Part 3：Evaluation of conformity	《散热器和对流器—第 3 部分：一致性评定》
4	EN 1264-1-2011	Water based surface embedded heating and cooling systems Part 1：Definitions and symbols	《表面嵌入式水供暖供冷系统 第 1 部分：定义和符号》
5	EN 1264-2-2012	Water based surface embedded heating and cooling systems. Part 2：Floor heating ：Prove methods for the determination of the thermal output using calculation and test methods	《表面嵌入式水供暖供冷系统 第 2 部分：利用计算和试验方式来测定热功率的检验方法》
6	EN 1264-3-2009	Water based surface embedded heating and cooling systems Part 3：Dimensioning	《表面嵌入式水供暖供冷系统 第 3 部分：尺寸标注》
7	EN 1264-4-2009	Water based surface embedded heating and cooling systems Part 4：Installation	《表面嵌入式水供暖供冷系统 第 4 部分：安装》
8	EN 1264-5-2008	Water based surface embedded heating and cooling systems. Part 5：Heating and cooling surfaces embedded in floors，ceilings and walls-Determination of the thermal output	《表面嵌入式水供暖供冷系统 第 5 部分：置于地板、吊顶和墙体内的供暖和供冷表面—热输出的确定》
9	EN 14037-1-2016	Free hanging heating and cooling surfaces for water with a temperature below 120℃ Part 1：Pre-fabricated ceiling mounted radiant panels for space heating—Technical specification and requirements	《水温低于 120℃的悬挂式供暖供冷表面 第 1 部分：空间加热用预制吊顶辐射板—技术规范及要求》
10	EN 14037-2-2016	Free hanging heating and cooling surfaces for water with a temperature below 120 ℃ Part 2：Pre-fabricated ceiling mounted radiant panels for space heating—Test method for thermal output	《水温低于 120℃的悬挂式供暖供冷表面 第 2 部分：空间加热用预制吊顶辐射板—热输出的试验方法》
11	EN 14037-3-2016	Free hanging heating and cooling surfaces for water with a temperature below 120℃ Part 3：Prefabricated ceiling mounted radiant panels for space heating—Rating method and evaluation of radiant thermal output	《水温低于 120℃的悬挂式供暖供冷表面 第 3 部分：空间加热用预制吊顶辐射板—辐射热输出的测定方法和评估》
12	EN 14037-4-2016	Free hanging heating and cooling surfaces for water with a temperature below 120℃ Part 4：Pre-fabricated ceiling mounted radiant panels—Test method for cooling capacity	《水温低于 120℃的悬挂式供暖供冷表面 第 4 部分：预制吊顶辐射板—供冷量的试验方法》
13	EN 14037-5-2016	Free hanging heating and cooling surfaces for water with a temperature below 120℃ Part 5：Open or closed heated ceiling surfaces—test method for thermal output	《水温低于 120℃的悬挂式供暖供冷表面 第 5 部分：开式或闭式供暖吊顶板表面—热输出的试验方法》
14	EN 14240-2004	Ventilation for buildings—Chilled ceilings—Testing and rating	《建筑通风—冷却吊顶—测试及评定》
15	EN 60335-2-30：2020	Household and similar electrical appliances-Safety—Part2-30：Particular requirements for room heaters	《家用和类似电器的安全—第 2-30 部分：室内加热器的特殊要求》
16	EN 60675：1998	Household electric direct-acting room heaters—Methods for measuring performance	《家用直接作用式房间电加热器—性能测试方法》

续表

序号	标准编号	英文名称	中文名称
17	EN 60335-2-61：2008	Household and similar electrical appliances-Safety—Part2-61：Particular requirements for thermal storage room heaters	《家用和类似用途电器的安全—第2-61部分：蓄热式室内加热器的特殊要求》
18	EN 60531：2000	Household electric thermal storage room heaters—Methods for measuring performance	《家用储热式室内加热器—性能测试方法》
19	EN 50350-2004	Charging control systems for household electric room heating of the storage type—Methods for measuring performance	《蓄热式家用房间电供暖用充电控制系统—性能测量方法》
20	EN 50559-2014	Electric room heating，underfloor heating，characteristics of performance—Definitions，method of testing，sizing and formula symbols	《房间电供暖、地板供暖、性能特征—定义、试验方法、尺寸和公式符号》

在EN标准中，针对供暖散热器的标准主要有：《辐射器和对流器—第1部分：技术规范和要求》EN 442-1、《辐射器和对流器—第2部分：测试方法和评定》EN 442-2和《散热器和对流器规范—第3部分：一致性评定》EN 442-3，主要对产品技术参数的要求、水冷壁面测试方法、一致性评定等方面进行规定。

辐射供暖供冷方面系列标准主要针对的产品包括地面或吊顶填充式、贴附或悬挂辐射吊顶板。《表面嵌入式供暖供冷系统》EN 1264系列标准是以水为冷热媒的填充式辐射供冷供暖系统，规定了水基表面填充式加热和冷却系统的定义和符号、利用计算和试验方式来测定热功率的检验方法、尺寸标注、安装以及置于地板、吊顶和墙体内的供暖和供冷表面—热功率的确定等5部分。《水温低于120℃的悬挂式供暖供冷表面》EN 14037系列标准规定了水温低于120℃贴附或悬挂式吊顶辐射供暖板的技术规定和要求、供热量测试方法、辐射热输出的评定方法和评定、冷却能力的试验方法、开式或闭式供暖吊顶板表面—热输出的试验方法。《建筑通风—冷却吊顶—测试及评定》EN 14240-2004给出了一种较为特殊的方法：用模拟发热小人来测定冷却吊顶（也可延伸到其他冷却表面）的冷却性能。

欧洲电工标准化委员会在电器安全方面，与IEC紧密接轨，制定了电供暖产品安全方面和性能方面的标准，包括《家用和类似电器的安全—第2-30部分：室内加热器的特殊要求》EN 60335-2-30、《家用直接作用式房间电加热器—性能测试方法》EN 60675、《家用和类似用途电器的安全—第2-61部分：蓄热式室内加热器的特殊要求》EN 60335-2-61和《家用储热式室内加热器—性能测试方法》EN 60531、《蓄热式家用房间电供暖用充电控制系统—性能测量方法》EN 50350和《房间电加热、地板下加热、性能特征—定义、试验方法、尺寸和公式符号》EN 50559。EN 60335-2-30：2020在2009年版的基础上，增加了车载取暖器、开关和控制器标示的要求、嵌装地板取暖器的强度要求、说明书额外增加警告语句等内容。

（4）其他

美国供暖、制冷与空调工程师学会（ASHRAE）标准《用于评定吊顶板显热供热供冷量的试验方法》ASHRAE Standard 138-2013规定了在特定室内配置和热条件下对吊顶板热性能进行评级的程序、仪器和仪表。吊顶板的热性能是根据吊顶板传递或排出的热量来测量的，该热量是吊顶板中传热介质的平均流体温度和表征周围室内空间的温度的函数。

日本相关标准主要有《供暖用铸铁散热器和供暖用钢板散热器的性能试验》JIS-A-1403-1988，适用于对蒸汽供暖用铸铁散热器和采暖用钢板散热器放热能力进行使用性试验。该标准目前已经作废，未有新标准替代。

针对我国供暖产品标准，以下从供暖散热器、热水辐射供暖装置和电供暖产品分别进行叙述。供暖产品的应用效果受到产品本身性能参数的影响，应满足系统要求，才能在工程中发挥最好的作用。因此，在表1.4中也列入了部分相关工程标准。

（1）供暖散热器

1986年城乡建设环境保护部最早发布了5项散热器行业标准：《灰铸铁柱型散热器》JGJ 30.1—86、《灰铸铁长翼型散热器》JGJ 30.2—86、《灰铸铁圆翼型散热器》JGJ 30.3—86、《钢制柱型散热器》JGJ 29.1—86和《钢制板型散热器》JGJ 29.2—86，另有两项暂行标准：《钢制串片（闭式）散热器技术条件》（暂行）和《钢制扁管散热器技术条件》（暂行）。同时发布了散热器系列参数和热工测试2项标准：《采暖散热器系列参数、螺纹及配件》JGJ 31—86和《采用闭式小室测试采暖散热器热工性能标准》JGJ 32—86。

20世纪90年代，热工测试标准由行业标准上升为国家标准：《采暖散热器散热量测定方法》GB/T 13754—92，钢制串片散热器技术条件上升为行业标准：《采暖散热器　钢制闭式串片散热器》JG/T 3012.1—1994，另外还发布了《采暖散热器　钢制翅片管对流散热器》JG/T 3012.2—1998。1999年国家对1990年以前的标准重新整理编号，1986年发布的6个散热器标准重新给了标准号，其实际内容没有改变，分别为：《钢制柱型散热器》JG/T 1—1999、《钢制板型散热器》JG/T 2—1999、《灰铸铁柱型散热器》JG/T 3—1999、《灰铸铁长翼型散热器》JG/T 4—1999、《灰铸铁圆翼型散热器》JG/T 5—1999和《采暖散热器系列参数、螺纹及配件》JG/T 6—1999。

到21世纪初，随着我国改革开放的进程，国外先进的轻型散热器产品陆续进入中国市场，带动了我国供暖散热器行业的发展。钢制管型散热器和钢制板型散热器有了很大的发展，也占据了我国散热器市场的一定份额，2002年发布了行业标准《钢管散热器》JG/T 148—2002。在这期间，发布了铝制散热器的行业标准《铝制柱翼型散热器》JG 143—2002。

随着我国铸铁散热器制造工艺的发展以及市场的要求，铸铁散热器也有了较大的改进。从外形上，改变了原铸铁长翼型散热器的外形尺寸，增加了翼型散热器的型号，淘汰了原圆翼型散热器，增加了柱翼型铸铁散热器；从品质上，铸铁散热器做到了金属热强度提高，外形美观，内腔清洁无粘砂。因此，陆续发布和修订了3项铸铁散热器行业标准：新发布了《采暖散热器　灰铸铁柱翼型散热器》JG/T 3047—1998；新修订了《采暖散热器　灰铸铁柱型散热器》JG 3—2002和《采暖散热器　灰铸铁翼型散热器》JG 4—2002。

2005年国家标准《铸铁采暖散热器》GB 19913—2005发布，于2006年5月1日开始实施。这是我国供暖散热器产品的第一部国家标准。标准中首次采用金属热强度参数来表征散热器的热性能，为鼓励散热器在型式上的创新，给出的金属热强度参数限值比较适当。这一标准的实施，对铸铁散热器的广泛应用创造了条件，同时，通过标准来促进企业的技术进步和产品创新。

随着我国供暖散热器技术水平的发展，市场对散热器品种的要求越来越多，一些新型的供暖散热器在市场上有了大量的应用，如铜管铝片对流散热器、铜铝复合散热器、卫浴型散热器等，需要对这些产品制定标准来服务于市场的需求。钢制板型散热器在欧洲应用较多，由于其散热特性好，外形美观，制造的工业化程度高等优点，在我国应用的比例在不断提高，随着技术水平的提高，《钢制板型散热器》JG/T 2—1999 已不适应市场的要求，2007 年～2008 年发布实施了《铜铝复合柱翼型散热器》JG 220—2007、《铜管对流散热器》JG 221—2007 和《卫浴型散热器》JG 232—2008，修订了《钢制板型散热器》JG 2—2007。

2010 年～2020 年，编制了《钢制采暖散热器》GB/T 29039—2012、《复合型供暖散热器》GB/T 34017—2017、《钢铝复合散热器》GB/T 31542—2015，修订了《铸铁供暖散热器》GB/T 19913—2018 和《供暖散热器散热量测定方法》GB/T 13754—2017。至此，在国家标准层面上，从材质方面来说已经包含我国现有的大部分供暖散热器产品，并根据行业发展逐渐将采暖散热器统一为供暖散热器。行业标准方面修订完成了《钢制板型散热器》JG/T 2—2018、《铜铝复合柱翼型散热器》JG/T 220—2016、《铜管对流散热器》JG/T 221—2016 和《铝制柱翼型散热器》JG/T 143—2018。在此期间，《采暖散热器　钢制闭式串片散热器》JG/T 3012.1—1994 被废止，《钢制柱型散热器》JG/T 1—1999 被《钢管散热器》JG/T 148—2018 所代替。

我国的供暖散热器产品技术标准经过 30 多年的发展，已经形成了从产品标准、螺纹及配件标准，到检验方法标准一套完整的标准体系。到 2022 年已发布实施了 19 项国家和行业标准，其中 11 项进行了修订、1 项标准已经废止、1 项标准被代替。目前散热器现行有效标准共 17 部，详见表 1.4。

（2）热水辐射供暖装置

《地面辐射供暖技术规程》JGJ 142—2004 是我国第一部热水辐射供暖标准，对以热水和发热电缆为热源的热水辐射供暖工程中的设计、材料、施工、调试验收等方面内容作出了规定。针对辐射供冷技术的应用，2012 年修订为《辐射供暖供冷技术规程》JGJ 142—2012，同年国家标准《预制轻薄型热水辐射供暖板》GB/T 29045—2012 发布；随后发布了多项行业标准：《辐射供冷及供暖装置热性能测试方法》JG/T 403—2013、《供冷供暖用辐射板换热器》JG/T 409—2013 以及《空调系统用辐射换热器》JB/T 12842—2016。

（3）电供暖产品

电供暖产品方面，作为家用电器，我国先后发布了直热式和蓄热式的室内加热器相关标准。直热式室内加热器（电热汀、风扇式等小型电加热器）的电气安全国家标准《家用和类似用途电器的安全　第 2 部分：室内加热器的特殊要求》GB 4706.23 最早是在 1988 年发布，至 2007 年共修订了 3 次；相应的性能测试标准 GB/T 15470《家用直接作用式房间电加热器性能测试方法》首次发布于 1999 年，2002 年进行了修订。蓄热式室内加热器的国家标准《家用和类似用途电器的安全　贮热式室内加热器的特殊要求》GB 4706.44—2005 和《家用储热式室内加热器性能测试方法》GB/T 31299—2014 对产品的电器安全和性能测试进行了规定。

伴随着电力行业的发展，电供暖行业也迅速发展起来，电供暖产品在建筑工程中的应用越来越多。针对建筑供暖的电供暖散热器，住房和城乡建设部发布了行业标准《电采暖散热器》JG/T 236—2008，主要规定了直热式和蓄热式电供暖散热器的安全性能、热工性能、表面温度等。2017年开始对该标准进行修订，2022年发布了《建筑用电供暖散热器》JG/T 236—2022，增加了材料性能、尺寸偏差、重量，以及提升蓄热量的要求等。

虽然低温辐射电热膜和发热电缆产品在传热方式上属于辐射传热，但因其以电为热源，电热产品安全放在第一位，因此把该部分放入电供暖产品中。低温电热膜产品技术要求和测试方法标准为《低温辐射电热膜》JG/T 286—2010和《红外辐射加热器试验方法》GB/T 7287—2008；工程标准为《低温辐射电热膜供暖系统应用技术规程》JGJ 319—2013，规定了电热膜供暖系统的材料，设计与构造，施工，检验、调试及验收。

（4）供暖系统配套设备

供暖系统配套设备主要标准有《散热器恒温控制阀》GB/T 29414—2012、GB/T《采暖空调用自力式流量控制阀》29735—2013、《闭式膨胀罐》GB/T 39287—2020和《冷热水用分集水器》GB/T 29730—2013等。

国内供暖产品相关主要标准 **表1.4**

序号	标准编号	名称	备注
1	GB/T 13754—2017	《供暖散热器散热量测定方法》	供暖散热器
2	GB/T 29039—2012	《钢制采暖散热器》	
3	JG/T 2—2018	《钢制板型散热器》	
4	JG/T 148—2018	《钢管散热器》	
5	JG/T 232—2008	《卫浴型散热器》	
6	JG/T 3012.2—1998	《钢制翅片管对流散热器》	
7	GB/T 19913—2018	《铸铁供暖散热器》	
8	JG/T 3—2002	《采暖散热器　灰铸铁柱型散热器》	
9	JG/T 4—2002	《采暖散热器　灰铸铁翼型散热器》	
10	JG/T 3047—1998	《采暖散热器　灰铸铁柱翼型散热器》	
11	GB/T 31542—2015	《钢铝复合散热器》	
12	GB/T 34017—2017	《复合型供暖散热器》	
13	JG/T 220—2016	《铜铝复合柱翼型散热器》	
14	JG/T 221—2016	《铜管对流散热器》	
15	JG/T 143—2018	《铝制柱翼型散热器》	
16	JG/T 293—2010	《压铸铝合金散热器》	
17	JG/T 6—1999	《采暖散热器系列参数、螺纹及配件》	
18	GB/T 29045—2012	《预制轻薄型热水辐射供暖板》	热水辐射供暖装置
19	JG/T 403—2013	《辐射供冷及供暖装置热性能测试方法》	
20	JG/T 409—2013	《供冷供暖用辐射板换热器》	
21	GB/T 7287—2008	《红外辐射加热器试验方法》	电供暖产品
22	GB/T 39288—2020	《蓄热型电加热装置》	
23	JG/T 236—2022	《建筑用电供暖散热器》	
24	JG/T 286—2010	《低温辐射电热膜》	

续表

序号	标准编号	名称	备注
25	GB/T 28636—2012	《采暖与空调系统水力平衡阀》	供暖系统配套设备及运行维护
26	GB/T 29414—2012	《散热器恒温控制阀》	
27	GB/T 29730—2013	《冷热水用分集水器》	
28	GB/T 29735—2013	《采暖空调用自力式流量控制阀》	
29	GB/T 31388—2015	《电子式热量分配表》	
30	GB/T 39287—2020	《闭式膨胀罐》	
31	GB/T 29044—2012	《采暖空调系统水质》	
32	GB 50019—2015	《工业建筑供暖通风与空气调节设计规范》	工程标准
33	GB 50242—2002	《建筑给水排水及采暖工程施工质量验收规范》	
34	GB 50411—2019	《建筑节能工程施工质量验收标准》	
35	GB 50736—2012	《民用建筑供暖通风与空气调节设计规范》	
36	GB 55015—2021	《建筑节能与可再生能源利用通用规范》	
37	GB 55016—2021	《建筑环境通用规范》	
38	全文强制规范（在编）	《民用建筑供暖通风与空气调节通用规范》	
39	JGJ 142—2012	《辐射供暖供冷技术规程》	
40	JGJ 173—2009	《供热计量技术规程》	
41	JGJ/T 260—2011	《采暖通风与空气调节工程检测技术规程》	
42	JGJ 319—2013	《低温辐射电热膜供暖系统应用技术规程》	
43	JGJ 353—2017	《焊接作业厂房供暖通风与空气调节设计规范》	

对比国外相关标准，我国供暖系统的相关标准具有以下特点：

（1）我国针对供暖系统的各组成部分，如供暖产品、膨胀罐、分集水器、阀门等均有相应的产品标准，产品标准中均对产品的性能和测试方法进行了规定。在工程标准中规定了供暖系统的设计、施工、验收要求。国外标准一般是针对一类产品分别建立一个系列产品标准，包括定义和符号标准、性能要求标准、测试方法标准以及设计标准等。

（2）国内标准体系针对供暖产品的材料要求、热工性能、工作压力、机械性能等均提出具体要求，针对电供暖产品提出电气安全性能要求等。国外标准除了对散热量未作具体要求外，其他性能方面的要求已经比较完善。

1.2.2 通风产品

（1）国外标准体系概况

国际上，通风产品标准化组织主要有国际标准化组织（ISO），美国供暖、制冷与空调工程师学会（ASHRAE）和美国制冷空调与供暖协会（AHRI），此外还有欧洲标准化委员会（CEN），下面分别介绍相关标准。

1）国际标准化组织（ISO）标准

目前现行的ISO通风产品相关标准如主要见表1.5，分别对通风机、通风管道及部件的性能检测方法、性能评价分级等进行了详细规定。

ISO 通风产品相关主要标准 **表 1.5**

序号	标准编号	英文名称	中文名称	备注
1	ISO 5801：2017	Fans—Performance testing using standardized airways	《风机—使用标准化风道进行性能试验》	通风机
2	ISO 12759-4：2019	Fans—Efficiency classification for fans—Part 4：Driven fans at maximum operating speed	《风机的效率分级—第 4 部分：最大运行速度下的驱动风机》	
3	ISO 13347-4：2004	Industrial fans—Determination of fan sound power levels under standardized laboratory conditions—Part 4：Sound intensity method	《工业通风机—标准化实验室条件下风机声功率级的测定—第 4 部分：声强法》	
4	ISO 13373-5：2020	Condition monitoring and diagnostics of machines—Vibration condition monitoring—Part 5：Diagnostic techniques for fans and blowers	《机器状态监测和诊断—振动状态监测—第 5 部分：风扇和鼓风机的诊断技术》	
5	ISO 13350：2015	Fans—Performance testing of jet fans	《风机—射流风机的性能测试》	
6	ISO 6944-1：2008	Fire containment—Elements of building construction—Part 1：Ventilation ducts	《消防安全—建筑结构构件—第 1 部分：通风管道》	通风管道
7	ISO 5135：2020	Acoustics—Determination of sound power levels of noise from air-terminal devices，air-terminal units，dampers and valves by measurement in a reverberation test room	《声学—在混响试验室中测量风道末端装置、机组、风阀的噪声声功率级》	
8	ISO 21927-7：2017	Smoke and heat control systems—Part 7：Smoke ducts sections	《烟和热控制系统—第 7 部分：防排烟管道》	
9	ISO 21927-8：2017	Smoke and heat control systems—Part 8：Smoke control dampers	《烟和热控制系统—第 8 部分：防排烟控制阀》	通风部件
10	ISO 21925-1：2018	Fire resistance tests—Fire dampers for air distribution systems—Part 1：Mechanical dampers	《耐火测试—空气输配系统防火阀—第 1 部分：机械式风阀》	

2）美国（ASHRAE 和 AHRI）标准

ASHRAE 和 AHRI 制定的有关通风产品的标准主要涉及通风系统的设计、测试和调试方法，以及通风机、通风管道和部件的性能测试方法，相关标准见表 1.6。

美国通风产品相关主要标准 **表 1.6**

序号	标准编号	英文名称	中文名称	备注
1	ASHRAE Standard 62.1-2019	Ventilation for acceptable indoor air quality	《能满足室内空气品质的通风系统》	通风系统
2	ASHRAE Standard 62.2-2019	Ventilation and acceptable indoor air quality in residential buildings	《居住建筑通风和可接受室内空气品质》	
3	ASHRAE Standard 111-2008	Measurement，testing，adjusting，and balancing of building HVAC systems	《建筑供热、通风、空调及制冷系统的测试、调试、调平衡的实践方法》	
4	AMCA Standard 210-16 ASHRAE Standard 51-16	Laboratory methods of testing fans for certified aerodynamic performance rating	《用于认证空气动力学性能等级的风机测试实验室方法》	通风机
5	ANSI/AHRI Standard 841-2021（SI）	Performance rating of unit ventilators	《单体通风机的性能评级》	

续表

序号	标准编号	英文名称	中文名称	备注
6	ANSI/ASHRAE Standard 120-2022	Method of testing to determine flow resistance of HVAC ducts and fittings	《暖通空调管道和配件的流动阻力的测试方法》	通风管道
7	ANSI/ASHRAE/SMACNA Standard 126-2020	Method of testing HVAC air ducts	《暖通空调风管测试方法》	
8	AHRI Standard 260-2017（SI）	Sound rating of ducted air moving and conditioning equipment	《管道通风和调节设备的声音等级》	
9	ANSI/ASHRAE Standard 113-2013	Method of testing for room air diffusion	《室内空气分布器测试方法》	通风部件
10	ANSI/ASHRAE Standard 41.2-2022	Standard methods for air velocity and airflow measurements	《空气流速和流量的标准测试方法》	
11	AHRI Standard 881-2017（SI）	Performance rating of air terminals	《空气末端性能评级》	

3）欧洲（EN）标准

目前现行的 EN 通风产品相关主要标准见表 1.7，主要涉及通风部件及产品的性能要求及检测方法。

EN 通风产品相关主要标准 **表 1.7**

序号	标准编号	英文名称	中文名称	备注
1	BS EN 13142—2013	Ventilation for buildings-Components/products for residential ventilation-Required and optional performance characteristics	《住宅通风系统部件和产品的性能要求》	通风部件和产品
2	BS EN 13141-7—2010	Ventilation for buildings-Performance testing of components/products for residential ventilation	《住宅建筑通风部件和产品性能检测》	
3	BS EN 12792—2003	Ventilation for buildings—Symbols, terminology and graphical symbols	《建筑物的通风—设备符号、术语和图形符号》	
4	BS EN 13053—2019	Ventilation for buildings—Air handling units—Rating and performance for units, components and sections	《建筑物的通风—空气处理装置—装置、部件和部件的额定值和性能》	

（2）国内标准体系概况

我国针对通风系统的主要部件，如通风机、风口、风阀、通风管道等的性能要求和测试方法分别发布了相应的国家标准和行业标准。另外，结合实际工程需求，我国有关通风产品的标准要求也多融合在暖通空调系统的工程标准中作为分项进行规范化标定。我国现行通风产品的产品标准和相关工程标准见表 1.8。各类通风产品标准介绍如下。

1）通风机

国内通风机的标准主要分为四类：针对一般通用型风机的标准、针对特殊功能型风机的标准、针对通风机性能检测方法的标准以及针对通风机性能限值和评级的标准。

一般通用型风机的标准主要包括在 1991 年发布实施的《一般用途轴流通风机　技术条件》GB/T 13274—1991 和《一般用途离心通风机　技术条件》GB/T 13275—1991，2006 年 GB/T 13274—1991 和 GB/T 13275—1991 调整为机械行业标准，标准号分别为

JB/T 10562—2006 和 JB/T 10563—2006。此外，还有行业标准《风机箱》JB/T 8932—1999、《一般用途离心式鼓风机》JB/T 7258—2006、《前向多翼离心通风机》JB/T 9068—2017 和《斜流通风机 技术条件》JB/T 10820—2008。

特殊功能型风机的标准主要包括暖通空调领域专用通风机标准《暖通空调用轴流通风机》JB/T 6411—2014 和《暖通空调用离心通风机》JB/T 7221—2017。1994 年针对卫生间通风发布了《卫生间通风器》JG/T 3011—1994，该标准在 2012 年被《通风器》JG/T 391—2012 代替，JG/T 391—2012 在技术要求中增加了带空气—空气能量回收的动力型通风器和无动力型通风器的技术要求。现行的特殊功能型通风机标准还包括《屋顶通风机》JB/T 9069—2017 和《射流诱导机组》JG/T 259—2009。

通风机性能检测方法的标准主要包括《工业通风机 用标准化风道性能试验》GB/T 1236—2017 和《工业通风机 现场性能试验》GB/T 10178—2006，这两个标准分别从实验室采用标准化风道和现场检测两个方面规范了通风机性能检测的方法。

通风机性能限值和评级的标准主要包括《通风机能效限定值及能效等级》GB 19761—2020、《通风机 噪声限值》JB/T 8690—2014、《通风机振动检测及其限值》JB/T 8689—2014 和《空调用通风机安全要求》GB 10080—2001。

2）通风管道

目前现行的广泛应用的通风管道标准主要包括《通风管道技术规程》JGJ/T 141—2017、《非金属及复合风管》JG/T 258—2018 和《住宅厨房和卫生间排烟（气）道制品》JG/T 194—2018。其中《通风管道技术规程》JGJ/T 141—2017 主要适用于工业与民用建筑金属、非金属及复合材料通风管道的制作、安装与检验；《非金属及复合风管》JG/T 258—2018 侧重于非金属及复合风管的分类与标记，性能要求，试验方法，检验规则，标志、使用说明书和合格证，包装、运输和贮存；《住宅厨房和卫生间排烟（气）道制品》JG/T 194—2018 主要规范住宅厨房、卫生间排气道系统中的钢丝网水泥预制管道的性能要求以及检测方法等。

3）通风部件

目前现行的广泛应用的通风部件标准主要包括《通风空调风口》JG/T 14—2010、《空气分布器性能试验方法》JG/T 20—1999、《建筑通风风量调节阀》JG/T 436—2014 和《建筑通风和排烟系统用防火阀门》GB 15930—2007。其中，《通风空调风口》JG/T 14—2010 规定了通风空调风口的术语与定义、分类和标记、材料及配件、性能要求等，适用于通风空调系统中的各类出风口和进风口；《空气分布器性能试验方法》JG/T 20—1999 规定了空气分布器空气动力性能试验方法，包括试验装置、测量仪表的形式及其准确度要求、试验方法和采用的测试数据计算方法等。

国内通风产品相关主要标准 **表 1.8**

序号	标准编号	标准名称	备注
1	GB 10080—2001	《空调用通风机安全要求》	通风机
2	GB 19761—2020	《通风机能效限定值及能效等级》	
3	JB/T 6411—2014	《暖通空调用轴流通风机》	
4	JB/T 7221—2017	《暖通空调用离心通风机》	

续表

序号	标准编号	标准名称	备注
5	JB/T 7258—2006	《一般用途离心式鼓风机》	通风机
6	JB/T 8690—2014	《通风机　噪声限值》	
7	JB/T 8932—1999	《风机箱》	
8	JB/T 9068—2017	《前向多翼离心通风机》	
9	JB/T 10562—2006	《一般用途轴流通风机　技术条件》	
10	JB/T 10563—2006	《一般用途离心通风机　技术条件》	
11	JB/T 10820—2008	《斜流通风机　技术条件》	
12	JB/T 8689—2014	《通风机振动检测及其限值》	
13	GB/T 1236—2017	《工业通风机　用标准化风道性能试验》	
14	GB/T 10178—2006	《工业通风机　现场性能试验》	
15	JG/T 259—2009	《射流诱导机组》	各类用途通风机组
16	JG/T 391—2012	《通风器》	
17	JB/T 9069—2017	《屋顶通风机》	
18	JG/T 194—2018	《住宅厨房和卫生间排烟（气）道制品》	通风管道
19	JG/T 258—2018	《非金属及复合风管》	
20	JG/T 14—2010	《通风空调风口》	风口
21	JG/T 20—1999	《空气分布器性能试验方法》	
22	GB 15930—2007	《建筑通风和排烟系统用防火阀门》	阀门
23	JG/T 436—2014	《建筑通风风量调节阀》	
24	GB 50019—2015	《工业建筑供暖通风与空气调节设计规范》	工程标准
25	GB 50243—2016	《通风与空调工程施工质量验收规范》	
26	GB 50275—2010	《风机、压缩机、泵安装工程施工及验收规范》	
27	GB 50411—2019	《建筑节能工程施工质量验收标准》	
28	GB 50736—2012	《民用建筑供暖通风与空气调节设计规范》	
29	GB 50738—2011	《通风与空调工程施工规范》	
30	GB 55015—2021	《建筑节能与可再生能源利用通用规范》	
31	GB 55016—2021	《建筑环境通用规范》	
32	全文强制规范（在编）	《民用建筑供暖通风与空气调节通用规范》	
33	JGJ/T 141—2017	《通风管道技术规程》	
34	JGJ/T 309—2013	《建筑通风效果测试与评价标准》	
35	JGJ/T 440—2018	《住宅新风系统技术标准》	

（3）国内外标准比对分析

美国、欧洲、ISO 等诸多国家和机构都建立了完善的暖通空调系统标准体系，通风系统的规定基本都融入其中。另外，与通风产品相关的标准主要针对通风系统测试和调试方法，通风管道、空气分布器（风口）以及通风机等通风产品的性能测试方法以及评价分级分别制定相应的标准。与国外的通风系统相关标准相比，我国通风系统的相关标准具有以下特点：

1）我国针对通风系统的各组成部分：通风机、通风管道、阀门和风口均有相关的产品标准，均对产品的性能和测试方法进行了规定。国外的标准是分别建立了产品的性能要求标准和测试方法标准。

2）我国目前针对通风机的能效、噪声、振动和安全性能均制定了专门的标准，对能效等级分级建立了能效评价等级标准。国外还没有针对通风机的能效分级标准。

3）国外针对通风机、空气末端和通风管道等建立了认证评价标准，我国目前还没有此类标准。

4）我国制定的通风产品中的通风管道、风口、阀门产品标准，均是推荐性行业标准。在实际工程设计、施工验收过程中对标准条文理解和执行不够导致工程中容易出现问题，值得关注。

5）美国和欧洲已制定了专门针对住宅通风的标准，欧洲更是针对住宅通风的各部件均制定了详细部件和产品性能要求及检测标准。我国住宅通风标准仅有专门的住宅新风系统技术标准和通风器产品标准，缺乏专门针对住宅的通风管道、风口和阀门等产品部件标准。

1.2.3 空调产品

由于制冷空调技术源自美国等工业化发达国家，与制冷空调相关的国际和区域标准化组织秘书处大都设于国外，国际上与空调产品相关的标准化技术组织主要有国际标准化组织（ISO），美国供暖、制冷空调工程师学会（ASHRAE），美国供热制冷协会（AHRI）和欧洲标准化委员会（CEN）等，下面分别介绍相关标准。

（1）国际标准化组织（ISO）标准

ISO中与建筑环境空调产品相关的标准化委员会主要有ISO/TC205 Building environment design（建筑环境设计）、ISO/TC163 Thermal performance and energy use in the built environment（建筑环境热性能和用能）以及ISO/TC86 Refrigeration and air-conditioning（制冷与空调）。

在暖通空调领域，当前ISO标准体系是以一体化的建筑环境服务系统性能评价为目标和引领，将性能要求逐层分解到影响性能结果的组成系统各环节和设备，并提出性能要求和测评方法。

ISO建筑一体化能效评价体系系列标准为ISO 52000，它建立了一个系统、全面和模块化的结构，用于以整体方式评估新建筑和现有建筑（EPB）的能源性能。它适用于通过测量或计算评估建筑物的总体能源使用，以及根据一次能源或其他能源相关指标计算能源性能，同时考虑了不同应用的具体可能性和局限性，例如建筑设计、新建建筑、既有建筑以及改造。现已发布实施的ISO 52000系列标准见表1.9。

ISO 52000系列标准 **表1.9**

序号	标准编号	英文名称	中文名称
1	ISO 52000-1：2017	Energy performance of buildings—Overarching EPB assessment—Part 1：General framework and procedures	《建筑物的能源性能—总体EPB评估—第1部分：总体框架和程序》

续表

序号	标准编号	英文名称	中文名称
2	ISO 52003-1：2017	Energy performance of buildings—Indicators, requirements, ratings and certificates—Part 1: General aspects and application to the overall energy performance	《建筑物的能源性能—指标、要求、额定值和证书—第 1 部分：总体能源性能的一般方面和应用》
3	ISO 52010-1：2017	Energy performance of buildings—External climatic conditions—Part 1: Conversion of climatic data for energy calculations	《建筑物的能源性能—外部气候条件—第 1 部分：能源计算用气候数据的转换》
4	ISO 52016-1：2017	Energy performance of buildings—Energy needs for heating and cooling, internal temperatures and sensible and latent heat loads—Part 1: Calculation procedures	《建筑物的能源性能—加热和冷却、内部温度、显热负荷和潜热负荷的能源需求—第 1 部分：计算程序》
5	ISO 52031：2020	Energy performance of buildings—Method for calculation of system energy requirements and system efficiencies—Space emission systems (heating and cooling)	《建筑物的能源性能—系统能源需求和系统效率的计算方法—空间排放系统（加热和冷却）》

产品标准方面，ISO 发布的标准主要涉及空气源空调机组、水源空调机组、空气源冷热水机组、热回收新风机组、冷却塔、辐射换热器等产品，具体见表 1.10。

ISO 空调产品相关主要标准　　表 1.10

序号	标准编号	英文名称	中文名称
1	ISO 5151：2017	Non-ducted air conditioners and heat pumps—Testing and rating for performance	《无风管空调和热泵—性能测试与评价》
2	ISO 16358-1：2013	Air-cooled air conditioners and air-to-air heat pumps—Testing and calculating methods for seasonal performance factors—Part 1: Cooling seasonal performance factor	《风冷空调器和空气-空气热泵—季节性能系数的测试与计算方法—第 1 部分：制冷季节性能系数》
3	ISO 16358-2：2013	Air-cooled air conditioners and air-to-air heat pumps—Testing and calculating methods for seasonal performance factors—Part 2: Heating seasonal performance factor	《风冷空调器和空气-空气热泵—季节性能系数的测试与计算方法—第 2 部分：供热季节性能系数》
4	ISO 16358-3：2013	Air-cooled air conditioners and air-to-air heat pumps—Testing and calculating methods for seasonal performance factors—Part 3: Annual performance factor	《风冷空调器和空气-空气热泵—季节性能系数的测试与计算方法—第 3 部分：全年性能系数》
5	ISO 15042：2017	Multiple split-system air conditioners and air-to-air heat pumps—Testing and rating for performance	《多联分体系统空调器和空气-空气热泵—性能测试与评价》
6	ISO 13256-1：2021	Water-source heat pumps—Testing and rating for performance—Part 1: Water-to-air and brine-to-air heat pumps	《水源热泵—性能测试与评价—第 1 部分：水-空气和盐水-空气热泵》
7	ISO 13256-2：2021	Water-source heat pumps—Testing and rating for performance—Part 2: Water-to-water and brine-to-water heat pumps	《水源热泵—性能测试与评价—第 2 部分：水-水和盐水-水热泵》
8	ISO 19967-1：2019	Heat pump water heaters—Testing and rating for performance—Part 1: Heat pump water heater for hot water supply	《热泵热水器—性能测试与评价—第 1 部分：热水供应用热泵热水器》

续表

序号	标准编号	英文名称	中文名称
9	ISO 19967-2：2019	Heat pump water heaters—Testing and rating for performance—Part 2：Heat pump water heaters for space heating	《热泵热水器—性能测试与评价—第2部分：房间供热用热泵热水器》
10	ISO 21978：2021	Heat pump water heater—Testing and rating at part load conditions and calculation on seasonal coefficient of performance for space heating	《热泵热水器—部分负荷下房间供热季节性能系数测试评价和计算》
11	ISO 16494-1：2022	Heat recovery ventilators and energy recovery ventilators—Method of test for performance—Part 1：Development of metrics for evaluation of energy related performance	《热回收通风器和能量回收通风器—性能测试方法—第1部分：能源相关性能评价指标的确定》
12	ISO 21773：2021	Method of test and characterization of performance for energy recovery components	《能量回收装置性能特性和测试方法》
13	ISO 16345：2014	Water-cooling towers—Testing and rating of thermal performance	《水冷冷却塔—热工性能测试与评价》
14	ISO 11855-1：2021	Building environment design—Embedded radiant heating and cooling systems—Part 1：Definitions，symbols，and comfort criteria	《建筑环境设计—嵌入式辐射加热和冷却系统—第1部分：定义、符号和舒适性标准》

（2）欧洲（EN）标准

欧洲与建筑环境控制相关的系统、设备或产品的标准是围绕服务于欧盟委员会发布的高能效建筑或生态循环建筑指令进行构建，由欧盟委员会和欧洲自由贸易联盟指派欧洲标准化委员会（CEN）负责建筑能效性能设计和生态循环设计指令相关的建筑环境系统系列标准，具体由CEN/TC89建筑物和建筑物部件的性能、CEN/TC156建筑物通风、CEN/TC169灯具与照明、CEN/TC228建筑物供暖、CEN/TC247建筑物自动控制和管理等技术委员会落实。

欧洲在空调产品标准化方面，结合欧盟法规1253/2014“通风设备生态设计要求”推动建立了一系列标准，EN空调产品相关主要标准见表1.11。

EN空调产品相关主要标准 **表1.11**

序号	标准编号	英文名称	中文名称
1	EN 12792：2003	Ventilation for buildings—Symbols，terminology and graphical symbols	《建筑通风—符号、术语和图形示例》
2	EN 1886：2007	Ventilation for buildings—Air handling units—Mechanical performance	《建筑通风—空气处理机组—机械性能》
3	EN 13053：2019	Ventilation for buildings—Air handling units—Ratings and performance for units，components and sections	《建筑通风—空气处理机组—机组、装置和组件的评价和性能》
4	EN 1397：2021	Heat exchangers—Hydronic room fan coil units-Test procedures for establishing the performance	《热交换器—风机盘管机组—性能测试方法》
5	EN 14511-1：2018	Air conditioners，liquid chilling packages and heat pumps for space heating and cooling and process chillers，with electrically driven compressors—Part 1：Terms and definitions	《带电动压缩机的空间加热和冷却用空调、液体制冷机组和热泵以及工艺冷却器—第1部分：术语和定义》

续表

序号	标准编号	英文名称	中文名称
6	EN 14511-2：2018	Air conditioners, liquid chilling packages and heat pumps for space heating and cooling and process chillers, with electrically driven compressors—Part 2：Test conditions	《带电动压缩机的空间加热和冷却用空调、液体制冷机组和热泵以及工艺冷却器—第2部分：试验条件》
7	EN 14511-3：2018	Air conditioners, liquid chilling packages and heat pumps for space heating and cooling and process chillers, with electrically driven compressors—Part 3：Test methods	《带电动压缩机的空间加热和冷却用空调、液体制冷机组和热泵以及工艺冷却器—第3部分：试验方法》
8	EN 14511-4：2018	Air conditioners, liquid chilling packages and heat pumps for space heating and cooling and process chillers, with electrically driven compressors—Part 4：Requirements	《带电动压缩机的空间加热和冷却用空调、液体制冷机组和热泵以及工艺冷却器—第4部分：要求》
9	EN 15218：2013	Air conditioners and liquid chilling packages with evaporatively cooled condenser and with electrically driven compressors for space cooling—Terms, definitions, test conditions, test methods and requirements	《空间冷却用带蒸发冷却冷凝器和电动压缩机的空调和液体制冷机组—术语、定义、试验条件、试验方法和要求》
10	EN 14825：2018	Air conditioners, liquid chilling packages and heat pumps, with electrically driven compressors, for space heating and cooling—Testing and rating at part load conditions and calculation of seasonal performance	《空间加热和冷却用带电动压缩机的空调、液体制冷机组和热泵—部分负荷条件下的测试和评价以及季节性能的计算》
11	EN 15879-1：2011	Testing and rating of direct exchange ground coupled heat pumps with electrically driven compressors for space heating and/or cooling—Part 1：Direct exchange-to-water heat pumps	《空间加热和/或冷却用带电动压缩机的直膨式土壤耦合热泵的测试和评价—第1部分：直膨-水热泵》
12	EN 16147：2017	Heat pumps with electrically driven compressors—Testing, performance rating and requirements for marking of domestic hot water units	《带电动压缩机的热泵—家用热水机组的试验、性能评价和标记要求》
13	EN 16573：2017	Ventilation for buildings—Performance testing of components for residential buildings—Multifunctional balanced ventilation units for single family dwellings, including heat pumps	《建筑通风—住宅建筑部件的性能试验—包括热泵的单户住宅用多功能平衡通风装置》

由于存在多个部门归口管理，我国空调产品标准还没有建立起按建筑环境设备工程建设过程阶段划分的，围绕以建筑的能效、碳排放、室内环境效果控制等建筑使用时性能化指标为引领的产品生产、产品性能、产品标识、产品认证标准体系，基本是按照政策和市场所需，按需编制满足产品生产质量控制标准。

按通用、机组、配套设备、运维、产品配件、工程标准分类，表1.12给出了国内空调产品相关主要标准。

国内空调产品相关主要标准　　表1.12

序号	标准编号	标准名称	备注
1	GB/T 37192—2018	《新风空调设备分类与代号》	通用
2	GB/T 37212—2018	《新风空调设备通用技术条件》	
3	GB/T 40390—2021	《独立新风空调设备评价要求》	
4	GB/T 14294—2008	《组合式空调机组》	机组
5	GB/T 19232—2019	《风机盘管机组》	
6	GB/T 21087—2020	《热回收新风机组》	
7	GB/T 30192—2013	《水蒸发冷却空调机组》	
8	GB/T 31437—2015	《单元式通风空调用空气-空气热交换机组》	
9	GB/T 39976—2021	《蒸发冷却式新风空调设备》	
10	GB/T 40379—2021	《户用和类似用途组合式空气处理机组》	
11	GB/T 40397—2021	《户式新风除湿机》	
12	GB/T 40438—2021	《热泵型新风环境控制一体机》	
13	GB/T 14296—2008	《空气冷却器与空气加热器》	配套设备
14	GB/T 29730—2013	《冷热水用分集水器》	
15	GB/T 29736—2013	《空调设备用加湿器》	
16	GB/T 40411—2021	《模块式空调机房设备》	
17	GB/T 29044—2012	《采暖空调系统水质》	运行维护
18	GB/T 35972—2018	《供暖与空调系统节能调试方法》	
19	GB/T 28636—2012	《采暖与空调系统水力平衡阀》	产品配件
20	GB/T 29580—2013	《时间法集中空调分户计量装置》	
21	GB/T 29735—2013	《采暖空调用自力式流量控制阀》	
22	GB 50019—2015	《工业建筑供暖通风与空气调节设计规范》	工程标准
23	GB 50243—2016	《通风与空调工程施工质量验收规范》	
24	GB 50365—2019	《空调通风系统运行管理标准》	
25	GB 50736—2012	《民用建筑供暖通风与空气调节设计规范》	
26	GB 50738—2011	《通风与空调工程施工规范》	
27	GB 55015—2021	《建筑节能与可再生能源利用通用规范》	
28	GB 55016—2021	《建筑环境通用规范》	
29	全文强制规范（在编）	《民用建筑供暖通风与空气调节通用规范》	
30	JGJ 174—2010	《多联机空调系统工程技术规程》	
31	JGJ/T 260—2011	《采暖通风与空气调节工程检测技术规程》	
32	JGJ 342—2014	《蒸发冷却制冷系统工程技术规程》	
33	JGJ 343—2014	《变风量空调系统工程技术规程》	

对比国内外的建筑空调系统的相关标准，可知如下特点：

（1）发达国家和地区，如欧洲空调产品标准，是以建筑的性能化指标为引领，将指标分解到空调产品和空调系统标准的性能要求中，最终服务于建筑性能要求；我国的空调产品标准，虽然也服务于满足建筑性能要求，但整体上更偏向于从生产的角度，提出对产品自身的一般要求、性能要求和检测方法及质控方法，服务和控制产品质量。

（2）国际上为解决实验室测试结果和工程应用结果在性能上的差异问题，空调产品标准在能效性能测试评价方面转向基于建筑负荷的性能测试评价方法；我国空调产品标准在能效性能测试评价方面也在朝这个方向发展，但目前大部分空调产品标准还是采用实验室标准工况下的能效指标，与实际工程应用效果差距较大。

（3）国外先进国家和地区，如欧洲地区，围绕空调产品的最终用户需求，包括家电产品采购需求或工程建设用产品和系统需求，建立了一整套与政策或技术法规衔接的生产、采购、安装、使用、认证等各环节相统一协调的标准体系；我国空调产品标准体系也在不断加强和完善相关配套标准的编制工作。

第 2 章　产品分类及性能要求

暖通空调产品主要分为供暖产品、通风产品、空调产品等，每类产品根据自身特点、应用条件、适用范围等又可细分为不同子类。本章给出了产品的具体分类，并详细阐述相关产品标准中对产品的分类及性能要求，分析标准在工程应用中经常遇到的问题，以便生产制造企业、设计单位、建设单位能够正确使用相关标准。

2.1　供暖产品

根据供暖系统的组成，可将供暖产品分为末端供暖设备（包含供暖散热器、热水辐射供暖装置、电供暖产品）、供暖系统配套设备及附件（包含换热器、膨胀定压装置、分集水器）、调节配件（包括水力平衡阀、流量控制阀、压差调节阀、热量表、热分配表、恒温阀），具体见图 2.1。

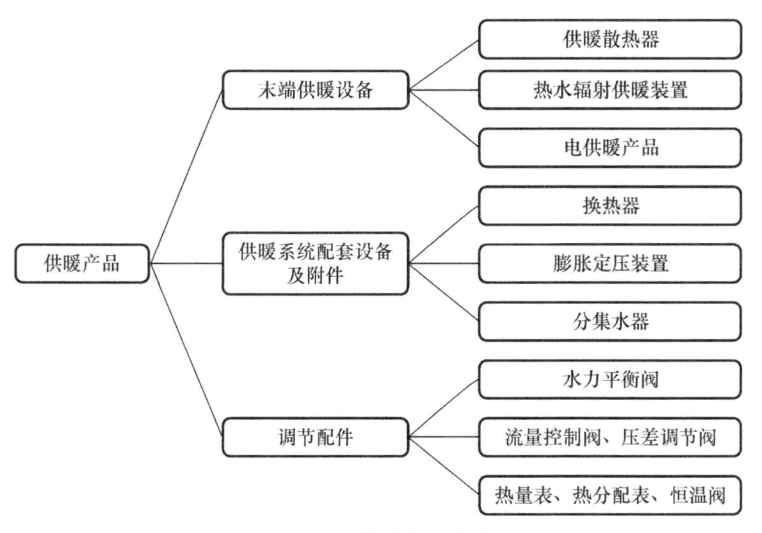

图 2.1　供暖产品分类

2.1.1　供暖散热器

（1）相关标准

我国供暖散热器相关主要标准见表 2.1。

（2）分类

供暖散热器按照材质分为钢制散热器、复合型散热器、铝制和铸铁散热器四大类，还可按照安装方式、进出水口位置、用途类型等进行分类，供暖散热器的分类方式、类别、特点及适用范围见表 2.2，图 2.2 为供暖散热器基本形式。

供暖散热器相关主要标准 **表 2.1**

序号	标准编号	标准名称
1	GB/T 13754	《供暖散热器散热量测定方法》
2	GB/T 19913	《铸铁供暖散热器》
3	GB/T 29039	《钢制采暖散热器》
4	GB/T 31542	《钢铝复合散热器》
5	GB/T 34017	《复合型供暖散热器》
6	JG/T 2	《钢制板型散热器》
7	JG/T 3	《采暖散热器　灰铸铁柱型散热器》
8	JG/T 4	《采暖散热器　灰铸铁翼型散热器》
9	JG/T 143	《铝制柱翼型散热器》
10	JG/T 148	《钢管散热器》
11	JG/T 220	《铜铝复合柱翼型散热器》
12	JG/T 221	《铜管对流散热器》
13	JG/T 232	《卫浴型散热器》
14	JG/T 293	《压铸铝合金散热器》
15	JG/T 3012.2	《采暖散热器　钢制翅片管对流散热器》
16	JG/T 3047	《采暖散热器　灰铸铁柱翼型散热器》

供暖散热器的分类、特点及适用范围 **表 2.2**

分类方式	类别	特点	适用范围
材质	钢制	造型新颖、色彩鲜艳，形式多种多样；结构简单、重量轻；热工性能好，属于高效散热器产品；承压高，适用于高层建筑；对水质要求严格否则极易氧化腐蚀，造成渗漏	适用于以≤95℃的热水为热媒的工业和民用建筑物内；不能在开放式无压锅炉或蒸汽供热系统中使用；pH＝9.5～12.0，溶解氧浓度≤0.1mg/L
	铸铁	内腔无砂铸铁散热器适合各种供暖系统和水质，耐腐蚀；不怕磕碰、结实耐用；热容量大，热惰性好；较其他材质散热器重量大，增加楼体荷载；铸造环节对环保措施要求严格，否则带来较大的空气污染；耐压性能相对较弱，不宜用于承压需求较大的场合	适用于工业与民用建筑中以热水或蒸汽为热媒的供暖系统；当以热水为热媒时，热水温度≤95℃，工作压力≤0.8MPa；当以蒸汽为热媒时，则工作压力≤0.2MPa
	复合型	有铝塑复合、铜铝复合、钢铝复合等多种形式，散热量大，容水量小，结构紧凑；水流通道为铜管、塑料管材的使用寿命长，防腐性能好，水流通道为钢制的对水质要求高；产品承压能力强，整体结构强度好，适合高层建筑；重量轻，轻型节材产品，易运输、搬运、安装；外形变化多样，美观大方；但流道和翼片间易产生接触热阻影响传热；塑料流道散热器寿命受温度影响	水流通道为金属流道散热器时，热水温度不高于95℃，水质应符合现行国家标准《采暖空调系统水质》GB/T 29044的要求，工作压力≤0.8MPa，且应满足供暖系统的工作压力要求；水流通道为塑料流道散热器时，热水温度不高于80℃，工作压力≤0.4MPa以下的供暖系统，且应满足供暖系统的工作压力要求
	铝制	造型灵活多变，体积紧凑，重量轻； 导热性好，散热快，散热量大，热效率高； 承压高，适用于高层建筑； 外形美观，装饰性强；易受碱性腐蚀	适用于以热水为热媒，工作压力≤0.8MPa，热媒温度≤95℃，水质pH＝6.5～8.5，Cl^-≤30mg/L工业和民用建筑物内；不适用集中供暖和开放式系统
安装形式	明装	安装维护方便，散热效果好	适用于旧房改造或要求节省投资、施工快的场合
	暗装	室内装饰效果好，便于与室内装修相融合；散热器一般安装在格栅内，安装于窗台下，或者在地板下面；散热效果相比明装变差	适用于要求整齐美观的房间或公共场所
进出水口位置	同侧上进下出	面对散热器正面，供回水管在同一侧，上面为进水管，下面为回水管	根据安装位置选定
	底进底出	面对散热器正面，供回水管在散热器的下部	根据安装位置选定
	异侧进出	面对散热器，供水管和回水管在左右两侧	根据安装位置选定

续表

分类方式	类别	特点	适用范围
用途类型	通用	常规散热器	常规场合
	卫浴	防水效果好	浴室或厨房等场合
	地沟型或嵌入型	高大空间公共场所	要求美观整齐的场所

(a) 钢制柱型散热器

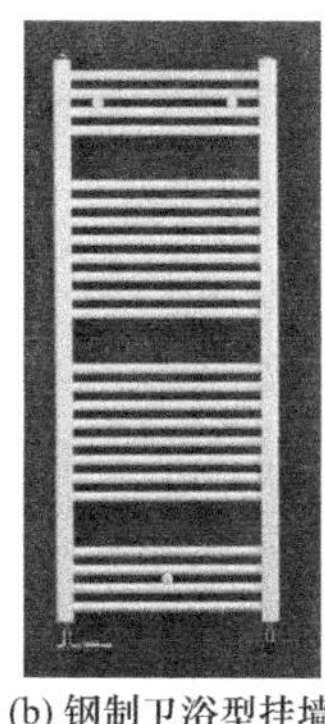
(b) 钢制卫浴型挂墙散热器(底进底出)

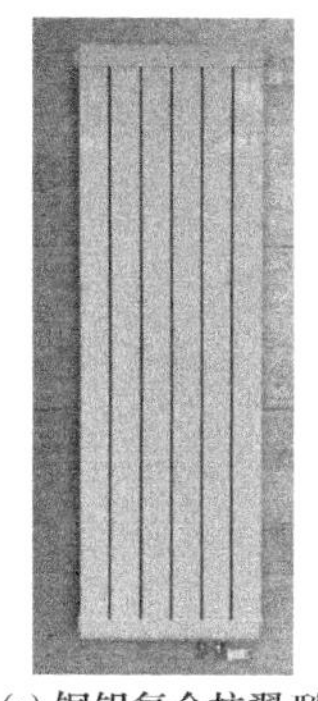
(c) 铜铝复合柱翼型散热器

(d) 钢制板型散热器(同侧上进下出)

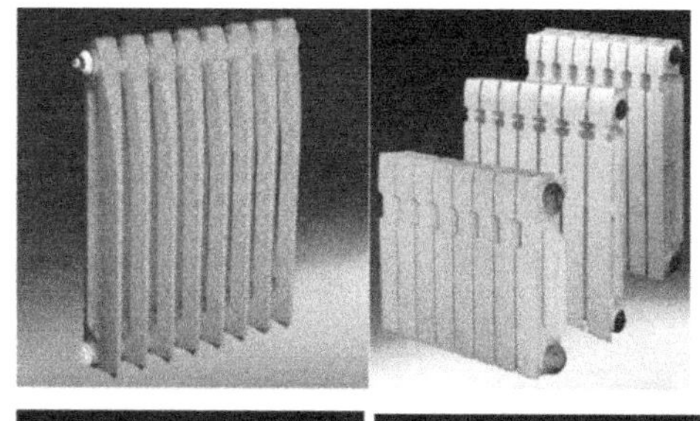
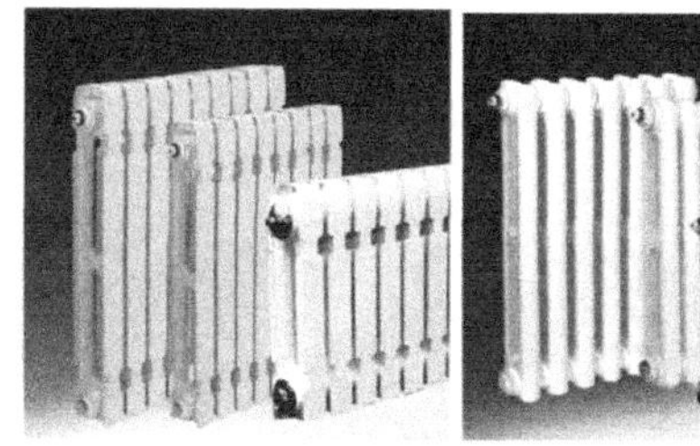
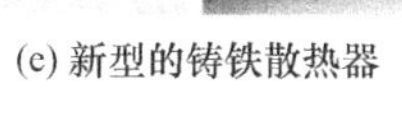
(e) 新型的铸铁散热器

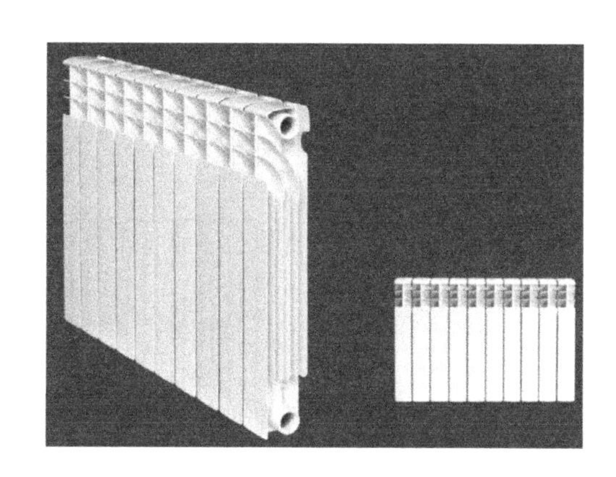
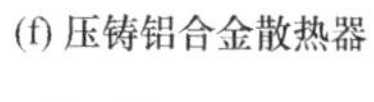
(f) 压铸铝合金散热器

(g)地沟型散热器

图 2.2　散热器基本形式

1）钢制散热器

钢制散热器适用标准为《钢制采暖散热器》GB/T 29039、《钢制板型散热器》JG/T 2、《钢管散热器》JG/T 148、《采暖散热器钢制翅片管对流散热器》JG/T 3012.2 和《卫浴型散热器》JG/T 232。钢制散热器属轻型散热器，有钢制管型、钢制板型、闭式串片型、翅片管对流型以及组合型钢制散热器等各种形式，其中钢串片型、翅片管型已被禁用。钢制散热器金属热强度高、热工性能好、外形美观、体形紧凑，便于清扫，缺点是怕氧腐蚀。

钢制管型散热器有圆管柱型、椭圆管柱型、搭接焊型三种类型，部分产品结构示意如图 2.3 所示。钢制管型散热器的焊接方式是影响其质量的重要因素。柱型散热器采用的是整体式焊接，整体式焊接是由片头与通管直接焊接；搭接焊型采用桥接式，由两个管搭在一起进行焊接。在实际使用中，随着时间的增加，散热器内可能会堆积水垢，整体焊接由于片头与通管直接焊接，二者焊接水流通道不变，不容易造成堵塞。而搭接焊型散热器两个管焊接处出水口比较小，尤其是两个都是圆管搭接时更容易造成堵塞，所以现在搭接焊基本都是椭圆管搭接型散热器。

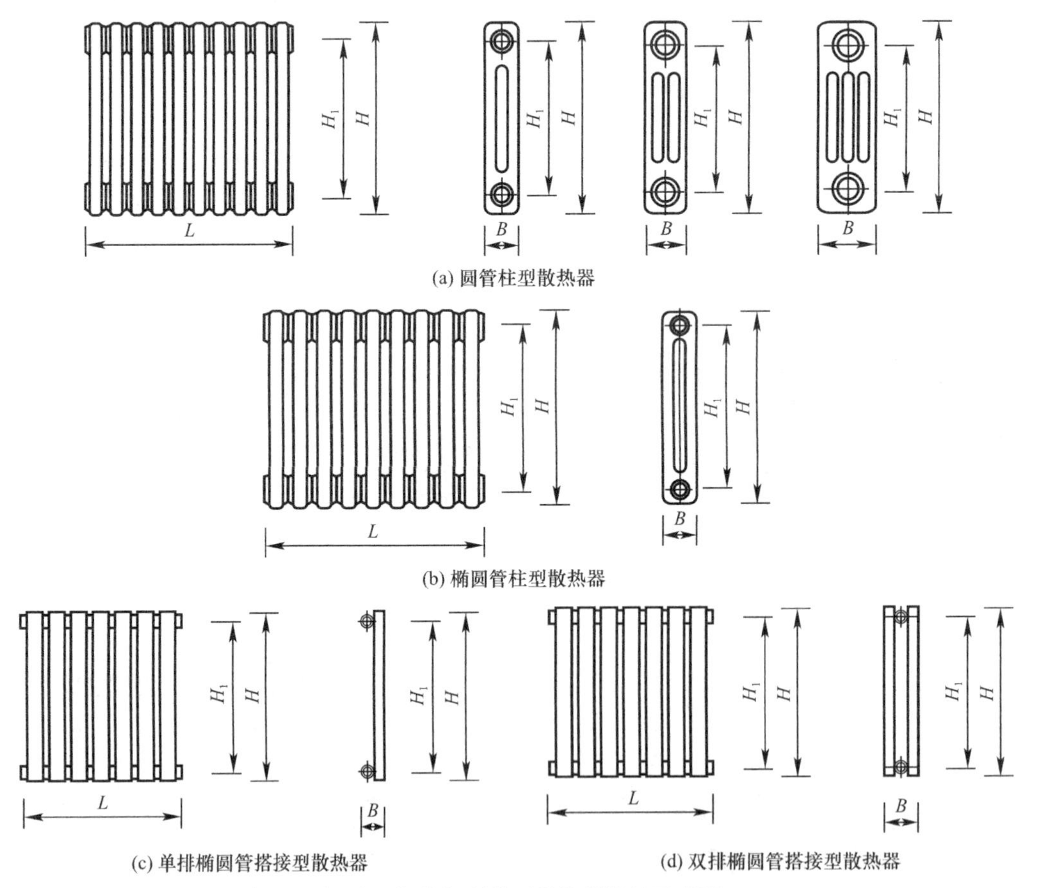

图 2.3 部分钢制管型散热器结构示意图

钢制板型散热器是以薄钢板加工成型的散热器。产品按结构形式分为单板型（有一层水道板）、单板带单对流片型（有一层水道板并在一侧焊接有对流片）、多板型（有二层或二层以上水道板）、双板带双对流片型（有二层水道板并焊有二侧对流片）等（图 2.4）。钢制翅片管对流散热器是由散热元件即内芯和外罩组成，内芯由多根高频焊翅片管水平平行排列，互相联通并固定在钢制框架上。内芯过水钢管为厚壁钢管（壁厚≥2.5mm），翅片散热，外置通风钢罩，强化对流散热效果。

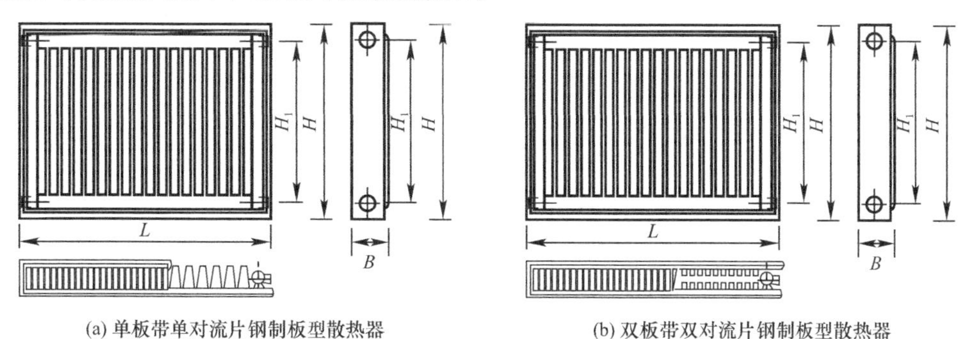

(a) 单板带单对流片钢制板型散热器

(b) 双板带双对流片钢制板型散热器

图 2.4　部分钢制板型散热器结构示意图

2）铸铁散热器

铸铁散热器适用标准为《铸铁供暖散热器》GB/T 19913、《采暖散热器　灰铸铁柱型散热器》JG/T 3、《采暖散热器　灰铸铁翼型散热器》JG/T 4 和《采暖散热器　灰铸铁柱翼型散热器》JG/T 3047。铸铁散热器是发展最早、产品最多的一类，由于环保要求，普通型铸铁散热器已经被淘汰，现采用树脂砂芯铸造，内腔无粘砂。铸铁散热器从结构形式上有柱型、翼型、柱翼型、板翼型、导流型等各种形式，不同形式产品的示意如图 2.5 所示。铸铁散热器的防腐性好，使用寿命长，价格低廉。铸铁散热器散热效率较低，金属热强度偏低，外观不够美观。近年来，由于环保、“双碳”等要求，铸铁散热器的用量在逐年降低。

3）复合型散热器

复合型散热器适用标准为《复合型供暖散热器》GB/T 34017、《钢铝复合散热器》GB/T 31542、《铜铝复合柱翼型散热器》JG/T 220 和《铜管对流散热器》JG/T 221。复合型散热器是以钢管、不锈钢管、铜管、塑料管等为内芯（水流通道）、以铝合金翼片为

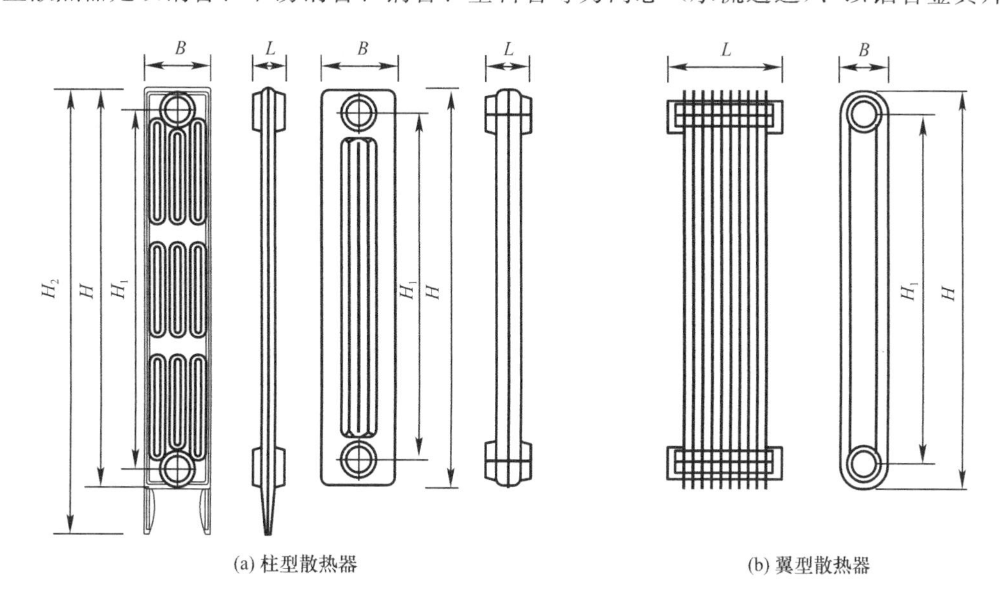

(a) 柱型散热器

(b) 翼型散热器

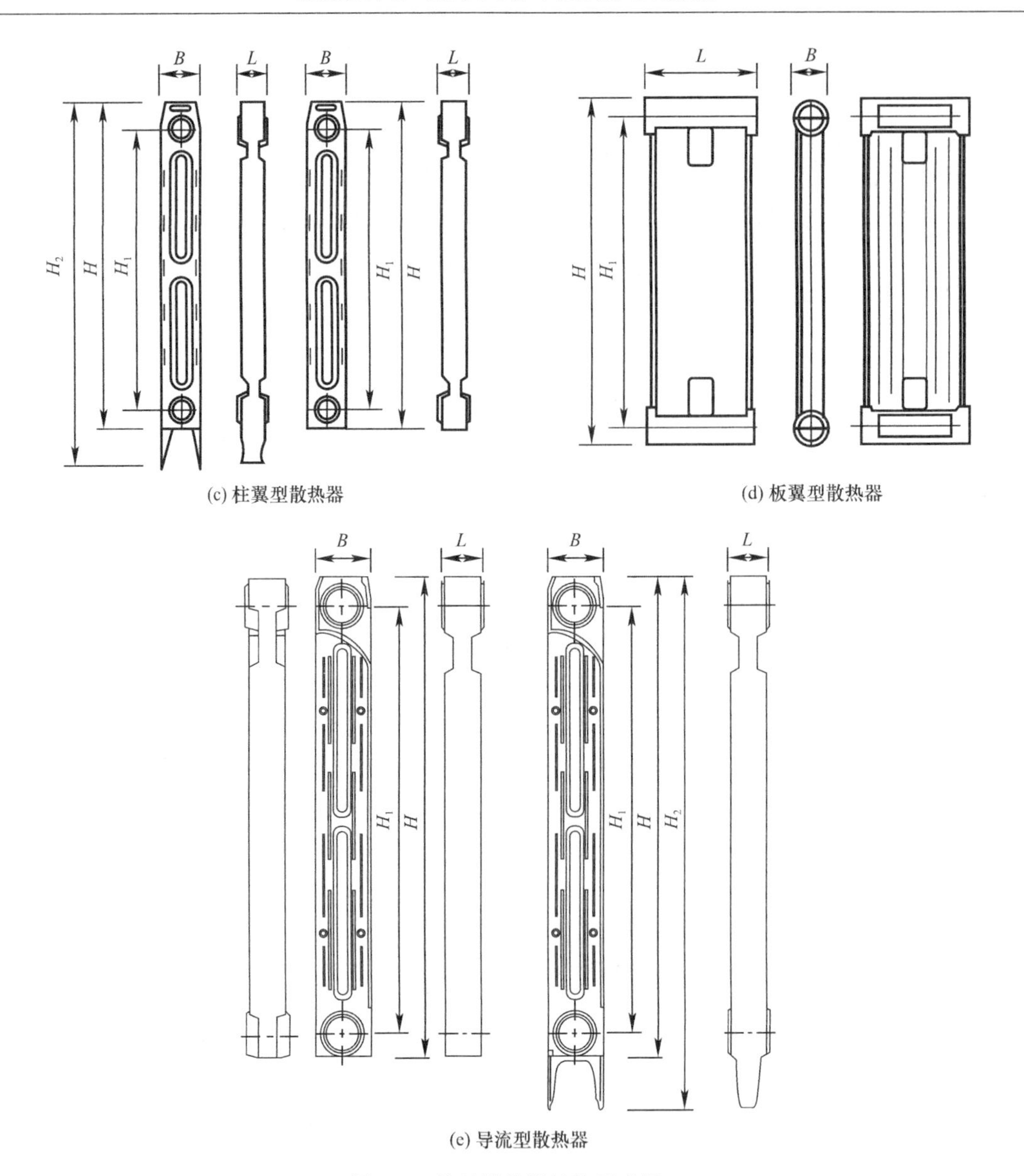

(c) 柱翼型散热器　(d) 板翼型散热器

(e) 导流型散热器

图 2.5　铸铁散热器结构示意图

散热元件，目前比较成熟的产品有钢铝、铜铝、塑铝等复合形式，从结构上分为柱翼型和对流型，结构示意如图 2.6 所示。复合型散热器结合了钢管、铜管、塑料管高承压、耐腐蚀和铝合金外表美观、散热效果好的优点。

铝合金散热翼片与钢管、铜管、塑料管的结合一般采用胀管技术，此胀管工艺并不复杂，生产门槛低，故市场上此类散热器较多。但该工艺存在接触热阻，同时随着使用时间延长，接触紧密性降低，散热能力下降。另外，塑料管在极低极高温度下寿命都会受影响。

4）铝制散热器

铝制散热器适用标准为《铝制柱翼型散热器》JG/T 143 和《压铸铝合金散热器》JG 293。铝制散热器分为铝合金散热器和高压铸铝散热器两种。铝制散热器结构紧凑、造型美观、装饰性强、热工性能好、承压高，结构示意如图 2.7 所示。

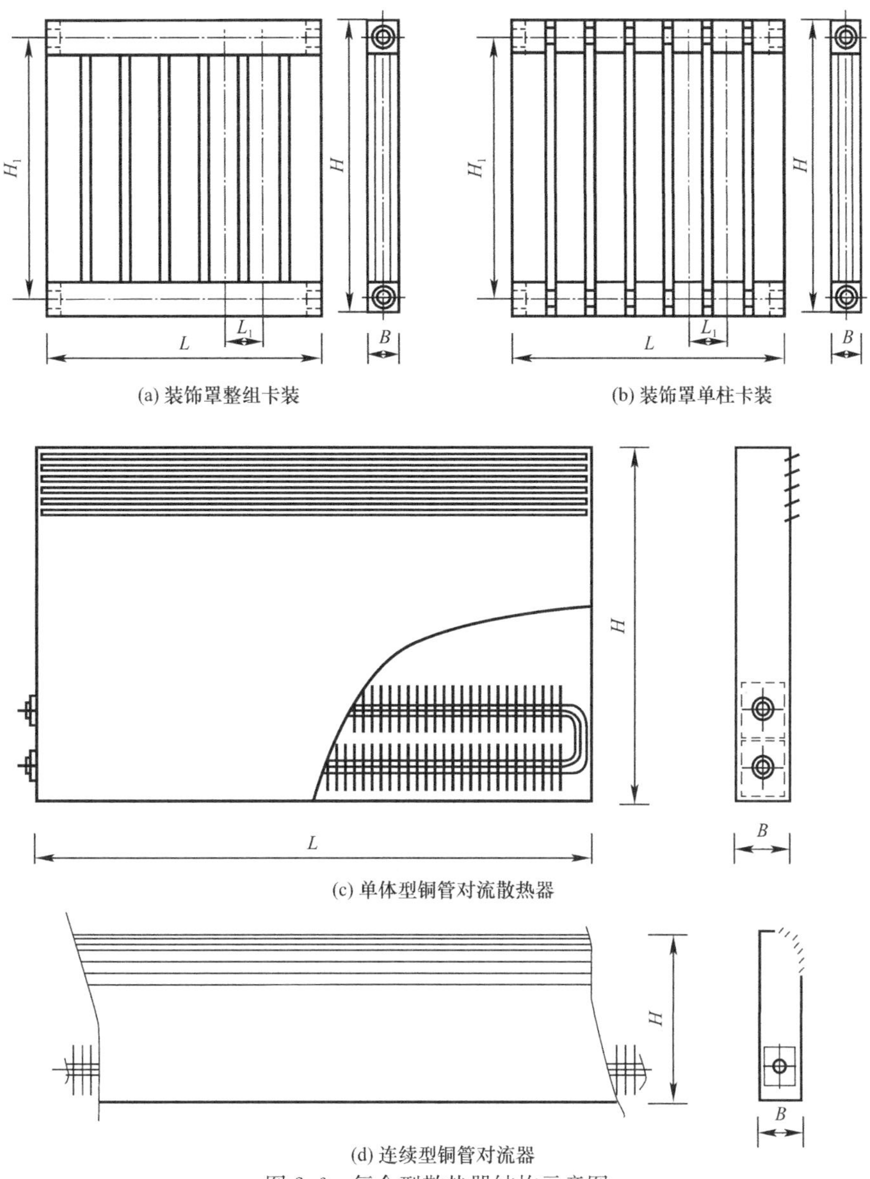

图 2.6 复合型散热器结构示意图

铝的化学活性十分活泼，极易与氧发生反应，生成一种致密的三氧化二铝保护膜，膜的厚度约为 1μm，它同基体的结合十分牢固，使镀层表面钝化，阻止自身氧化的继续进行。所以铝合金本身不怕氧，不存在氧腐蚀。但铝制散热器怕碱腐蚀，无防腐措施的产品只能用于 pH 低于 8.5 的热媒水中，不能用于锅炉直供系统。

铝合金散热器采用铝合金型材挤压成型，有柱翼型、管翼型、板翼型等形式，管柱与上下水道连接采用焊接或钢拉杆连接。由于强度不能保证，容易出现问题而漏水。故市场上目前已很少采用铝合金散热器。压铸铝散热器是将熔化的铝合金高压注入金属模具内一次成型，一般呈板翼型，承压高，耐腐蚀性好。

（3）性能要求

在供暖散热器产品标准中，根据产品的不同，规定了不同的项目，包括材料尺寸、散

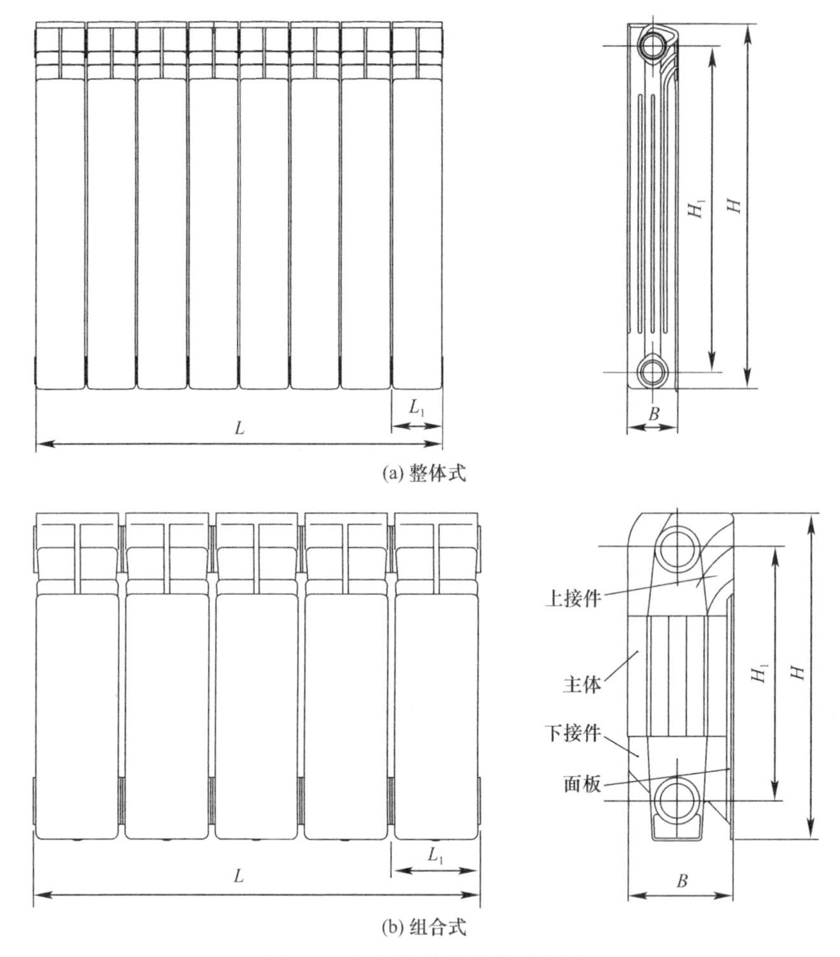

图 2.7　铝制散热器结构示意图

热量或金属热强度、工作压力、焊接质量、螺纹质量、涂层质量、外形尺寸与偏差等 8 项常规性能，柱翼型散热器增加了胀接复合剪应力，铸铁散热器的铸造质量和机械加工质量。工程应用中主要关注的性能为散热量或金属热强度、工作压力、螺纹质量以及柱翼型散热器的胀接复合剪应力。

1）散热量

供暖散热器散热量是散热器在其使用工况下应具有良好的传热能力，这是散热器最基本的性能，散热量测试方法按照现行国家标准《供暖散热器散热量测定方法》GB/T 13754 进行，《供暖散热器散热量测定方法》GB/T 13754—2017 中标准工况的过余温度为 ΔT=44.5K，在 2008 版中标准工况的过余温度为 ΔT=64.5K，因部分标准在 2017 年前制修订，所以该过余温度也使用。在《钢制板型散热器》JG/T 2、《钢管散热器》JG/T 148、《采暖散热器钢制翅片管对流散热器》JG/T 3012.2 标准中规定了钢制散热器标准散热量的最低指标，在《采暖散热器　灰铸铁柱型散热器》JG/T 3、《采暖散热器　灰铸铁翼型散热器》JG/T 4、《采暖散热器　灰铸铁柱翼型散热器》JG/T 3047 标准中规定了铸铁散热器标准散热量的最低指标；《复合型供暖散热器》GB/T 34017 中规定了复合型散热器的标准散热量不应小于制造厂明示标准散热量的 95%，且不得低于《钢铝复合散热器》

GB/T 31542、《铜铝复合柱翼型散热器》JG/T 220、《铜管对流散热器》JG/T 221 标准中规定的最低指标；铝制散热器的标准散热量最低指标见《铝制柱翼型散热器》JG/T 143、《压铸铝合金散热器》JG/T 293。

2）金属热强度

金属热强度是供暖散热器热性能的辅助指标，它一方面与散热器的散热形式密切相关，在另一方面也对散热器的节材提出了要求。目前的标准体系中对于钢制散热器、卫浴型散热器和铸铁散热器最小金属热强度提出的要求，见《钢制采暖散热器》GB/T 29039、《卫浴型散热器》JG/T 232 和《铸铁供暖散热器》GB/T 19913。

3）耐压性能

耐压性能即供暖散热器在供暖系统的工作压力下，全寿命期间不发生破损和泄漏的能力，这是供暖散热器最必要具备的性能，在各类散热器产品中均提出要求。

不同类型的供暖散热器的散热量、金属热强度指标见表 2.3～表 2.6，不同类型的供暖散热器的工作压力、螺纹质量、涂层等指标见表 2.7。

钢制散热器最小金属热强度 **表 2.3**

散热器类别	薄壁流道钢制柱型和钢管散热器	厚壁流道钢制柱型和钢管散热器	薄壁流道钢管对流散热器	厚壁流道钢管对流散热器	钢制板型散热器	钢制卫浴型散热器
最小金属热强度[W/(kg·K)]	0.75	0.50	0.95	0.70	0.95	0.8

铸铁散热器金属热强度 **表 2.4**

同侧进出水口中心距 H_1(mm)	300		500		600	
过余温度 ΔT(K)	44.5	64.5	44.5	64.5	44.5	64.5
金属热强度[W/(kg·K)]	0.30	0.33	0.31	0.34	0.31	0.34

铜铝复合散热器散热量 **表 2.5**

铜铝复合柱翼型散热器

同侧进出水口中心距 H_1(mm)		名义散热量(W/m)								
		300	400	500	600	700	900	1200	1500	1800
宽度 B(mm)	60	890	1150	1410	1550	1800	2300	2800	3200	3500
	70	940	1210	1490	1630	1880	2380	2930	3330	3630
	80	1050	1310	1570	1730	1950	2450	3050	3450	3750
	100	1170	1390	1730	1840	2100	2600	3300	3700	4000

注 1：表中数值为单管立柱结构、外涂非金属涂料、上下有装饰罩、接管方式为同侧上进下出时的散热器名义散热量（ΔT=64.5K）。

注 2：其余宽度散热器的散热量按内插法确定

铜管单体型对流器标准散热量

项目	参数值		
厚度 B(mm)	80～100	101～120	>120
高度 H(mm)	500	600	700
长度 L(mm)	400～1600		
标准散热量 Q(W/m)	1100	1300	1650

铜管连续型对流器标准散热量

厚度 B(mm)	参数值			
高度 H(mm)	100	120	150	200
长度 L(mm)	100～400			
标准散热量 Q(W/m)	不应小于产品标称值的 95%			

铝质散热器最小散热量 **表 2.6**

铝质柱翼型散热器

同侧进出水口中心距 H_1(mm)		300	400	500	600	700	900	1200	1500	1800
宽度 B(mm)	40	490	610	765	855	945	1155	1435	1650	1830
	60	550	735	885	975	1100	1345	1650	1890	2075
	80	640	800	960	1055	1185	1410	1726	1985	2240
	100	715	850	1055	1125	1225	1500	1770	2045	2320

注：按单管立柱结构、上下有装饰罩、接管方式为同侧上进下出，过余温度 ΔT=44.5K

压铸铝合金散热器

整体式散热器标准散热量

项目	参数值	
同侧进出口中心距 H_1(mm)	500	600
单片长度 L_1(mm)	80	80
宽度 B(mm)	85	85
散热量 Q（W）（过余温度 ΔT=64.5℃）	160	185

组合式散热器标准散热量

项目	参数值	
同侧进出口中心距 H_1(mm)	500	600
单片长度 L_1(mm)	80	80
宽度 B(mm)	96	96
散热量 Q（W）（过余温度 ΔT=64.5℃）	170	195

复合式散热器标准散热量

项目	参数值	
同侧进出口中心距 H_1(mm)	500	600
单片长度 L_1(mm)	80	80
宽度 B(mm)	78	85
散热量 Q（W）（过余温度 ΔT=64.5℃）	135	175

不同类型的供暖散热器的工作压力、螺纹质量、涂层等指标 **表 2.7**

	工作压力(MPa)	螺纹质量	涂层质量	胀接复合剪应力
钢制供暖散热器	0.4≤工作压力≤1.0，且满足供暖系统的工作压力要求	R_p1/2、R_p3/4、R_p1	涂层附着力应符合 GB/T9286 规定的 2 级要求	—
铸铁供暖散热器	柱型、柱翼型、导流型散热器的工作压力不应小于 0.8MPa；翼型、板翼型散热器的工作压力不应小于 0.6MPa	G1、G1¼ 或 G1½ 管螺纹		—
复合型供暖散热器	金属流道散热器工作压力≥0.8；塑料流道散热器工作压力≥0.4	R_p1/2、R_p3/4、R_p1		≥0.5MPa
铝制供暖散热器	压铸铝合金散热器≤1.0MPa；铝制柱翼型≤0.8MPa	R_p½、R_p¾、R_p1		—

（4）应用中需关注的问题

1）将标准散热量和名义散热量混淆

《供暖散热器散热量测定方法》GB/T 13754 中的标准散热量与产品标准中的名义散热量（明示散热量）存在混淆的情况。标准散热量是指在《供暖散热器散热量测定方法》GB/T 13754 规定的试验工况下，测试得出的散热器散热量，而名义散热量（明示散热量）是指产品铭牌或产品样本上标注的值。由此可知，企业在铭牌或样本上标注的名义散热量可等于或优于标准散热量，但不能差于标准散热量。

2）未按实际散热量标注名义散热量

在实际使用过程中，有些企业在样本或其他宣传材料中未按实际散热量标注产品名义散热量，一般标注产品名义散热量高于实际散热量，产品在设计选型时，设计人员按样本中数据计算，会少选散热器片数，导致运行时室内温度不达标；国家监督抽查或工程复验时，产品实际测试结果不满足名义散热量要求。

3）使用条件不符合散热器产品要求

散热器应与其使用场合使用条件一致。比如不同的散热器对于水质要求不同，在酸性环境中使用钢制散热器和在碱性环境中使用铝制散热器均会对散热器造成不利影响，缩短其使用寿命。再如散热器与供暖系统压力不匹配，在高层高压系统中应用铸铁散热器将造成散热器破裂；在开式系统中使用薄壁钢制散热器将造成氧腐蚀泄漏；在高温供暖系统中应用塑料流道复合散热器将导致流道老化，寿命受影响等。

4）不重视金属热强度指标

在散热器行业中，有些小企业不重视散热器质量，甚至不理解金属热强度指标的意义，造成高耗能、多耗材，一些低端材质的散热器仍在市场销售。

2.1.2　热水辐射供暖装置

热水辐射供暖装置是安装在围护结构一个或多个内表面上，通过辐射面以辐射和对流的传热方式向室内供暖的装置。

（1）相关标准

我国热水辐射供暖装置相关主要标准见表 2.8。

热水辐射供暖装置相关主要标准　　表 2.8

序号	标准编号	标准名称
1	GB/T 29045	《预制轻薄型热水辐射供暖板》
2	JGJ 142	《辐射供暖供冷技术规程》
3	JG/T 403	《辐射供冷及供暖装置热性能测试方法》
4	JG/T 409	《供冷供暖用辐射板换热器》

（2）分类

热水辐射供暖装置按铺装结构分为填充式和预制式，按安装位置分为地面、墙面、顶面及楼板埋管，按加热管管径分为常规型和细管型，分类方式、类别、特点及适用范围见表 2.9。

热水辐射供暖装置的分类方式、类别、特点及适用范围　　表 2.9

分类方式	类别	特点	适用范围
铺装结构	填充式	用混凝土、水泥砂浆、石膏等对加热管进行填充；热惰性大，厚度大，重量大，需采用湿法施工	连续供暖的公共建筑及住宅等
	预制式	将加热管敷设在预制保温板模块中；热惰性小，厚度小，重量轻，一般采用干法施工；装配速度快，层高增加较少	需要供暖的公共建筑及住宅，尤其适合装配式建筑
安装位置	地面	将加热管等敷设在地下，不占使用面积，散热量大	适用于新建建筑
	墙面	将加热管等敷设在墙上，占用一定使用面积	适用于旧房改造或顶地敷设面积不够的场合
	顶面	将加热管等敷设在顶上，不占使用面积，散热量小	适用于旧房改造或地敷设面积不够的场合
	楼板埋管	将加热管嵌入在建筑楼板结构层中，不占使用面积	适用于连续供暖的新建建筑
加热管管径	常规型	管径不小于 12mm，水质要求不高，运行维护方便	常规场合
	细管型	管径不大于 8mm，占层高小，散热均匀，水质要求较高	适用于住宅、别墅等

（3）性能要求

热水辐射供暖装置按铺装结构分为填充式和预制式，由于两者施工安装工艺相差比较大，以下按铺装结构类型对热水辐射供暖装置性能要求分别进行描述。

1）填充式热水辐射供暖装置

填充式热水辐射供暖装置是将供热管敷设在混凝土或水泥砂浆中，采用湿式工法施工的供暖装置，其性能要求应满足《辐射供暖供冷技术规程》JGJ 142 的相关规定。面层宜采用热阻小于 0.05($m^2 \cdot K$)/W 的材料。当采用泡沫塑料板绝热时，绝热层热阻不应小于表 2.10 的规定值。当采用发泡水泥绝热时，宜采用硅酸盐水泥、普通硅酸盐水泥、复合硅酸盐水泥；当条件受限制时，可采用矿渣硅酸盐水泥等；此外，水泥抗压强度等级不应低于 32.5R，发泡水泥绝热层厚度不应小于表 2.11 的规定值。当采用其他绝热材料时，其技术指标应参照表 2.10 和表 2.11 的规定，选用同等绝热效果的绝热材料。

泡沫塑料板绝热层热阻　　表 2.10

绝热层位置	绝热层热阻[($m^2 \cdot K$)/W]
楼层之间地板、墙板及顶板上	0.488
与土壤或不供暖房间相邻的地板、墙板及顶板上	0.732
与室外空气相邻的地板、墙板及顶板上	0.976

发泡水泥绝热层厚度（mm）　　表 2.11

绝热层位置	干体积密度(kg/m^3)		
	350	400	450
楼层之间楼板上	35	40	45
与土壤或不供暖房间相邻的地板上	40	45	50
与室外空气相邻的地板上	50	55	60

采用预制模块保温板时，保温板总厚度不应小于表 2.12 的规定值；保温板上敷设的金属均热层应耐砂浆腐蚀，厚度不得小于 0.1mm，且不宜小于表 2.12 中的规定值，导热层导热系数不应小于 237W/(m·K)。如相邻房间为供暖房间，不需另外设置绝热层，而底层土壤上部的绝热层宜采用发泡水泥，绝热层厚度不应小于表 2.11 的规定值；直接与室外空气接触以及与不供暖房间相邻的地板、墙板及顶板，预制模块保温板的厚度应在表 2.12 保温板总厚度的基础上分别增加表 2.10 中规定的热阻值对应的厚度。

预制模块保温板及其金属均热层最小厚度　　表 2.12

加热管外径（mm）	保温板总厚度（mm）	均热层厚度（mm）				
		地砖等面层	木地板面层			
			管间距<200mm		管间距≥200mm	
			单层	双层	单层	双层
12	20	—	0.2	0.1	0.4	0.2
16	25	—				
20	30	—				

豆石混凝土填充层材料强度等级宜为 C15，豆石粒径宜为 5～12mm。水泥砂浆填充层材料应采用中粗砂水泥，且含泥量不应大于 5%，宜选用硅酸盐水泥、矿渣硅酸盐水泥；水泥砂浆体积比不应小于 1∶3；强度等级不应小于 M10。填充式供暖地面填充层材料及其厚度宜按表 2.13 选择确定。

填充式供暖地面填充层材料及厚度　　表 2.13

绝热层材料	填充层材料	最小填充层厚度(mm)
泡沫塑料板	豆石混凝土	50
		40
发泡水泥	水泥砂浆	40
		35

2）预制式热水辐射供暖装置

预制式热水辐射供暖装置是将供热管敷设在预制模块保温板中，采用管线分离方式设计及干式工法施工的供暖板或辐射板换热器，其性能要求应满足《预制轻薄型热水辐射供暖板》GB/T 29045 和《供冷供暖用辐射板换热器》JG/T 409 的相关规定。性能要求主要包括名义供热量、工作压力及水流阻力等。在名义工况下实测的供热量不应低于名义供热量的 90%；工作压力不应低于产品的标称值；水流阻力实测值不应超过额定值的±10%。

预制式热水辐射供暖装置宜采用阻氧管材，所用接头、配件可多次拆卸。安装在地面时，龙骨材质可采用木材或塑木材料等，龙骨不应有翘曲，并应满足供暖板承载能力的要求。以木地板作为装饰地面时，可不考虑木地板的破坏强度。以地砖作为装饰地面时，应满足《陶瓷砖》GB/T 4100 及《瓷砖薄贴法施工技术规程》JC/T 60006 的规定。

预制沟槽保温板模块的压缩强度不应低于 200kPa，对抗压性要求较高的场合应符合特定要求。预制模块保温板热阻不应小于表 2.14 的要求，保温板上设的铝制均热板厚度不宜小于表 2.12 的要求，导热系数不应小于 237W/(m·K)；采用其他导热材料时，其最小厚度应按表 2.14 规定采用热阻相同原理进行换算。直接与室外空气接触以及与不供暖房间相邻的地板、墙板及顶板，保温板的热阻应在表 2.14 的基础上分别增加表 2.10 中的热阻值。此外，铝板与保温基板之间的剥离强度不应小于 0.7kN/m。

预制模块保温板最小热阻及铝制均热板最小厚度　　表 2.14

构造部件类型		预制模块保温板最小热阻[(m^2·K)/W]	铝制均热板最小厚度(mm)	
			管间距<200mm	管间距≥200mm
管外径(mm)	12	0.85	0.2	0.4
	16	1.0		
	20	1.15		

（4）应用中需关注的问题

1）将非标工况的供热量与标准工况的供热量等同

《辐射供冷及供暖装置热性能测试方法》JG/T 403—2013 规定的试验标准工况是供回水温度和空气基准温度分别为 40℃/35℃和 18℃。预制式热水辐射供暖装置非标工况下的供热量与标准工况下供热量不同，需要通过供热量与过余温度关系式进行计算得到。

2）热水辐射供暖装置的散热性能较差

工程上常出现热水辐射供暖装置的散热性能达不到要求的情况，尤其一些预制式热水辐射供暖装置没有采用均匀散热措施或者均匀散热效果没达到要求，导致标准工况下的供热量偏小，如此用于预制式建筑中无法通过管线分离提高装配率。

3）热水辐射供暖装置的热损失比例大

工程上常出现热水辐射供暖装置的保温性能达不到要求的情况，热损失比例超过 15%，甚至达到 30%以上，导致室内温度不达标及运行能耗较高。此外，有些模块化热水辐射供暖装置没有采用均热层或均热效果不好，导致散热性能差，热损失比例也明显大于 15%。

4）敷设加热管的建筑围护结构直接与室外空气接触或与不供暖房间相邻时没有采取绝热措施

敷设加热管的建筑围护结构直接与室外空气接触或与不供暖房间相邻时若不采取绝热措施，会增大热损失比例，使得热水辐射供暖装置供热量达不到要求，导致室内温度不达标及运行能耗较高。

2.1.3 电供暖产品

（1）相关标准

我国电供暖产品相关主要标准见表 2.15。

电供暖产品相关主要标准　　表 2.15

序号	标准编号	标准名称
1	GB/T 39288	《蓄热型电加热装置》
2	GB/T 7287	《红外辐射加热器试验方法》
3	JGJ 142	《辐射供暖供冷技术规程》

续表

序号	标准编号	标准名称
4	JG/T 236	《建筑用电供暖散热器》
5	JG/T 286	《低温辐射电热膜》
6	GB 4706.1	《家用和类似用途电器的安全　第 1 部分：通用要求》
7	GB 4706.23	《家用和类似用途电器的安全　第 2 部分：室内加热器的特殊要求》
8	GB 4706.44	《家用和类似用途电器的安全　贮热式室内加热器的特殊要求》

(2) 分类

电供暖分为集中式电供暖和分散式电供暖，分类方式、类别、特点及适用范围见表 2.16。

电供暖产品的分类方式、类别、特点及适用范围　　表 2.16

分类方式	类别	细分类别	特点	适用范围
集中式	蓄热型电加热装置	热水、固体、相变以及复合型	初投资略高，实现电力的移峰填谷，低谷电价时储存部分热量，峰电时释放热量，降低运行费用	集中供暖、户式供暖
	电热水（锅）炉	电阻式、电磁式、半导体式、电极式等	初投资低，不能实现电力的移峰填谷，运行费用略高	集中供暖、户式供暖
分散式	蓄热式电供暖散热器	固体、相变及复合型	可利用低谷电价，实现电力的移峰填谷，降低运行费用	室内供暖
	直热式电供暖	直接作用式电供暖散热器（包括金属基体和非金属基体）	升温快，设备可移动，使用方便，控制灵活	室内供暖
		低温辐射电供暖（发热电缆、电热膜、碳晶）	舒适性高，调控灵活	室内供暖

(3) 性能要求

电供暖产品的性能主要包括安全性能、热性能和控制性能三类，根据产品形式的不同，应分别满足以下要求。

电供暖产品应符合《家用和类似用途电器的安全　第 1 部分：通用要求》GB 4706.1、《家用和类似用途电器的安全　第 2 部分：室内加热器的特殊要求》GB 4706.23、《家用和类似用途电器的安全　贮热式室内加热器的特殊要求》GB 4706.44 和《建筑用电供暖散热器》JG/T 236 等相关标准的规定，并应根据使用安全要求设置电气保护、压力保护和温度保护等安全保护措施，还应符合以下要求：一是热性能好。电供暖产品应满足相应标准的热性能要求。蓄热式电暖器应有良好保温性能，漏热量小，并具有蓄热时间设定和放热量控制功能。散热性能强，需要供暖时，散热量适度可控。二是安全系数高。产品安全可靠，运行平稳，不会有触电危险，不会有烫伤或着火等危险。蓄热式电暖器设备表面温度不高于 70℃，出风格栅温度不高于 115℃。三是应有对影响产品或系统安全稳定运行的参数的检测控制功能。四是应有故障报警功能，在产品或系统发生故障时及时发出故障报警。

在性能指标上，电供暖产品主要应考虑功率偏差、表面温度、升温时间、防尘防水等级、电气耐压强度、耐潮湿、冷态绝缘电阻和热态绝缘电阻、阻燃性能、热效率、带蓄热产品的蓄热率和蓄热材料的安全环保及循环寿命等指标。电驱动热泵供暖产品的性能应符合热泵类相关产品标准的要求。蓄热型电加热装置的性能应满足《蓄热型电加热装置》GB/T 39288 的要求；电热水（锅）炉的性能应满足《电加热锅炉技术条件》JB/T 10393 等相关标准的要求；蓄热式电供暖散热器和直接作用式电供暖散热器的性能应满足《建筑用电供暖散热器》JG/T 236 的要求；低温辐射电供暖性能应满足《辐射供暖供冷技术规程》JGJ 142、《低温辐射电热膜》JG/T 286、《低温辐射电热膜供暖系统应用技术规程》JGJ 319 和《建筑用碳纤维发热线》JG/T 538 等相关标准的要求。

（4）应用中需关注的问题

由于使用电力作为供暖输入能源，使用时应重点考虑用电安全问题，应符合以下电气与安全相关法规和标准：《特种设备安全法》、《特种设备安全监察条例》和《锅炉安全技术监察规程》TSG G0001，《家用和类似用途电器的安全　第 2 部分：室内加热器的特殊要求》GB 4706.23、《家用和类似用途电器的安全贮热式室内加热器的特殊要求》GB 4706.44，《建筑机电工程抗震设计规范》GB 50981，《电热设备电力装置设计规范》GB 50056，《交流电气装置的接地设计规范》GB/T 50065，《建筑电气工程施工质量验收规范》GB 50303，《低压电气装置》GB/T 16895 系列标准和《低压配电设计规范》GB 50054。

由于电作为加热源可以产生高温，设计应用必须满足防火设计要求，产品需要配置可靠的温度控制装置，以免引起火灾或人体烧（灼）伤。

2.2　通风产品

建筑通风系统的目的有两种：一是为室内提供新鲜空气、排除室内污浊空气；二是和供暖、空调设备一起，为建筑室内提供舒适的热湿环境。本指南通风产品不考虑供暖、空调设备。根据通风系统的组成，通风产品可以分为通风机、通风管道、风口和阀门，如图 2.8 所示。通风机按工作原理分为轴流通风机、离心通风机、斜流通风机，按用途可分为通风器、屋顶通风机、射流诱导机组等；通风管道主要包括金属风管、非金属及复合风管、排气道；风口主要包括送风口、回风口或排风口；阀门主要包括风量调节阀和防火阀。

2.2.1　通风机

（1）相关标准

通风机的相关标准包括国家标准、机械行业标准和建筑工业行业标准，见表 2.17。

通风机相关主要标准　　**表 2.17**

序号	标准编号	标准名称
1	GB/T 1236	《工业通风机　用标准化风道性能试验》
2	GB 10080	《空调用通风机安全要求》
3	GB/T 10178	《工业通风机　现场性能试验》

续表

序号	标准编号	标准名称
4	GB 19761	《通风机能效限定值及能效等级》
5	JB/T 6411	《暖通空调用轴流通风机》
6	JB/T 7221	《暖通空调用离心通风机》
7	JB/T 8689	《通风机振动检测及其限值》
8	JB/T 8690	《通风机　噪声限值》
9	JB/T 8932	《风机箱》
10	JB/T 9068	《前向多翼离心通风机》
11	JB/T 9069	《屋顶通风机》
12	JB/T 10562	《一般用途轴流通风机　技术条件》
13	JB/T 10563	《一般用途离心通风机　技术条件》
14	JB/T 10820	《斜流通风机　技术条件》
15	JG/T 259	《射流诱导机组》
16	JG/T 391	《通风器》

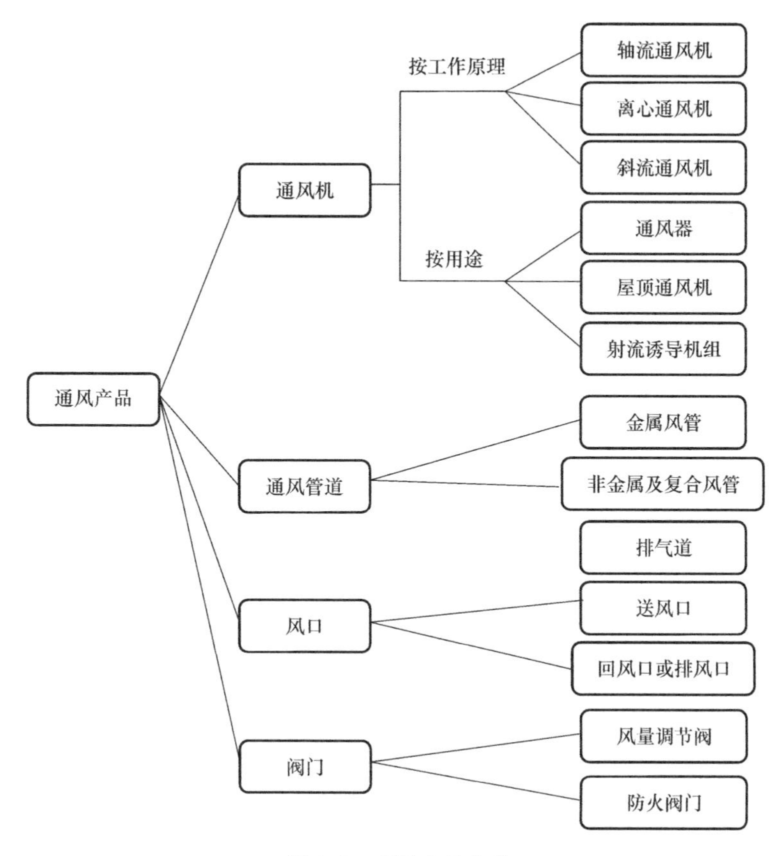

图2.8　通风产品分类

(2) 分类

一般通风空调工程中常用的通风机，按工作原理可分为离心式、轴流式和斜流式三种，按用途可分为通风器、屋顶通风机、射流诱导机组等。按传动形式又可分为电动机直联式、联轴器传动式和带传动式。而风机箱是通风机置于箱体内的通风设备。各种类型的通风机如图 2.9 所示。对于通用通风机，其分类方式、类别、特点和适用范围见表 2.18。

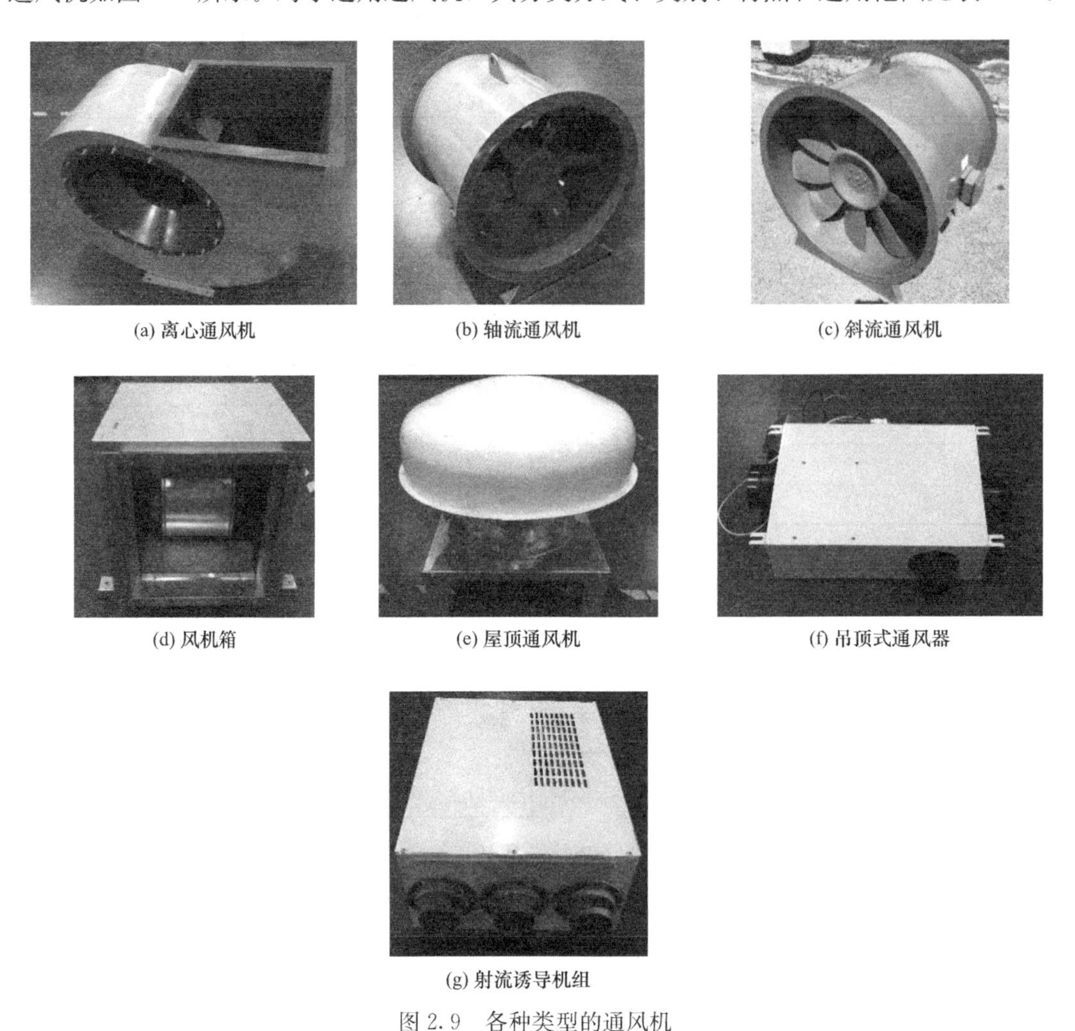

(a) 离心通风机　(b) 轴流通风机　(c) 斜流通风机

(d) 风机箱　(e) 屋顶通风机　(f) 吊顶式通风器

(g) 射流诱导机组

图 2.9　各种类型的通风机

(3) 性能要求

1) 通用通风机

通风机主要用于送风或排风，对于通用的轴流通风机、离心通风机、斜流通风机以及风机箱，其性能主要包括空气动力性能、功率、噪声、振动和安全等。

① 空气动力性能

空气动力性能包括通风机的压力和流量。

轴流通风机的空气动力性能应符合《一般用途轴流通风机　技术条件》JB/T 10562 和《暖通空调用轴流通风机》JB/T 6411 的规定。《暖通空调用轴流通风机》JB/T 6411—2014 对轴流通风机空气动力性能规定：在额定转速下，工作区域内，在铭牌压力（或静压）值下实测的通风机体积流量不应小于铭牌体积流量值的 95%；或在铭牌体积流量值下实测的通风机压力（或静压）值不应小于铭牌压力（或静压）值的 96%；在铭牌体积流量和铭牌压力（静压）值下，实际工作运行的通风机转速不低于铭牌所示转速的 95%。

通用通风机的分类方式、类别、特点及适用范围　　表2.18

分类方式	类别	特点	适用范围
离心通风机	流线型	最高效率点在50%～60%的流量范围处，压力特性好，耗功率也接近最大值；当压力降低并趋向无压时，耗功率也因自身限制变小	低、中和高压系统，特别是在大系统中，如大型通风、空调、净化系统
	后倾或后弯叶型	性能特性同流线型，最高效率比流线型稍低些	一般通风和空调系统。还可用在由于腐蚀，不能采用流线型风机的场合
	径向型	风机的压头比前两种高；在最高效率点的左边，性能曲线有个拐点；随风压降低，风量加大，风机的耗功不断上升	主要用于原料输送和除尘系统。叶片是加固型，且易于在现场修理、更换。很少在通风和空调系统中使用
	前向叶型	压力曲线不如后弯叶型陡，该曲线在最高效率点的左边有个低谷；最高效率点在最高压力点的右边，其流量为40%～50%全流量时，风机应在最高压力点的右边运行；耗功率随着风机运行趋向无压排出时而不断上升，选电机时要考虑此特性	用在低压的供暖、通风及空调系统中，如中央空调系统、房间空调器等
轴流通风机	螺旋桨型	风机的流量大，压力低，最高效率点出现在接近无压自由排出的状态；由于叶片的作用缺少变直能力，气流出口呈环状和旋涡状	用在大流量、低压头系统，如在一个空间内的气流循环，通过墙面不接风管的通风
	筒型轴流	高流量、低压头；由于螺旋桨式的旋转叶轮及缺少导流叶片，出来的环状气流呈旋转或旋涡型	用于对下降气流要求不严格的中、低压供暖、通风和空调系统中；也用在工业中，如干燥炉、喷漆柜和燃烧装置的排烟系统
	叶片轴流	高压、中流量；导流叶片将叶轮传给空气的旋转能量改变方向以增加压力和提高效率	用于供暖通风空调系统；其优点是空气直流，安装方便，下游的气流分布良好。同筒形轴流一样可用在工业建筑中，与离心风机相比，其安装地位紧凑
斜流通风机	扭曲机翼型	风量、风压介于轴流通风机和离心通风机	用于工矿企业和公共建筑，可替代低压离心风机和高压轴流风机

离心通风机的空气动力性能应符合《一般用途离心通风机　技术条件》JB/T 10563、《暖通空调用离心通风机》JB/T 7221和《前向多翼离心通风机》JB/T 9068的规定。JB/T 7221—2017对离心通风机空气动力性能规定：在工作区内，通风机采用非电动机直联形式时，在额定转速下，其在标牌压力（或静压）值下的实测容积流量不应小于标牌容积流量值的96%；或在标牌容积流量值下实测的通风机压力（或静压）不应小于标牌压力（或静压）值的97%；通风机采用电动机直联形式时，在其额定工作电压及额定工作频率条件下实际运转，其在标牌压力或标牌静压值下的实测容积流量不应小于标牌容积流量值的95%；或在标牌容积流量值下实测的通风机压力（或静压）不应小于标牌压力（或静压）值的96%。

斜流通风机的空气动力性能应符合《斜流通风机　技术条件》JB/T 10820的规定。JB/T 10820—2008中针对斜流通风机空气动力性能规定为：在额定转速下，实测的空气动力性能曲线与标准性能曲线的偏差；在规定的通风机压力下，所对应的流量偏差为±5%；或在规定的流量下，所对应的压力偏差为±5%。

风机箱的空气动力性能应符合《风机箱》JB/T 8932的规定。JB/T 8932—1999规定：应在5℃～40℃进口空气状态下进行试验，风机箱风量实测值换算成标准空气状态后不低于额定值的95%，机外余压实测值不低于额定值的93%。

离心、轴流和斜流通风机的空气动力性能应按《工业通风机　用标准化风道性能试验》GB/T 1236 通过试验确定，并绘制典型空气动力性能曲线。

风机箱的空气动力性能应按《组合式空调机组》GB/T 14294 中规定的方法通过试验确定。

② 功率或能效

轴流通风机的功率应符合《一般用途轴流通风机　技术条件》JB/T 10562 和《暖通空调用轴流通风机》JB/T 6411 的规定。JB/T 6411—2014 对轴流通风机的功率规定：在铭牌体积流量值、铭牌压力（或静压）值下实际工作运行的通风机总效率或叶轮效率不应小于总效率或叶轮效率值的 97%。通风机在铭牌体积流量值、铭牌压力（或静压）值下运行时实测的输入功率与电动机额定输出功率（P_N）或电动机额定输入功率（P_Z）应符合表 2.19 的规定。

轴流通风机实测输入功率限值　　表 2.19

电动机额定输出功率 P_N(kW)	$0.2<P_N\leqslant0.55$	$0.55<P_N\leqslant1.1$	$1.1<P_N\leqslant4$
电动机额定输入功率 P_Z(kW)	$0.36<P_Z\leqslant1$	$1<P_Z\leqslant2$	$2<P_Z\leqslant6$
通风机实测输入功率 P_e 限值(kW)	$P_e\leqslant2P_N$ 或 $P_e\leqslant0.82P_Z$	$P_e\leqslant1.7P_N$ 或 $P_e\leqslant0.88P_Z$	$P_e\leqslant1.45P_N$ 或 $P_e\leqslant0.9P_Z$
电动机额定输出功率 P_N(kW)	$4<P_N\leqslant11$	$11<P_N\leqslant45$	$45<P_N$
电动机额定输入轴功率 P_Z(kW)	$6<P_Z\leqslant15$	$15<P_Z\leqslant60$	$60<P_Z$
通风机实测输入功率 P_e 限值(kW)	$P_e\leqslant1.3P_N$ 或 $P_e\leqslant0.92P_Z$	$P_e\leqslant1.2P_N$ 或 $P_e\leqslant0.94P_Z$	$P_e\leqslant1.1P_N$ 或 $P_e\leqslant0.95P_Z$

离心式通风机的功率应符合《一般用途离心通风机　技术条件》JB/T 10563、《暖通空调用离心通风机》JB/T 7221 和《前向多翼离心通风机》JB/T 9068 的规定。JB/T 7221—2017 对离心通风机的功率规定：在设计工况点、标牌容积流量值或标牌压力值（标牌静压值）下实际工作运行的通风机，其电动机的输入电流（或功率）不大于该电动机的额定输入电流（或功率）的 95%；通风机总效率或叶轮效率不应小于通风机明示总效率或叶轮效率的 97%。

斜流通风机的功率应符合《斜流通风机　技术条件》JB/T 10820 的规定。JB/T 10820—2008 对斜流通风机空气动力性能规定：在额定转速下，实测的空气动力性能曲线与标准性能曲线的偏差；通风机效率不得低于其对应点效率的 3%；或通风机效率不得低于其对应点的 3%。

风机箱的功率应符合《风机箱》JB/T 8932 的规定。JB/T 8932—1999 规定：应在 5℃～40℃进口空气状态下进行试验，功率实测值不应大于额定值的 110%。

通风机作为通风空调系统的输送动力源，其能耗不容小觑，为了保证通风机的节能效果，《通风机能效限定值及能效等级》GB 19761 对一般用途离心通风机、一般用途轴流通风机、工业锅炉用离心引风机、电站锅炉离心式通风机、电站轴流式通风机、暖通空调用离心通风机、前向多翼离心通风机的能效等级、能效限定值及试验方法和技术要求进行了规定。通风机的能效等级分为 3 级，其中 1 级能效最高、3 级能效最低。离心、轴流和斜流通风机功率和效率应按《工业通风机　用标准化风道性能试验》GB/T 1236 的规定进行测量与计算、换算。风机箱输入功率按《组合式空调机组》GB/T 14294 中规定的方法通过试验确定。

③ 噪声

通风机的噪声应符合《通风机　噪声限值》JB/T 8690的规定。对于暖通空调用轴流通风机的噪声应符合《暖通空调用轴流通风机》JB/T 6411的规定。通风机的比A声级（L_{SA}）噪声限值见表2.20。

通风机的比A声级（L_{SA}）噪声限值　　**表2.20**

叶轮公称外径 D_R(mm)	$D_R \leqslant 630$		$630 < D_R \leqslant 1000$		$1000 < D_R \leqslant 1400$	
通风机转速 n(r/min)	$n \leqslant 1350$	$1350 < n \leqslant 3000$	$n \leqslant 1100$	$1100 < n \leqslant 3000$	$n \leqslant 900$	$900 < n \leqslant 2000$
比A声级 L_{SA}(dB)	≤33	≤35	≤34	≤36	≤35	≤36

对于不同类型的暖通空调用离心式通风机，噪声应符合《暖通空调用离心通风机》JB/T 7221的规定。离心式通风机在标牌容积流量下实测噪声的比A声级（L_{SA}）限值见表2.21。

离心式通风机噪声的比A声级（L_{SA}）限值　　**表2.21**

通风机形式	前向及径向叶片离心通风机		后向板型叶片离心通风机		后向机翼型叶片离心通风机	
通风机转速 n(r/min)	$n \leqslant 1450$	$1450 < n \leqslant 3000$	$n \leqslant 1400$	$1100 < n \leqslant 3000$	$n \leqslant 1450$	$1450 < n \leqslant 3000$
比A声级 L_{SA}(dB)	≤21	≤22	≤25	≤27	≤20	≤22

对于斜流通风机，《斜流通风机　技术条件》JB/T 10820—2008规定各种类型的斜流通风机在最佳效率工况点的比A声级不应大于28dB。

对于风机箱，噪声应符合《风机箱》JB/T 8932的规定。风机箱噪声限值不应超过表2.22的值。

风机箱噪声限值　　**表2.22**

额定风量(m^3/h)	声压级[dB(A)]
≤4000	60
5000～6000	62
7000～8000	64
9000～12000	66
15000～20000	70
25000～50000	80
60000～80000	85

注：不包括消声型风机箱。

离心、轴流和斜流通风机噪声应按《风机和罗茨鼓风机噪声测量方法》GB/T 2888或《空调风机噪声声功率级测定　混响室法》JB/T 10504的规定，通过测试得出。对每个规格的通风机均应进行噪声测量，并绘制A声级噪声特性曲线。

风机箱的噪声应用按《采暖通风与空气调节设备噪声声功率级的测定　工程法》GB/T 9068—1988中附录C规定的声压级的测量方法进行测量确定。

④ 振动和安全

对于斜流通风机，《斜流通风机　技术条件》JB/T 10820—2008规定斜流通风机的振动速度有效值，刚性支承不得超过 4.6mm/s，挠性支承不得超过 7.1mm/s。斜流通风机振动测量部位按《通风机振动检测及其限值》JB/T 8689 的规定确定。

对于风箱的振动应符合《风机箱》JB/T 8932 的规定。JB/T 8932—1999 中规定通风机转速大于 800r/min 时，机组的振动速度（均方根速度）不大于 4mm/s；通风机转速小于或等于 800r/min 时，则不大于 3mm/s。风机箱的振动应按 JB/T 8932 的规定进行试验。

暖通空调用离心和轴流通风机的安全性能要求应符合《空调用通风机安全要求》GB 10080 的规定，风机箱的安全性能应符合《空气处理机组　安全要求》GB 10891 的规定。

2）功能通风机

本指南中的功能通风机包括屋顶通风机、通风器和射流诱导机组。

屋顶通风机是安装在建筑物屋顶上用于通风排气的轴流式或离心式通风机，其性能应符合《屋顶通风机》JB/T 9069 的规定。

《屋顶通风机》JB/T 9069—2017 对空气动力性能规定：在工作区内，通风机采用非电动机直联形式时，在额定转速下，其在标牌压力（或静压）值下的实测容积流量不应小于标牌容积流量值的 95%；或在标牌容积流量值下实测的通风机压力（或静压）不应小于标牌压力（或静压）值的 95%；通风机采用电动机直联形式时，在其额定工作电压及额定工作频率条件下实际运转，其在标牌压力或标牌静压值下的实测容积流量不应小于标牌容积流量值的 95%；或在标牌容积流量值下实测的通风机压力（或静压）不应小于标牌压力（或静压）值的 95%。

《屋顶通风机》JB/T 9069—2017 对能效规定：在标牌容积流量值或标牌压力（静压）值下实际运行的通风机，其配用电动机的输入电流（或功率）不大于该电动机额定输入电流（或功率）；通风机的总效率或叶轮效率不应小于通风机明示总效率或叶轮效率的 95%。

《屋顶通风机》JB/T 9069—2017 对噪声规定：通风机在标牌容积流量下实测噪声的比 A 声级（L_{SA}）限值应符合表 2.23 的规定或按供需双方的协议执行。

屋顶通风机噪声的比 A 声级（L_{SA}）限值　　表 2.23

通风机形式	比 A 声级 L_{SA}(dB)
轴流式屋顶通风机	≤34
离心式屋顶通风机	≤20

近年来随着人们对室内空气质量的重视，新风系统在住宅中逐渐大量应用。通风器作为住宅新风系统的动力源，对于新风系统功能的实现起着重要的作用。通风器是利用风机驱动的通风换气装置，按叶轮形式可分为离心、轴流、斜流和横流；按安装方式可分为落地、吊装、壁挂和窗式，按通风类型可分为单向流和双向流；按能耗分为普通型和节能型，按噪声可分为普通型和静音型。《通风器》JG/T 391—2012 规定：通风器的实测风量不应小于额定风量的 95%；实测风压不应小于额定风压的 93%；输入功率不应超过表 2.24 规定数值的 110%；噪声值不应超过表 2.25 规定的数值。通风器的输入功率应按《工业通风机用标准化风道性能试验》GB/T 1236 的规定通过试验确定，带热回收的动力型通风器的输入功率按《热回收新风机组》GB/T 21087 的规定通过试验确定，试验时如

果通风器有挡位，取最高挡进行试验。通风器的风量、风压和噪声应按《通风器》JG/T 391 的规定通过试验确定。

动力型通风器的输入功率　　**表 2.24**

额定风量(m^3/h)	输入功率(W)	
	普通型	节能型
≤50	20	13
51～100	45	23
101～200	90	45
201～400	180	90
401～600	240	150
601～800	300	180
801～1000	350	230

注：表中的风量是标准工况下，通风器出口静压为 25Pa 时的风量。

动力型通风器的噪声　　**表 2.25**

风量范围(m^3/h)	噪声[dB(A)]	
	普通型	静音型
≤50	31	28
51～100	35	32
101～200	39	36
201～400	43	40
401～600	47	44
601～800	50	47

射流诱导机组是由风机箱体、单个或多个喷口及（或）控制器等组成一体的送风设备，适用于大空间建筑的远程射流诱导通风。按机组类型可分为离心式和轴流式，按喷口个数分为单喷口和多喷口，按控制形式分为 CO 监控式、温度监控式、定时监控式。射流诱导机组的额定射程、输入功率、出口噪声、机组振动、电气安全、额定风量等性能应用符合《射流诱导机组》JG/T 259 的规定。射流诱导机组不同额定风量下的额定射程、输入功率和出口噪声见表 2.26。

射流诱导机组基本性能参数要求　　**表 2.26**

规格代号	额定风量(m^3/h)	额定射程(m)	输入功率(W)	出口噪声[dB(A)]
SFL 4	400	7.0	115	55
SFL 4.5	450	7.5	120	55
SFL 5	500	8.0	130	60
SFL 5.5	550	8.5	140	60
SFL 6	600	9.0	160	60
SFL 7	700	9.5	190	62
SFL 8	800	10.0	220	62

续表

规格代号	额定风量(m^3/h)	额定射程(m)	输入功率(W)	出口噪声[dB(A)]
SFL 9	900	10.5	250	62
SFL 10	1000	11.5	270	65
SFL 12	1200	13.5	290	65
SFL 14	1400	15.5	310	65
SFZ 10	1000	14.0	140	55
SFZ 12	1200	16.0	150	55
SFZ 14	1400	18.0	160	60
SFZ 16	1600	20.0	180	60
SFZ 18	1800	22.0	200	65
SFZ 20	2000	24.0	220	65

(4) 应用中需关注的问题

1) 通风机选配的电机功率裕量过大或过小，使得风量和风压达不到要求

通风机选配的电机功率裕量过大会造成电机经常处于轻载运行，使电机的功率因数降低，从而浪费电耗；反之会使电机经常处于超载运行，导致电机升温过高，绝缘易老化，使用寿命缩短，与此同时还可能造成难以启动。通风机选配的电机应根据通风机的负载特性，负载转矩、转速变化范围，使用场所，电机运行的可靠性，易安装维护以及产品价格、运行费用等综合考虑。通风机的风量和转速成正比，压力和转速的平方成正比；而风机电机的转速往往随着负载的增大而减小。如某通风机的设计转速为 960r/min，根据产品标准进行测试，选配的电机实际只能达到 906r/min，测试通风机的实际风压、风量值均达不到设计值。

图 2.10　三角带连接通风机

2) 传动方式导致通风机的效率低

风机与电机的联接有多种方式，不同的传动方式其效率也不同。常用的联接方式有：电机直联、联轴器传动联接和皮带传动联接。电机直联和联轴器传动联接的效率较高，比如联轴器传动联接的传动效率高达 98%，而采用三角带传动的运行效率仅有 86%左右。目前许多风机的传动方式仍采用三角带连接，如图 2.10 所示。

3) 通风器铭牌标注不全

通风器产品的铭牌上没有标注风压值、噪声等参数值，如某吊顶式通风器，其铭牌上仅标注了额定功率、风量及净化效率等参数，在进行产品性能测试时无法判断产品性能是否满足产品标准要求，也给工程设计选型造成困惑，如图 2.11 所示。

2.2.2　通风管道

(1) 相关标准

通风管道的相关主要标准见表 2.27。

图 2.11　某通风器产品及其铭牌

通风管道相关主要标准　　表 2.27

序号	标准编号	标准名称
1	JGJ/T 141	《通风管道技术规程》
2	JG/T 194	《住宅厨房和卫生间排烟（气）道制品》
3	JG/T 258	《非金属及复合风管》
4	JGJ/T 309	《建筑通风效果测试与评价标准》

（2）分类

通风管道涉及通风空调系统用风管，以及厨卫通风用排气道。风管按材质可分为金属、非金属及复合风管，见表 2.28；按形状分为矩形风管和圆形风管。金属风管尺寸以外边长或外径计，非金属及复合风管尺寸以内边长或内径计。矩形风管常用规格见表 2.29，圆形风管常用规格见表 2.30。排气道可分为厨房用、卫生间用和毗连双卫生间用。对于金属风管配件，矩形风管的弯管、三通、四通、变径管、异形管、导流叶片、三通拉杆配件等配件材料厚度及制作要求应符合风管同材质的相应规定；圆形弯管、圆形风管三通和四通应符合《通风管道技术规程》JGJ/T 141 的相关规定。织物布风管管件的材质应与主管道材质相匹配，支管与主管连接处宜采用变径大小头的过渡连接方式，口径面积比宜为 2～2.5。

风管按材质分类　　表 2.28

名称	分类	
金属风管	镀锌钢板风管	
	冷轧钢板风管	
	不锈钢板风管	
	铝板风管	
非金属及复合风管	硬质风管	玻璃钢风管
		酚醛风管
		彩钢板保温风管
		聚氨酯铝箔复合风管
		玻镁复合风管
		玻纤毡内保温风管
		玻纤板风管
		酚醛铝箔复合风管
		挤塑复合风管
		聚乙烯风管
	柔性风管	纤维织物风管
		挤塑风管

矩形风管常用规格 **表 2.29**

风管边长（b、a）（mm）				
120	320	800	2000	4000
160	400	1000	2500	—
200	500	1250	3000	—
250	630	1600	3500	—

圆形风管常用规格 **表 2.30**

风管直径 D(mm)		风管直径 D(mm)	
基本系列	辅助系列	基本系列	辅助系列
100	80	500	480
	90		
120	110	560	530
140	130	630	600
160	150	700	670
180	170	800	750
200	190	900	850
220	210	1000	950
250	240	1120	1060
280	260	1250	1180
320	300	1400	1320
360	340	1600	1500
400	380	1800	1700
450	420	2000	1900

（3）性能要求

1）风管

① 漏风量

金属风管、非金属及复合风管的漏风量应符合《通风管道技术规程》JGJ/T 141 和《非金属及复合风管》JG/T 258 的规定。风管漏风量等级与允许漏风量见表 2.31。风管的漏风量等级应根据 JGJ/T 141 通过试验确定。

风管漏风量等级与允许漏风量 **表 2.31**

风管漏风量等级	单位面积最大漏风量限值[$m^3/(h \cdot m^2)$]	检测静压值(Pa)	
		正压	负压
A 级	$0.1056 \times P^{0.65}$	500	500
B 级	$0.0352 \times P^{0.65}$	1000	750
C 级	$0.0117 \times P^{0.65}$	2000	750
D 级	$0.0036 \times P^{0.65}$	2000	750
E 级	$0.0010 \times P^{0.65}$	2000	750

注：1 风管系统按其使用类别分为 5 级，中压风管最大漏风量不得大于 B 级，高压风管最大漏风量不得大于 C 级，特殊要求的风管不得大于 D 级；
2 排烟、除尘、低温送风系统的漏风量不得大于 B 级；
3 净化空调系统的漏风量不得大于 C 级；
4 E 级仅限用于病毒学实验室等有特殊用途的风管；
5 P 为风管内承受的检测静压，单位为 Pa。

② 耐压强度变形量

金属、非金属及复合风管的管壁变形量允许值应符合《通风管道技术规程》JGJ/T 141 和《非金属及复合风管》JG/T 258 的规定。风管管壁变形量的允许值规定见表 2.32。非金属及复合风管管壁变形量应符合表 2.33 的规定。风管管壁变形量应根据 JGJ/T 141 的规定通过试验确定。

金属、非金属及复合材料风管管壁变形量允许值　　表 2.32

风管类型	管壁变形量允许值(%)		
	低压风管	中压风管	高压风管
金属矩形风管	≤1.0	≤1.5	≤1.8
金属圆形风管	≤0.1	≤0.3	≤0.5
非金属及复合材料矩形风管	≤1.0	≤1.5	≤2.0

非金属及复合风管管壁变形量允许值　　表 2.33

风管漏风量等级	管壁变形量允许值(%)	检测静压值(Pa)	
		正压	负压
A级	≤1.0	500	500
B级	≤1.5	1000	750
C级	≤2.0	2000	750
D级			
E级			

③ 其他性能

对于非金属及复合风管，还有影响能耗和环境的比摩阻和风管释放有害气体浓度性能，以及耐火燃烧性能、抗霉抗菌性能等，应符合《非金属及复合风管》JG/T 258 的规定。比摩阻为单位长度风管内壁与动力气流摩擦引起的静压损失。JG/T 258—2018 规定：当矩形风管内边长为 250mm×250mm，风管长度不小于 4m 时的比摩阻限值见表 2.34。

矩形风管比摩阻规定值　　表 2.34

风管风速(m/s)	4	6	8	10	12	14	16
比摩阻(Pa/m)	≤1.3	≤2.6	≤4.5	≤6.6	≤9.3	≤12.5	≤15.6

注：若风速和比摩阻在表中规定值之间，可按插入法确定。

当圆形风管内径为 250mm，风管长度不小于 4m，并按表 2.35 规定风速进行试验时，比摩阻应符合表 2.35 的规定值。

圆形风管比摩阻规定值　　表 2.35

风管风速(m/s)	4	6	8	10	12	14	16
比摩阻(Pa/m)	≤1.5	≤3.0	≤5.2	≤7.6	≤10.7	≤14.5	≤18.0

甲醛、氨、苯、甲苯和总挥发性有机物（TVOC）释放浓度应符合表 2.36 的规定。应按《非金属及复合风管》JG/T 258 的规定通过试验确定风管污染物浓度。

风管污染物浓度限定值 **表 2.36**

污染物	限定值(mg/m³)
甲醛	≤0.03
氨	≤0.06
苯	≤0.03
甲苯	≤0.06
TVOC	≤0.2

硬质风管应具有不低于30min的耐火完整性。当硬质风管穿过防火分隔墙、楼板和防火墙时，穿越处风管的耐火极限不应低于该防火分隔体的耐火极限要求，并应符合相关设计要求。柔性风管材质防火性能判定应符合《建筑材料及制品燃烧性能分级》GB 8624的规定。橡塑风管的内风管层防火等级应达到A2级，橡塑保温层及外防护层防火等级应达到B1级；由阻燃纤维制成的纤维织物风管，不燃类型的防火等级应达到A2级，难燃类型的防火等级应达到B1级。

纤维织物风管在120Pa时的单位面积渗透送风量实测值与标称值偏差不应大于5%。

2）排气道

排气道产品的规格尺寸、垂直承载力、耐软物撞击和耐火性能应符合《住宅厨房和卫生间排烟（气）道制品》JG/T 194的规定，并应根据JG/T 194通过试验确定。排气道系统的排气效果应符合《建筑通风效果测试与评价标准》JGJ/T 309的规定。JG/T 194—2018规定：排气道垂直承载力不应小于90kN；使用10kg沙袋，由1m高度自由下落，在排气道长边侧壁中心同一位置冲击5次的条件下，排气道未开裂；排气道制品的耐火性能不应低于1.0h。

（4）应用中需关注的问题

1）风管的漏风量不满足标准要求

风管漏风量是检测风管制作及安装质量的一项重要指标，关系到通风空调系统的能源利用率和节能减排效果。

对于金属风管，由于以下原因会导致风管漏风：风管在法兰上的翻边量不够、风管翻边四角开裂或四角咬口重合、法兰铆合不严；法兰垫料的结构和性能与实际需要不符，不能自动补偿法兰在制造、组装和安装过程中产生的累积误差。如某工程低压系统金属风管，实际测试漏风量为6.24m³/(h·m²)，而根据《通风管道技术规程》JGJ/T 141—2017中低压风管的漏风量计算公式计算出最大允许漏风量$Q_L \leqslant 0.1056 \times P^{0.65} = 0.1056 \times 500^{0.65} = 6m^3/(h \cdot m^2)$，因此该金属风管漏风量检测为不合格。

对于非金属及复合风管，由于以下原因会导致风管漏风：风管包边处和风管内壁缝隙密封不严；风管与法兰之间的缝隙，如法兰型材与风管的厚度不匹配、卡条和卡扣密封不好等。

2）非金属及复合风管的强度、开裂等问题

非金属及复合风管的强度相对较差，在施工中存在着碰撞、挤压等导致风管变形、塌陷和断裂现象；由于制作工艺原因，会存在着密封胶达不到要求导致风管开裂等问题。对于玻纤复合风管，在风速超过一定范围之后，会出现较大的脱落现象；在系统压力超过一定值时风管会产生较大变形。对于酚醛铝箔复合风管和聚氨酯铝箔复合风管，风管内、外表面贴有铝箔，实际应用中存在碰上铝箔脱落等问题。

2.2.3　风口

（1）相关标准

风口相关主要标准有《通风空调风口》JG/T 14 和《空气分布器性能试验方法》JG/T 20。

（2）分类

风口按用途分为出风口或送风口、进风口或回风口、低温送风口、其他用途风口（如防雨风口、屏蔽电磁风口、置换通风风口等）；按形式分为百叶风口（单层百叶、双层百叶、带过滤网的百叶）、散流器（圆形、方形、矩形、圆盘形）、喷口（圆形、矩形、球形，调节上可变出口角度的）、旋流风口（固定导流片、可变导流片）、条缝型风口（单条缝、双条缝和多条缝）、孔板风口、网板风口、格栅风口（固定式、可开式、带滤网）、专用风口（如座椅风口、灯具风口、地板风口）。几种类型的风口如图 2.12 所示。风口宜选用防火、防腐、环保、易成形、易清洗的材料制造，风口常用的材料主要有铝合金、不锈钢、工程塑料、玻璃钢、木质材料等。

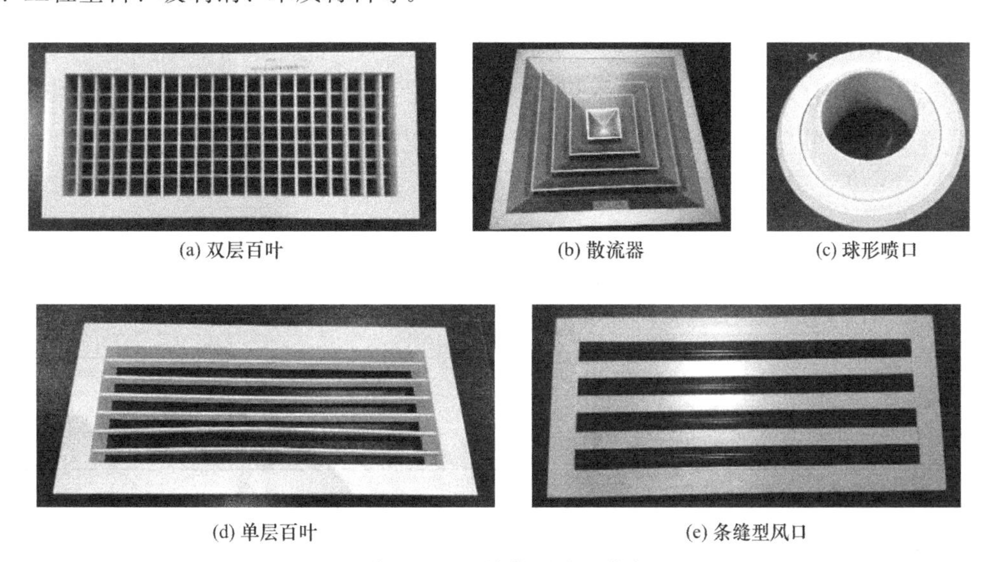

图 2.12　几种类型风口形式

（3）性能要求

1）机械性能

风口的活动零件应动作自如、阻尼均匀，无卡死和松动。导流片可调或可拆卸的产品应调节拆卸方便和可靠，定位后无松动。风口带调节阀的阀片，应调节灵活可靠，阻尼均匀，定位后无松动。带温控元件的，应动作可靠，不失灵。

2）空气动力性能

风口喉部风速为 3m/s～6m/s 时，静压损失检测值不应大于额定值的 110%，检测的射程或扩散半径不应小于额定值的 90%。应根据《空气分布器性能试验方法》JG/T 20 的规定通过试验确定静压损失、射程或扩散半径。

3）噪声

风口在喉部风速 3m/s～6m/s 时，A 声级噪声检测值不应大于额定值 2dB（A）。应根据《通风空调风口》JG/T 14 的规定通过试验确定风口的噪声。

4）抗凝露性能

在不大于 10℃的送风温度和设计环境湿度条件下，风口的所有外露部分不应出现凝露现象。应根据《通风空调风口》JG/T 14 的规定通过试验确定风口的抗凝露性能。

（4）应用中需关注的问题

1）风口铭牌标注不全

铭牌标注中没有标注额定参数，包括静压损失、射程或扩散半径、噪声等主要性能，仅是标注了名称、型号、厂家、生产日期等信息，如图 2.13 所示。

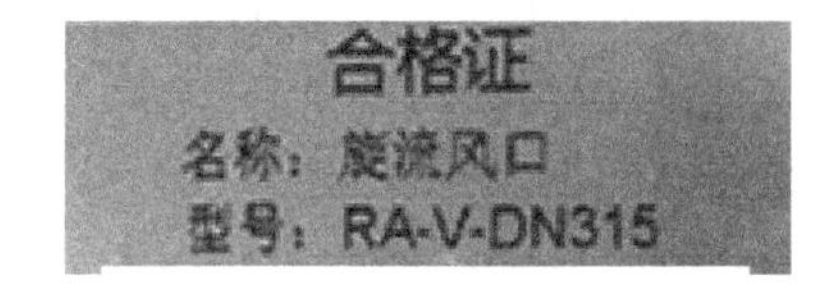

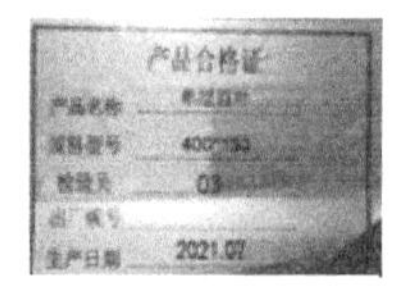

图 2.13　风口铭牌

2）风口噪声

风口制作粗糙，叶片松动等原因，造成风口噪声过大。此外风口的噪声还与风口的结构形式有关，如测试的三款尺寸基本相同的风口：250mm×210mm 多叶辐射形散流器、260mm×210mm 孔板方盘形散流器和 260mm×215mm 多叶辐射形散流器，在不同倍频带中心频率下的噪声见表 2.37，可见，即使均为散流器，结构不同也会造成噪声差别较大，在进行风口选型时应考虑。

不同倍频带中心频率下的噪声　　表 2.37

样品 \ 倍频带中心频率(Hz)	63	125	250	500	1000	2000	4000	8000
1	40.0	36.0	40.5	41.0	37.0	19.5	16.5	11.5
2	49.5	57.0	59.5	58.0	65.5	64.5	60.0	52.0
3	43.5	39.0	42.5	34.5	30.5	21.0	16.5	12.5

3）风口结露

风口由于结构、材质等不同会导致在低温工况下的结露问题。3 种散流器在不同抗凝露工况下（表 2.38）的测试结果表明，散流器 1 在工况 1 和工况 2 下均未出现凝露，而在工况 3 下试验 1h 后风口中心位置出现凝露；散流器 2 在工况 1 时未出现凝露，在工况 2 下试验进行 1h 后风口四角出现凝露；散流器 3 在 3 种工况下均未出现凝露。可见，在相同送风温度下，风口的凝露与风口外环境的温湿度有较大的关系，在低温送风选择风口时应选用抗凝露风口。

3 种散流器的不同抗凝露工况参数　　表 2.38

测试工况	风口送风量(m^3/h)	风口送风温度(℃)	风口处环境温度(℃)	风口外环境湿度(%)
1	80	9	26	60
2	80	9	28	60
3	80	9	26	80

2.2.4　阀门

（1）相关标准

阀门相关主要标准有 JG/T 436《建筑通风风量调节阀》和 GB 15930《建筑通风和排烟系统用防火阀门》。

（2）分类

阀门分为风量调节阀和防火阀门。风量调节阀按功能分为余压阀、止回阀、定风量阀、耐高温阀；按驱动方式分为手动阀、电动阀和气动阀；按阀体数量分为单体阀和组合阀；按阀片泄漏等级分为零泄漏阀、高密闭阀、中密闭阀、低密闭阀和普通阀；按阀片运动方式分为对开阀、平阀和蝶阀。图 2.14 为 3 种风量调节阀。风量调节阀应采用镀锌钢板、铝合金型材、不锈钢或其他能满足使用要求的材料制作。

(a) 电动风量调节阀

(b) 定风量阀

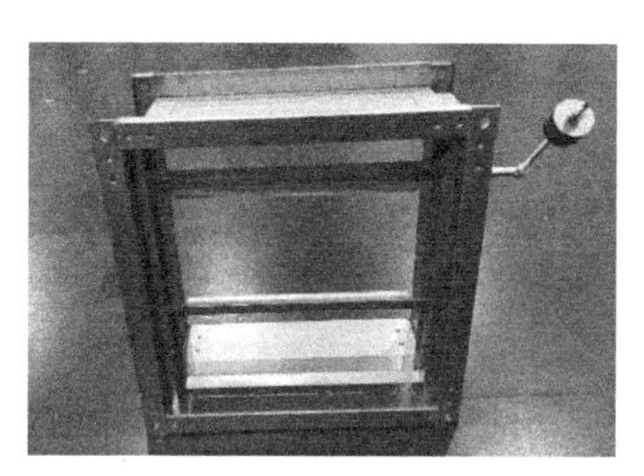
(c) 止回阀

图 2.14　3 种风量调节阀

防火阀门按控制方式分为温感器控制自动关闭阀门、手动控制关闭或开启阀门、电控制控制关闭或开启阀门（电控电磁铁、电控电机、电控气动机构）；按功能分为具有风量调节功能阀门、具有远程复位功能阀门、具有阀门关闭或开启后阀门位置信号反馈功能阀门；按外形分为矩形阀门和圆形阀门，如图 2.15 所示。防火阀门的阀体、叶片、挡板、执行机构底板及外壳宜采用冷轧钢板、镀锌钢板、不锈钢板或无机防火板等材料制作。轴承、轴套，执行机构中的棘（凸）轮等重要活动零部件，采用黄铜、青铜、不锈钢等耐腐蚀材料制作。

(a) 矩形阀门

(b) 圆形阀门

图 2.15　防火阀门

（3）性能要求

1）风量调节阀

风量调节阀的性能主要包括阀片漏风量、阀体漏风量、阀片相对变形量、最大工作压差、最大驱动扭矩、有效通风面积比、最小开启静压、风量与阀前静压无关性和反向漏风量。

① 阀片漏风量

阀片漏风量是指风阀全关时，在承受给定静压条件时单位面积单位时间通过风阀阀片泄漏的空气体积量。阀片允许漏风量应符合《建筑通风风量调节阀》JG/T 436 的规定，阀片泄漏等级允许漏风量见表 2.39。

阀片泄漏等级与允许漏风量 **表 2.39**

阀片泄漏等级	允许漏风量[$m^3/(h \cdot m^2)$]
零级泄漏（阀片耐压 2500Pa 时）	0
高密闭型风阀	$\leqslant 0.15\Delta P^{0.58}$
中密闭型风阀	$\leqslant 0.60\Delta P^{0.58}$
密闭型风阀	$\leqslant 2.70\Delta P^{0.58}$
普通型风阀	$\leqslant 17.00\Delta P^{0.58}$

注：1 本标准为空气标准状态下，阀片允许漏风量；
2 ΔP 为阀片前后承受的压力差，单位为 Pa；
3 住宅厨房卫生间止回阀阀片漏风量参考中密闭型风阀执行；
4 阀片漏风量计算时，漏风面积按照风阀内框尺寸计算。

② 阀体漏风量

阀体漏风量是指风阀全开时，在承受给定静压条件时单位面积单位时间通过风阀外框泄漏的空气体积量。阀体漏风量应符合《建筑通风风量调节阀》JG/T 436 的规定，阀体泄漏等级允许漏风量见表 2.40。

阀体泄漏等级与允许漏风量 **表 2.40**

阀体泄漏等级	允许漏风量[$m^3/(h \cdot m^2)$]
A 级阀体漏风量	$\leqslant 0.003\Delta P^{0.65}$
B 级阀体漏风量	$\leqslant 0.01\Delta P^{0.65}$
C 级阀体漏风量	$\leqslant 0.03\Delta P^{0.65}$

注：1 本标准为空气标准状态下，阀体允许漏风量；
2 P 为标准状况下，阀体内承受的压力，单位为 Pa；
3 阀体漏风量计算时，漏风面积按风阀内框尺寸计算。

③ 阀片相对变形量

阀片相对变形量是指阀片全关时，在承受给定阀前后静压差时的阀片最大变形量与阀片有效长度之比。《建筑通风风量调节阀》JG/T 436—2014 规定：当阀片全关、风阀前后静压差为 2000Pa 时，阀片相对变形量不应大于 0.0022。

④ 最大工作压差

最大工作压差是风阀的阀片漏风量和最大驱动扭矩符合工作要求时，风阀前后所承受的最大静压差。《建筑通风风量调节阀》JG/T 436—2014 规定：风阀的最大工作压差不应小于产品名义值的 1.1 倍。

⑤ 最大驱动扭矩

风阀关闭后，待其两侧静压差等于其最大工作压差时，采用扭矩扳手测得的风阀驱动扭矩即为最大驱动扭矩。最大驱动扭矩应符合 JG/T 436《建筑通风风量调节阀》的规定，风阀的最大驱动扭矩见表 2.41。

风阀最大驱动扭矩　　**表 2.41**

风阀高度(mm)	风阀宽度 W(mm)					
	W≤500	500<W≤750	750<W≤1000	1000<W≤1250	1250<W≤1500	1500<W≤1800
H≤500	5.0	6.0	7.5	10.0	13.0	15.0
500<H≤750	5.5	7.5	10.0	13.5	17.0	20.0
750<H≤1000	7.0	9.0	13.0	17.0	21.0	25.0
1000<H≤1250	8.0	12.0	16.0	21.0	25.5	30.0
1250<H≤1500	10.0	15.0	19.0	24.0	31.0	35.0
1500<H≤1800	13.0	18.0	22.0	27.0	33.0	40.0

⑥ 有效通风面积比

有效通风面积比即为风阀实际通风面积与风阀有效几何面积之比。《建筑通风风量调节阀》JG/T 436—2014 规定：风阀全开时，有效通风面积比不应小于 80%。

⑦ 最小开启静压

《建筑通风风量调节阀》JG/T 436—2014 规定：止回阀或余压阀由全闭到全开过程中，自垂阀片启动前，阀前的最小开启静压不应大于 8Pa。

⑧ 风量与阀前静压无关性

《建筑通风风量调节阀》JG/T 436—2014 规定：定风量阀在指定阀前静压范围内，输出风量与设定风量的平均偏差不应大于 8%。

⑨ 风阀耐温性

《建筑通风风量调节阀》JG/T 436—2014 规定：风阀在高温环境 1h 后，风阀应能启闭自如，阀体结构无变形、松动。阀片漏风量不应大于阀片漏风量常温检测数值的 1.2 倍。

⑩ 反向漏风量

《建筑通风风量调节阀》JG/T 436—2014 规定：止回阀的反向漏风量应符合表 2.39 中密闭阀漏风量的规定。风阀的性能应按照《建筑通风风量调节阀》JG/T 436 的规定通过测试检验和确定。

2）防火阀门

防火阀门包括防火阀、排烟防火阀和排烟阀。防火阀是安装在通风、空调系统的送、回风管道上，平时呈开启状态，火灾时当管道内烟气温度达到 70℃时关闭，并在一定时间内能满足漏烟量和耐火完整性要求，起隔烟阻火作用的阀门。排烟防火阀是指安装在机械排烟系统的管道上，平时呈开启状态，火灾时当排烟管内烟气温度达到 280℃时关闭，并在一定时间内能满足漏烟量和耐火完整性要求，起隔烟阻火作用的阀门。排烟阀是指安装在机械排烟系统各支端部（烟气吸入口）处，平时呈关闭状态并满足漏风量要求，火灾或需要排烟时手动和电动打开，起排烟作用的阀门。

《建筑通风和排烟系统用防火阀门》GB 15930 对防火阀、排烟防火阀和排烟阀的性能和试验方法进行了规定。《建筑通风和排烟系统用防火阀门》GB 15930—2007 规定的主要的性能如下：

① 驱动转矩

防火阀或排烟防火阀叶片关闭力在主动轴上所产生的驱动转矩应大于叶片关闭时主动轴上所需转矩的 2.5 倍。

② 复位功能

阀门应具备复位功能，其操作应方便、灵活、可靠。

③ 温感器控制

防火阀或排烟防火阀应具备温感器控制方式，使其自动关闭。温感器不动作性能：防火阀中的温感器在 65℃±0.5℃的恒温水浴中 5min 内不应动作；排烟防火阀中的温感器在 250℃±2℃的恒温油浴中 5min 内不应动作。温感器动作性能：防火阀中的温感器在 73℃±0.5℃的恒温水浴中 1min 内应动作。排烟防火阀中的温感器在 285℃±2℃的恒温油浴中 2min 内应动作。

④ 手动控制

防火阀或排烟防火阀宜具备手动关闭方式；排烟阀应具备手动开启方式。手动操作应方便、灵活、可靠。手动关闭或开启操作力应不大于 70N。

⑤ 电动控制

防火阀或排烟防火阀宜具备电动关闭方式；排烟阀应具备电动开启方式。具有远距离复位功能的阀门，当通电动作后，应具有显示阀门叶片位置的信号输出。阀门执行机构中电控电路的工作电压宜采用 DC24V 的额定工作电压。其额定工作电流应不大于 0.7A。在实际电源电压低于额定工作电压 15%和高于额定工作电压 10%时，阀门应能正常进行电控操作。

⑥ 绝缘性能

阀门有绝缘要求的外部带电端子与阀体之间的绝缘电阻在常温下应大于 20MΩ。

⑦ 可靠性

关闭可靠性：防火阀或排烟防火阀经过 50 次关开试验后，各零部件应无明显变形、磨损及其他影响其密封性能的损伤，叶片仍能从打开位置灵活可靠地关闭。

开启可靠性：排烟阀经 50 次开关试验后，各零部件应无明显变形、磨损及其他影响其密封性能的损伤，电动和手动操作均应立即开启。排烟阀经过 50 次开关试验后，在其前后气体静压差保持在 1000Pa±15Pa 的条件下，电动和手动操作均应立即开启。

⑧ 环境温度下的漏风量

在环境温度下，使防火阀或排烟防火阀叶片两侧保持 300Pa±15Pa 的气体静压差，其单位面积上的漏风量（标准状态）不应大于 $500m^3/(m^2 \cdot h)$。在环境温度下，使排烟阀叶片两侧保持 1000Pa±15Pa 的气体静压差，其单位面积上的漏风量（标准状态）不应大于 $700m^3/(m^2 \cdot h)$。

⑨ 耐火性能

耐火试验开始后 1min 内，防火阀的温感器应动作，阀门关闭。耐火试验开始后 3min 内，排烟防火阀的温感器应动作，阀门关闭。在规定的耐火时间内，使防火阀或排烟防火阀叶片两侧保持 300Pa±15Pa 的气体静压差，其单位面积上的漏烟量（标准状态）不应大于 $700m^3/(m^2 \cdot h)$。在规定的耐火时间内，防火阀或排烟防火阀表面不应出现连续 10s 以上的火焰。防火阀或排烟防火阀的耐火时间不应小于 1.50h。

（4）应用中需关注的问题

1）风阀未按标准要求进行标记

铭牌上一般只给出了产品名称、规格，没有给出功能、漏风量等级、驱动方式的信息。

2）电动风量调节阀存在问题

控开、控关风阀均不动作，或者其中一个操作风阀不动作。原因主要是：风阀本体在安装过程中造成的变形扇叶卡阻；电源线接触不实；电动执行器开关角度与本体正好相反；在安装过程中造成的电动执行器损坏。

控开、控关风阀均有动作，但均无法达到最大开关角度，或者开、关只有一个能达到最大角度。原因主要是：风阀本体局部变形卡阻；电动执行器开关角度与风阀本体不匹配。

3）止回阀反向漏风量不满足标准要求

在住宅厨房排气道系统中，经常会发现防火止回阀开始用起来是没有问题，用上半年至一年，发现止回阀阀片不是沾阀体上面打不开，就是不回位。经对市场上常用的防火止回阀进行密闭性测试分析发现，大多防火止回阀的密闭性不满足《建筑通风风量调节阀》JG/T 436 的规定。

如测试某止回阀的反向漏风量见表 2.42。根据《建筑通风风量调节阀》JG/T 436—2014 规定，止回阀的反向漏风量应符合标准中密闭阀漏风量的规定，允许漏风量为 $2.70\times\Delta P^{0.58}$。可见，测试的止回阀的反向漏风量不满足标准要求。

某止回阀的反向漏风量测试值　　**表 2.42**

阀片两侧静压差 ΔP(Pa)	100	200	300	400	500
单位面积阀片反向漏风量 $Q[m^3/(h \cdot m^2)]$	195.4	282.0	335.7	383.2	430.1

此外，市场上有很多塑料材质的止回阀，不满足《建筑通风和排烟系统用防火阀门》GB 15930 规定的防火和耐温性能要求。图 2.16 所示为两种类型的防火止回阀。住宅烹饪

图 2.16　防火止回阀

产生的油烟中含有酸、盐、碱成分，会腐蚀防火止回阀，但标准中对防火止回阀的熔断执行机构与元件，没有说明腐蚀时间期限。

2.3 空调产品

根据空调系统的组成，可将空调产品分为空气处理机组、空气处理功能设备、空气分布设备、输配调节配件及智能控制设备，如图 2.17 所示。其中空气处理机组包括风机盘管机组、热回收新风机组、组合式空调机组、水蒸发冷却空调机组、热泵型新风环境控制一体机；空气处理功能设备是指实现加热、冷却、加湿、除湿、过滤等空气处理功能的单一设备，包括吊顶辐射板换热器、表冷器、加湿器、过滤器；空气分布设备是指处理后的空气进入空调空间界面的末端设备，包括空调风口、变风量末端；输配调节配件主要是空调风路或水路系统中用于调控流量的配件，包括定风量阀、水力平衡阀、自力式流量控制阀。

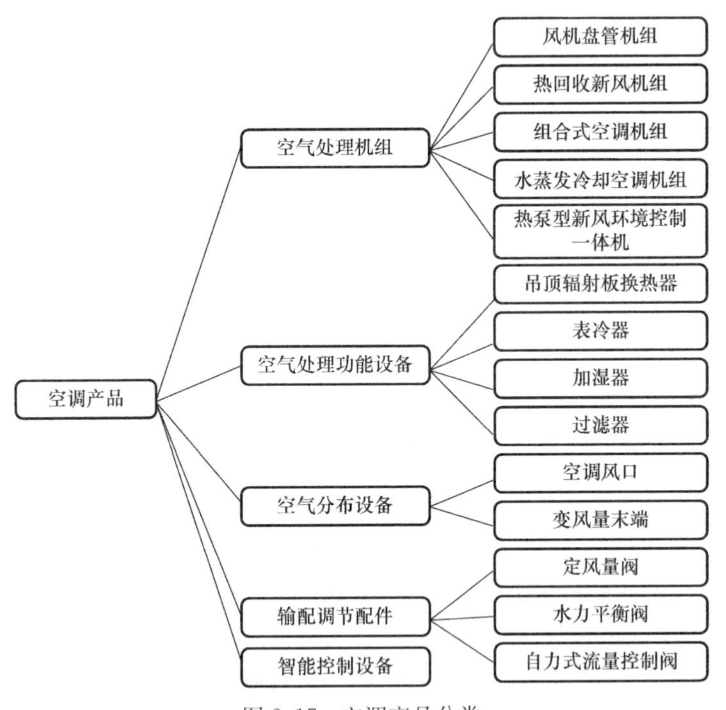

图 2.17 空调产品分类

空调产品的性能要求主要包括动力性能、热工性能、电气安全、自控性能、能效等，对于具体的空调产品，在其相应的产品标准中均有具体的性能要求。本指南中主要针对空调产品中较为重要和较为常用的风机盘管机组、热回收新风机组、组合式空调机组、水蒸发冷却空调机组、热泵型新风环境控制一体机及吊顶辐射板换热器这 6 种空调产品展开详细的介绍。

2.3.1 风机盘管机组

风机盘管机组是采用外供冷水、热水对房间进行供冷、供暖或分别供冷和供暖的机组，主要由风机和换热盘管组成，是目前建筑集中空调系统中应用最为广泛的末端设备。据统计，2018 年全国规模以上企业风机盘管机组的产量为 412.6 万台，由此可知，建筑中实际使用的风机盘管机组的数量非常巨大。虽然风机盘管机组本身只是一个小型设备，电耗相对来说也很小，但是考虑到风机盘管机组在建筑中的巨大存量，其性能优劣对建筑的舒适性及能耗的影响也是不容小觑的。

（1）相关标准

风机盘管机组标准主要是《风机盘管机组》GB/T 19232—2019，此标准是在《风机盘管机组》GB/T 19232—2003 的基础上修订而来，于 2019 年 8 月 30 日发布，自 2020 年 7 月 1 日起实施。作为在全国范围内统一使用的产品质量标准，风机盘管机组的国家标准对于控制风机盘管机组的产品性能质量发挥着至关重要的作用。

（2）分类

风机盘管机组的分类方式、类别、特点及适用范围见表 2.43，常见风机盘管机组形式如图 2.18 所示。

风机盘管机组的分类方式、类别、特点及适用范围　　表 2.43

分类方式	类别	特点	适用范围
结构形式	卧式	节省建筑面积，一般采用暗装，可与室内建筑装饰布置相协调，须用顶棚和管道间	宾馆客房、办公室等
	立式	暗装可设在窗台下，出风口向上或向前，明装可安设在地面上，出风口向上、向前或向斜上方，可省去顶棚	要求地面安装或全玻璃结构的建筑物和一些大空间公共场所及工业建筑；仅要求空调供暖的场合
	卡式	有四出风和二出风两种，须有顶棚安装空间，其面板与吊顶相匹配协调，非常美观	办公室、会议室、接待大厅等
	壁挂式	不占用地面空间，不需要顶棚，安装维护方便	适用于不便安装顶棚及旧房改造加装中央空调的场合
安装形式	明装	安装维护方便，均为低静压型机组	适用于旧房改造或要求省投资、施工快的场合
	暗装	卧式暗装机组一般安装在顶棚内，立式暗装机组一般安装在窗台下	要求整齐美观的房间
进出水方位	左式	面对机组出风口，供回水管在左侧	根据安装位置选定
	右式	面对机组出风口，供回水管在右侧	根据安装位置选定
出口静压	低静压型	带风口和过滤器等附件的低静压型机组，其出口静压默认为 0Pa；不带风口和过滤器等附件的低静压型机组，其出口静压默认为 12Pa	宾馆房间等不接风管、直接送风的场合
	高静压型	出口静压不低于 30Pa	需要接风管并通过风口送风的场合
用途类型	通用	常规机组	常规场合
	干式	供冷工况为干工况，用来承担房间内的显热负荷	主要用于温湿度独立控制空调系统中
	单供暖	仅用于为室内供暖	仅要求空调供暖的场合
电机类型	交流电机	常规机组	常规场合
	永磁同步电机	机组电耗较常规机组大幅下降	对节能要求较高的场合
管制类型	两管制	盘管为 1 个水路系统，冷热共用	常规场合
	四管制	盘管为 2 个水路系统，分别供冷和供热，可根据需要随时切换供冷或供热	高级宾馆客房等

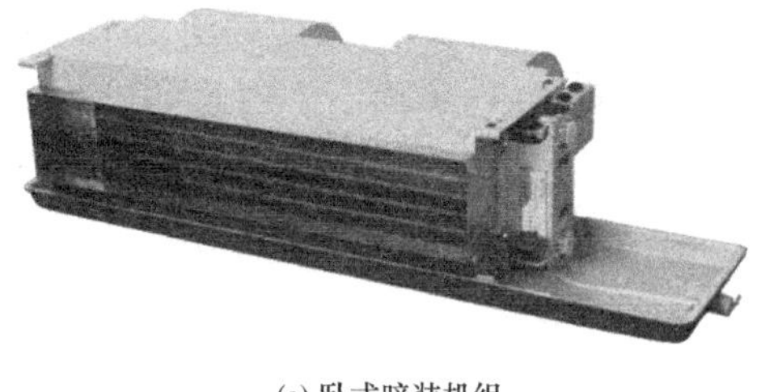
(a) 卧式暗装机组

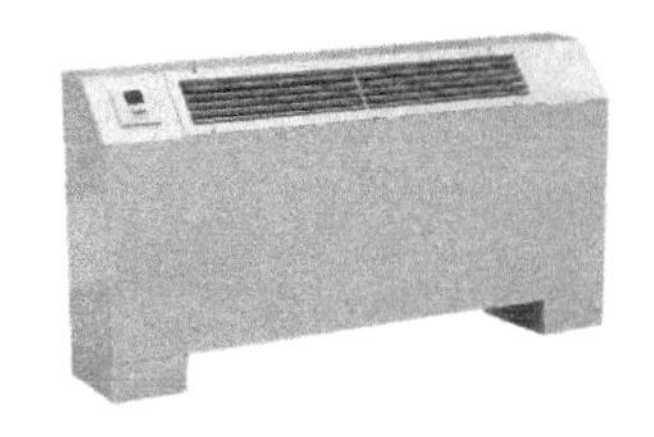
(b) 立式明装机组

(c)卡式机组

(d) 壁挂式机组

图 2.18 常见风机盘管机组形式

(3) 性能要求

《风机盘管机组》GB/T 19232—2019 中对于风机盘管机组的性能检验项目共 19 项，包括外观、盘管耐压密封性、电气安全等，而在工程应用中主要关注的性能为风量、输入功率、供冷量、供热量、供冷能效系数（FCEER）、供暖能效系数（FCCOP）、噪声、水阻。其中供冷能效系数（FCEER）指的是机组额定供冷量与相应试验工况下机组风侧实测电功率和水侧实测水阻力折算电功率之和的比值，计算见式（2.1）和式（2.2）；供暖能效系数（FCCOP）指的是机组额定供热量与相应试验工况下机组实测电功率和水侧实测水阻力折算电功率之和的比值，计算见式（2.3）和式（2.4）。FCEER 和 FCCOP 反映了机组的综合能效水平。

$$FCEER=\frac{Q_{\mathrm{L}}}{N_{\mathrm{L}}+N_{\mathrm{ZL}}} \tag{2.1}$$

$$N_{\mathrm{ZL}}=\frac{\Delta p_{\mathrm{L}}\times l_{\mathrm{L}}}{\eta} \tag{2.2}$$

式中：Q_{L}——供冷量（W）；

N_{L}——供冷模式下的输入功率（W）；

N_{ZL}——水阻力折算的输入功率（W）；

Δp_{L}——供冷模式下的水阻力（Pa）；

l_{L}——供冷模式下的水流量（$\mathrm{m^3/s}$）；

η——水泵能效限值，取为 0.75。

$$FCCOP=\frac{Q_{\mathrm{H}}}{N_{\mathrm{H}}+N_{\mathrm{ZH}}} \tag{2.3}$$

$$N_{\mathrm{ZH}}=\frac{\Delta p_{\mathrm{H}}\times l_{\mathrm{H}}}{\eta} \tag{2.4}$$

式中：Q_{H}——供热量（W）；

N_{H}——供暖模式下的输入功率（W）；

N_{ZH}——水阻力折算的输入功率（W）；

Δp_H——供暖模式下的水阻力（Pa）；

l_H——供暖模式下的水流量（m^3/s）；

η——水泵能效限值，取为 0.75。

同一台机组在不同的试验工况下测试，其热工性能指标的测试结果会有所不同。产品标准为了实现不同企业间产品的横向比较，需要在标准中对机组的热工性能测试工况进行规定，以实现测试条件的标准化。风机盘管机组供冷、供暖的标准试验工况参数见表 2.44，机组的供冷量、供热量、供冷能效系数（FCEER）、供暖能效系数（FCCOP）等热工性能指标均是在表 2.44 的工况下测试得出。

风机盘管机组供冷、供暖的标准试验工况参数　　表 2.44

项目			通用机组				干式机组		单供暖机组	
			供冷工况	供暖工况			供冷工况	供暖工况	供暖工况	
				两管制	四管制					
进口空气状态	干球温度(℃)		27	21	21		26	21	21	
	湿球温度(℃)		19.5	≤15	≤15		18.7	≤15	≤15	
供水状态	供水温度（℃）		7	60/45	60	45	16	60/45	60	45
	供回水温差（℃）		5	—	10	5	5	—	10	5
	供水量(kg/h)		按水温差得出	与供冷工况相同	按水温差得出		按水温差得出	与供冷工况相同	按水温差得出	
风机转速			高挡							
出口静压(Pa)	低静压机组	带风口和过滤器等	0							
		不带风口和过滤器等	12							
	高静压机组		额定静压							

《风机盘管机组》GB/T 19232—2019 中给出了不同类型、不同规格的风机盘管机组在高挡转速下风量、供冷量、供热量、输入功率、水阻、噪声的额定值及供冷能效系数（FCEER）、供暖能效系数（FCCOP）的限值，详见《风机盘管机组》GB/T 19232—2019 中表 2～表 14。这些额定值和限值是企业生产的风机盘管机组应该满足的基本要求，产品铭牌和样本上标注的名义值不应差于这些额定值和限值。

（4）应用中需关注的问题

1）将名义值和额定值混淆

《风机盘管机组》GB/T 19232—2019 中涉及额定值和名义值这两个较易混淆的概念，在该标准中，额定值是指“在标准规定的试验工况下，机组性能的基本值”，而名义值是指“产品铭牌和产品样本上标注的值”。可见，额定值是声称依据《风机盘管机组》GB/T 19232—2019 生产的产品应达到的基本要求，而企业在铭牌或样本上标注的名义值可等于或优于额定值，但不能差于额定值。当然名义值也不能虚标，因为在判定机组性能是否合格时，实测值需要同时满足额定值和名义值的要求。

2）干式、单供暖机组是否配置凝结水盘的问题

对于通用风机盘管机组来说，因为夏季使用过程中会产生冷凝水，因此凝结水盘是一定要配置的，而干式风机盘管机组主要应用于干工况，虽然标准规定的供冷工况为干工况，在实际工程应用中也主要运行于干工况，但在空调系统刚开始运行或室内湿度突然增大的情况下机组依然有结露的可能，所以干式机组仍然要配置凝结水盘。单供暖机组仅用于冬季供暖，因此可不配置凝结水盘。

2.3.2 热回收新风机组

良好的通风对于维持建筑内健康舒适的空气品质有至关重要的作用。随着建筑节能工作的不断推进，围护结构的保温性能和气密性能不断提高，新风负荷在建筑负荷中的占比越来越大。采用新风热回收技术，为室内送入新风的同时回收排风中的能量，能够显著降低新风负荷进而降低建筑能耗，是实现建筑节能及建筑行业“碳达峰、碳中和”的重要抓手，因此近些年在各类建筑中尤其是被动式、近零能耗建筑中得到了广泛的应用。

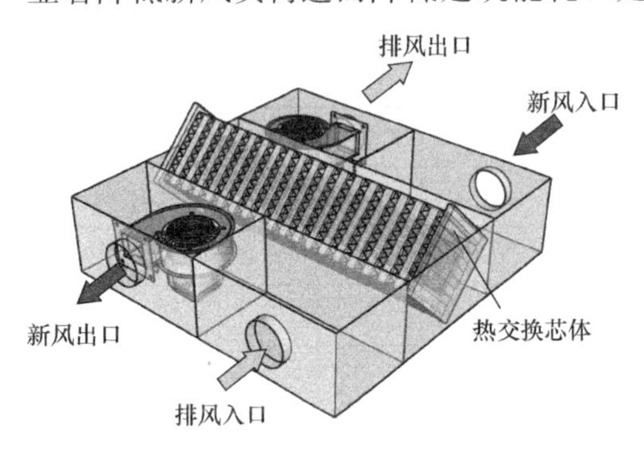

图 2.19　典型热回收新风机组的结构原理

热回收新风机组（energy recovery ventilators for outdoor air handling，简称 ERV）是以显热或全热回收装置（energy recovery components，简称 ERC）为核心，通过风机驱动空气流动实现新风对排风能量的回收和新风过滤的设备。典型的热回收新风机组主要由新风机、排风机和热回收芯体组成，其结构原理如图 2.19 所示，新风机驱动室外新鲜空气与排风机驱动的室内污浊空气在热回收装置处进行热交换，新风回收排风中的能量后送入室内。

（1）相关标准

热回收新风机组相关标准为《热回收新风机组》GB/T 21087—2020，此标准是在旧版《空气—空气能量回收装置》GB/T 21087—2007 的基础上修订而来，于 2020 年 9 月 29 日发布，自 2021 年 8 月 1 日起实施。在标准修订过程中，根据审查会专家组意见和对应 ISO 标准情况，将标准名称由“空气—空气能量回收装置”变更为“热回收新风机组”。这里的“热回收”是“能量回收”的替代叫法，是行业中约定俗成的称谓，既包括显热回收，也包括全热回收。

（2）分类

ERV 及其部件 ERC 的分类方式、类别、特点及适用范围见表 2.45。

下面介绍工程应用中较为常见的热回收新风机组形式。

1）板翅式热回收新风机组

板翅式 ERV 是最为常见的热回收新风机组形式。因板翅式 ERC 无活动部件、维护简单、较适用于风量不大的场合，一般住宅中采用的热回收新风机组基本都是板翅式。

ERV 和 ERC 的分类方式、类别、特点及适用范围　　表 2.45

名称	分类方式	类别	特点	适用范围
ERV	安装方式	落地式	—	根据安装条件选择
		吊装式		
		壁挂式		
		窗式		
		嵌入式		
ERC	热回收类型	全热型	交换显热和潜热	适用于可回收的能量中潜热占比较大的情况
		显热型	仅交换显热	适用于可回收的能量中显热占比较大的情况
	工作状态	旋转式（含转轮式、通道轮式等）	为转动部件，内部泄漏（新排风掺混）较大	适用于风量较大、对新风空气品质要求不太高的场合
		静止式（含板翅式、热管式、液体循环式等）	为静止部件，内部泄漏（新排风掺混）可以做到非常小	适用于对新风空气品质要求较高的场合，住宅新风热回收装置一般采用板翅式
		往复式	一般采用穿外墙的安装方式，安装简单、不占用建筑空间，无需风道	适用于不具备风道安装条件、不想占用建筑空间的情形
	进、出风断面形状	圆形	旋转式	—
		长方形	静止式	—
	防火性能	难燃型	芯体材料难燃	适用于对防火性能要求较高的场合
		非阻燃型	—	—
	抗菌性能	抗菌型	芯体材料抗菌	适用于对抗菌性能要求较高的场合
		普通型	—	—

板翅式全热回收 ERC 的实物图和结构原理如图 2.20 所示。采用多孔纤维性材料经特殊加工的纸作为基材，对其表面进行特殊处理后制成带波纹的传热传质单元（瓦楞纸）。然后将单元体交叉叠积，并用胶将单元体的峰谷与隔板粘结在一起，再与固定框相连接而组成一个换热芯体。纸质芯体为既能交换显热、又能交换潜热的全热回收芯体，且成本较低，但纸质芯体在低温环境使用可能会变形开裂，在潮湿环境使用可能会发霉变质，因此需要关注其耐候性能。

随着技术的发展，采用高分子膜材制作的全热回收芯体，因其换热效率高、耐候性强、使用寿命长等优点，在工程项目中得到了越来越多的应用。同时，芯体的结构和制造工艺也不断改进，出现了采用六边形截面的叉流—逆流式结构及 ABS 塑料框架结构，如图 2.21 所示。相比于叉流式结构，叉流—逆流式结构因包含逆流换热段，可以提高换热效率；相比于瓦楞纸结构，ABS 塑料框架结构更加美观、不易破损、使用寿命更长。

全热回收 ERC 通常采用纸材、高分子膜材作为换热芯体材料，而显热回收 ERC 则通常采用金属铝箔作为换热芯体材料，如图 2.22 所示。金属板式 ERC 虽然不能回收潜热，但其具备维护简便、耐候性能佳、不易破损变形等优点，在北方严寒和寒冷地区及不需回收潜热的工业领域有广泛的应用。

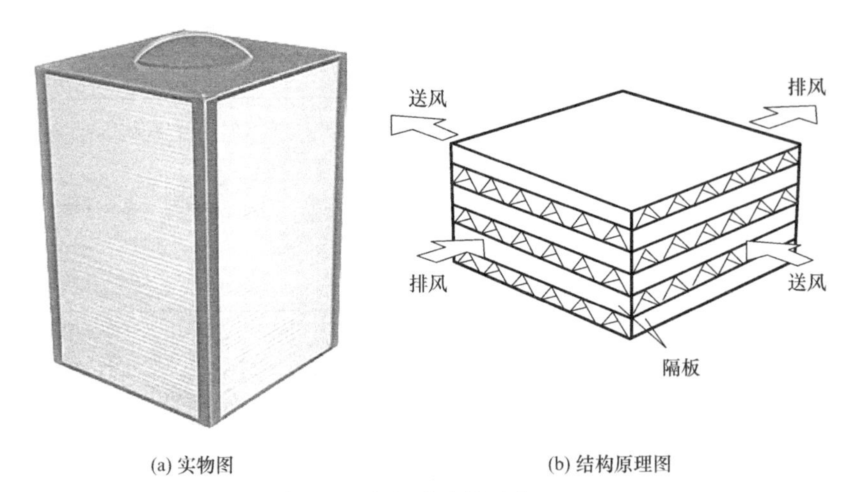

图 2.20　板翅式全热回收 ERC

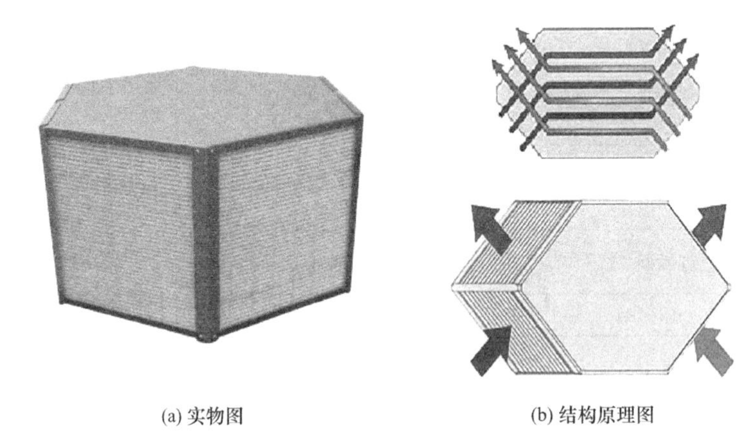

图 2.21　叉流—逆流式结构及 ABS 塑料框架结构全热回收 ERC

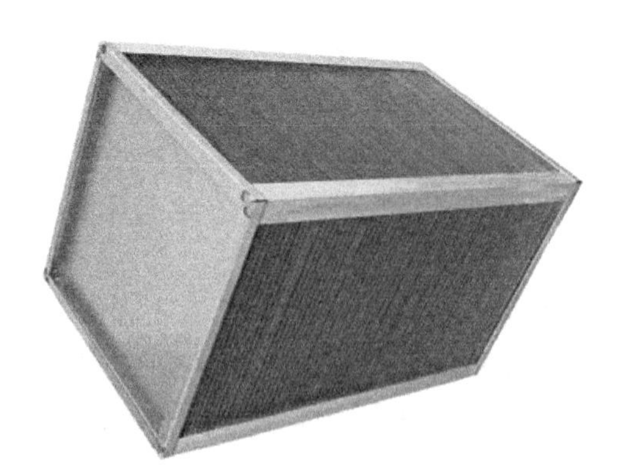

图 2.22　金属板式显热回收 ERC

2）转轮式热回收新风机组

转轮式 ERV 主要由转轮式 ERC、新风机、排风机等组成，如图 2.23 所示。转轮式 ERC（如图 2.24）为一圆盘形蓄热轮，由铝箔绕制成蜂窝状作为蓄热体，其两个半圆分别位于新风流道和排风流道内。工作时，蓄热轮在传动装置的作用下不断旋转，蓄热体在高温半圆侧被加热、吸收热量；旋转到低温半圆侧时被冷却、放出热量。如此周而复始，将排风中的部分能量回收到新风中。如在铝箔表面涂覆吸湿材料，则可制成全热回收型转轮，蓄热体在高温高湿半圆侧被加热吸湿，旋转到低温低湿半圆侧时被冷却放湿，从而实现新风对排风的全热回收。

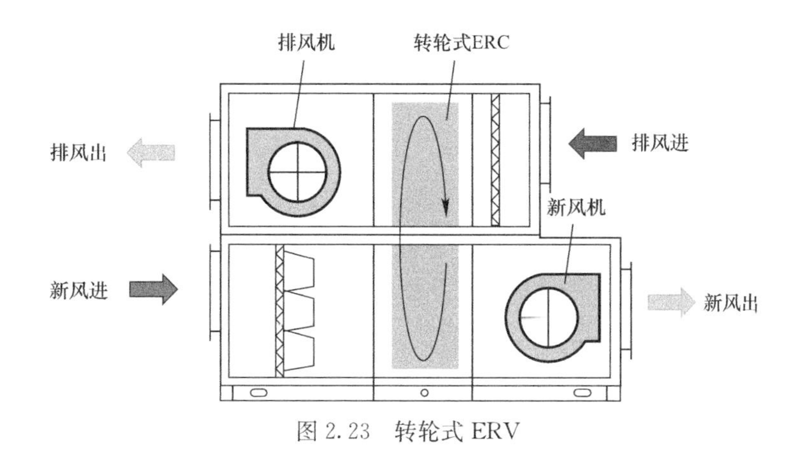

图2.23　转轮式ERV

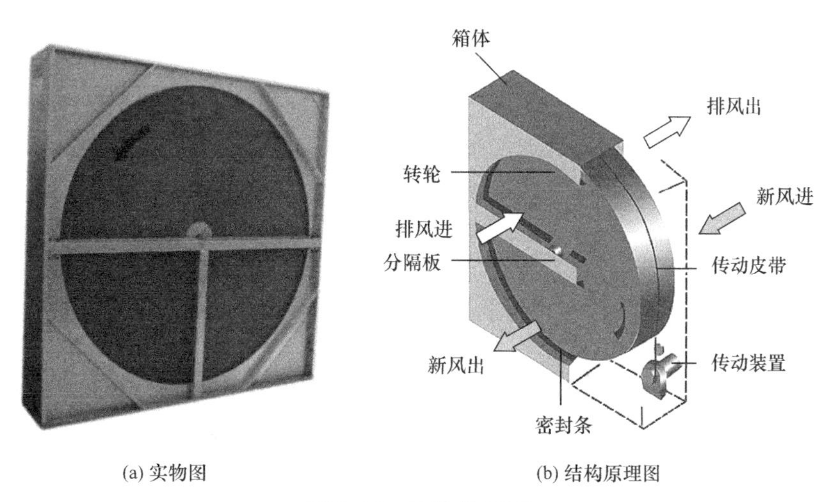

(a) 实物图　　(b) 结构原理图

图2.24　转轮式ERC

转轮式ERV可实现较高的热回收效率，而且排风与新风交替逆向流过转轮具有自净功能，但转轮的压力损失较大，且由于转轮的旋转新排风之间有一定的渗漏，无法完全避免交叉污染。一般适用于通风量较大且对新排风交叉污染要求不高的公共建筑或工业建筑。

3）热管式热回收新风机组

热管是一种具有极高导热性能的传热元件，是内壁衬有一层能产生毛细作用的吸液芯的密闭管子，如图2.25所示。当热管的一端（蒸发段）被加热时，管内工质因得热而气化，吸热后的气态工质，沿管流向另一端（冷凝段），在这里将热量释放给被加热介质，气态工质因失热而冷凝为液态，在毛细管和重力作用下回流至蒸发段，如此反复循环，将热量由一端转移到另一端。

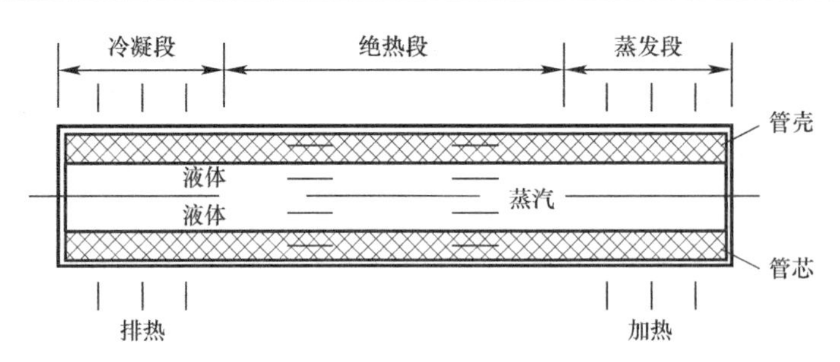

图 2.25　热管结构原理图

热管式 ERC 由若干根热管排列组合而成，如图 2.26 所示，热管中间设置隔板，将热管所在通道一分为二，一边为新风侧，一边为排风侧。通过热管的传热作用，将热量不断从高温侧转移至低温侧，从而实现新风对排风的热回收；同时新风和排风不直接接触，新风不会被污染。

热管式热回收新风机组结构紧凑、运行安全可靠、使用寿命长，每根热管自成换热体系，更换维护方便，且新风、排风间不会产生交叉污染；但只能回收显热，不能回收潜热。

4）液体循环式热回收新风机组

液体循环式 ERV 通常以系统的形式出现，如图 2.27 所示。在新风和排风管道内分别设有一个“液体介质—空气”换热器，由循环泵驱动液体介质循环流动，液体介质在排风侧吸收排风中的能量并在新风侧释放，从而实现新风对排风的热回收。可以采用水作为循环液体介质，在严寒和寒冷地区，为了防止冬季液体循环管路冻结，也可以采用乙二醇等防冻液作为循环液体介质。

图 2.26　热管式 ERC

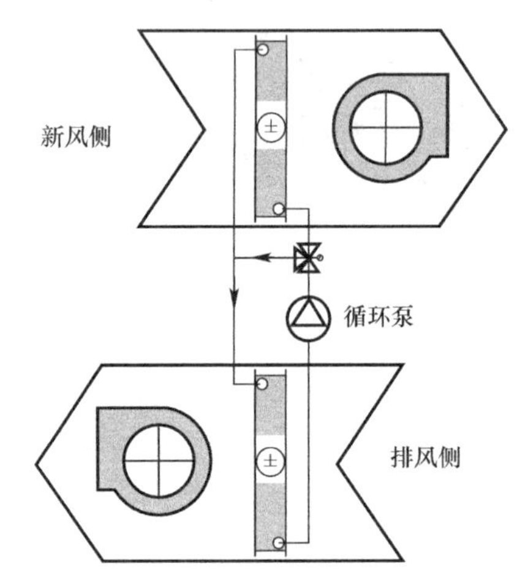

图 2.27　液体循环式 ERV

与热管式 ERV 相似，液体循环式 ERV 新风排风不直接接触，可避免交叉污染，同样地也只能回收显热，不能回收潜热。热管式 ERV 无须动力设备就能实现热管内部介质的循环，而液体循环式 ERV 则要依靠循环泵来实现液体介质的流动。液体循环式 ERV 最主要的应用优势在于不需要将新风管道和排风管道集成到一起，即使新风管道和排风管道相隔很远，也可以通过液体介质管路将两个换热器相连即可实现新风对排风的热回收。

5）往复式热回收新风机组

往复式热回收新风机组主要由双向风机、蓄热芯体等组成，如图2.28所示。通过风机的换向实现排风和送风的交替运行，使房间能够“呼吸”。排风时室内空气流过蓄热芯体，蓄热芯体吸收并储存排风中的能量；送风时室外空气流经蓄热芯体，将蓄热芯体释放的能量送入室内。

图2.28所示为单机往复式ERV，如果安装两台单机往复式ERV并通过控制器使其联动，一台送风时另一台排风，这样便形成双机耦合往复式ERV系统（图2.29），这种系统可能实现更好的气流组织。而为了实现更加便捷的安装，也可以将这样的两台单机往复式ERV集成在一起，送风和排风风道及部件均做成半圆形，这样只要在外墙上打一个安装孔就可以安装双机耦合往复式ERV。

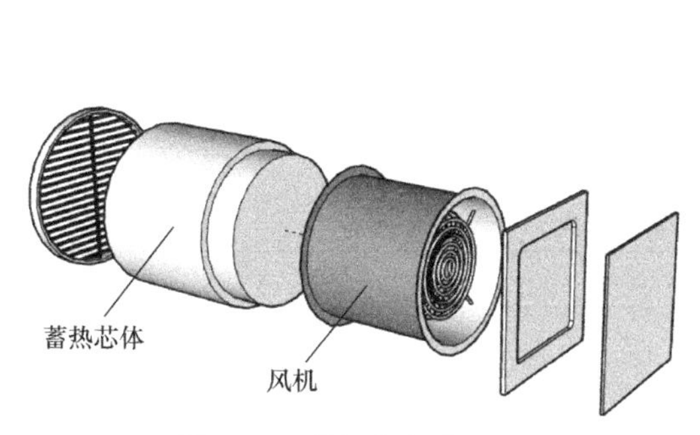

图2.28　单机往复式ERV

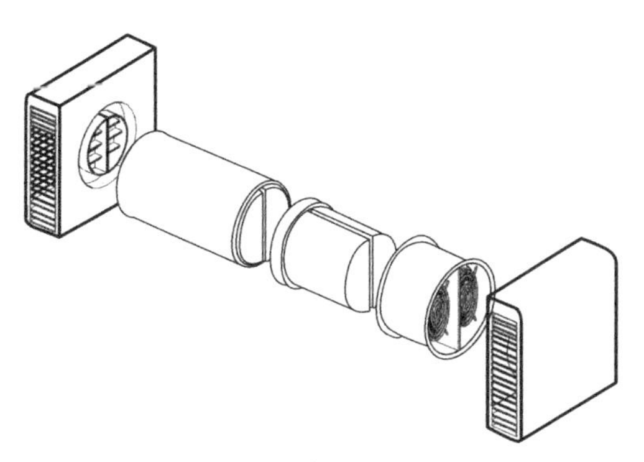

图2.29　双机耦合往复式ERV

往复式ERV安装便捷、不占用建筑空间，适用于不具备风道安装条件、不想占用建筑空间的情形，如既有住宅加装新风系统可优先考虑往复式ERV。

（3）性能要求

《热回收新风机组》GB/T 21087—2020中对热回收新风机组的性能要求包括外观、启动与运转、空气动力性能、气密性能、热工性能、噪声性能、电气安全性能、新风净化性能、交变性能等。下面着重对工程应用中较为关注的性能进行介绍。

1）空气动力性能

对于ERV来说，空气动力性能包括风量和机外余压。机外余压是ERV在对应风量下，送风（新风）通道及排风通道的出口空气全压与进口空气全压之差。空气全压为空气静压与动压之和，对于进风口和出风口尺寸相同的机组，其进出口空气动压相同，机外余压即为进出口静压之差。

ERV机外余压表征的是机组在克服自身内部部件和通道阻力后，具有的克服机组外部管道系统阻力的能力，其数值的大小关系到机组能否按照预期将新风输配到指定的建筑空间位置或将排风由指定的建筑空间位置排至室外。由于新风侧和排风侧部件配置可能不同，因此新风侧机外余压与排风侧机外余压亦可能不同。

对于ERC来说，空气动力性能包括风量和静压损失。ERC静压损失，是在对应风量下，ERC两侧空气通道的压降，即空气阻力。该指标主要用于ERC配套风机的选型。

2）气密性能

热回收新风机组的气密性能指标主要包括送风净新风率、内部漏风率和外部漏风率，其中送风净新风率适用于送风量小于或等于 3000m³/h 的机组，内部漏风率和外部漏风率适用于送风量大于 3000m³/h 的机组。

送风净新风率是机组的送风中含有的室外空气量与送风量之比，它表征的是排风空气向送风空气的渗漏程度。送风净新风率越大，排风空气向送风空气的渗漏越少，机组的气密性能越好。送风净新风率是在机组正常运转下采用示踪气体法进行测试，由于测试时机组是正常运转状态，其测试结果较采用打压法测试的漏风率更能反映机组实际使用时的气密性能。将送风净新风率与送风量相乘，就得到送风净新风量，即送风中含有的室外新鲜空气的量。

内部漏风率是机组内部由排风侧漏入新风侧的风量与额定送风量之比，表征机组送风侧和排风侧之间内部渗漏的程度；外部漏风率是机组外壳缝隙漏入或漏出的风量与额定送、排风量均值之比，表征机组外壳的气密程度。内部漏风率和外部漏风率越小，说明机组的气密性能越好。

为保证热回收新风机组具有基本的气密性能，《热回收新风机组》GB/T 21087—2020 中对气密性能指标提出了限值要求，见表 2.46。

气密性能指标限值要求 **表 2.46**

机组类别	指标名称	限值要求
送风量≤3000m³/h 的机组	送风净新风率	≥90%
送风量>3000m³/h 的机组	内部漏风率	≤10%
	外部漏风率	≤3%

送风净新风率和内部漏风率是考核机组内部结构密封性的主要指标，而这两个指标在一定程度上可以表征热回收新风机组的实际通风换气效果，送风净新风率过小或内部漏风率过大，说明送风中的室外新鲜空气占比不足。对于热回收新风机组来说，首先要保证的是通风换气功能，其次才是节能性能，所以标准规定进行交换效率测试前，要先进行送风净新风率或内部漏风率的测试，送风净新风率或内部漏风率满足标准要求后，才能进行交换效率的测试。

3）热工性能

热工性能主要包括交换效率和能效指标。交换效率包括显热交换效率、全热交换效率和湿量交换效率；能效指标对于 ERV 来说指能效系数，对于 ERC 来说指能量回收比。《热回收新风机组》GB/T 21087—2020 中规定的热工性能试验工况见表 2.47。

额定热工性能试验工况 **表 2.47**

测试项目	回风进口		新风进口		电压	风量
	干球温度	湿球温度	干球温度	湿球温度		
	℃	℃	℃	℃		
冷量回收工况	27	19.5	35	28	额定值	额定值
热量回收工况	21	13	2	1		额定值

显热交换效率是对应风量的新风进口、送风出口温差与新风进口、回风进口温差之比；全热交换效率是对应风量的新风进口、送风出口焓差与新风进口、回风进口焓差之

比；湿量交换效率是对应风量的新风进口、送风出口含湿量差与新风进口、回风进口含湿量差之比。这 3 个指标分别表征机组在为室内送入新风的同时对排风中显热、全热及含湿量的回收程度。

显热交换效率应按式（2.5）进行计算：

$$\eta_{wd}=\frac{t_{OA}-t_{SA}}{t_{OA}-t_{RA}}\times 100\% \tag{2.5}$$

式中：η_{wd}——显热交换效率（%）；

t_{OA}——新风进口空气的干球温度（℃）；

t_{SA}——送风出口空气的干球温度（℃）；

t_{RA}——回风进口空气的干球温度（℃）。

湿量交换效率应按式（2.6）进行计算：

$$\eta_{sl}=\frac{d_{OA}-d_{SA}}{d_{OA}-d_{RA}}\times 100\% \tag{2.6}$$

式中：η_{sl}——湿量交换效率（%）；

d_{OA}——新风进口空气的含湿量［g/kg(干)］；

d_{SA}——送风出口空气的含湿量［g/kg(干)］；

d_{RA}——回风进口空气的含湿量［g/kg(干)］。

全热交换效率应按式（2.7）进行计算：

$$\eta_{h}=\frac{h_{OA}-h_{SA}}{h_{OA}-h_{RA}}\times 100\% \tag{2.7}$$

式中：η_{h}——全热交换效率（%）；

h_{OA}——新风进口空气的焓值（kJ/kg）；

h_{SA}——送风出口空气的焓值（kJ/kg）；

h_{RA}——回风进口空气的焓值（kJ/kg）。

交换效率是热回收新风机组的重要节能指标。作为新风节能产品，热回收新风机组的交换效率通常在工程应用中最受关注。为保证我国建筑新风节能水平，《热回收新风机组》GB/T 21087—2020 中对 ERV 和 ERC 的交换效率提出了限值要求，见表 2.48。对于全热型 ERV 和 ERC，全热交换效率应满足该表中的限值要求；对于显热型 ERV 和 ERC，显热交换效率应满足该表中的限值要求。

ERV 和 ERC 的交换效率限值要求　　**表 2.48**

类型		冷量回收	热量回收
全热型 ERV 和 ERC	全热交换效率	≥55%	≥60%
显热型 ERV 和 ERC	显热交换效率	≥65%	≥70%

需要注意的是，表 2.48 中交换效率是在送、排风量相等的条件下测试得到的，但在实际工程应用中，经常会遇到送、排风量不等的情况，而风量对交换效率的影响还是比较明显的，因此需要关注交换效率与风量的对应关系。对于送、排风量不等的 ERV 或 ERC，除需满足名义风量条件下的交换效率之外，还应满足标准规定工况下（送、排风量相等且均等于名义送风量）的交换效率限值要求。

交换效率指标虽然能反映新风节能效果，但由于交换效率指标并未考虑机组本身的能量输入，因此不能反映机组本身的能效情况。国家和地方的建筑节能设计标准都将单位风量耗功率和耗电输冷、输热比作为约束性指标，热回收新风机组涉及单位风量的供热、供冷量指标，影响着系统的耗电输冷、输热比。为了适应建筑性能化设计的需求，需要提出热回收新风机组能效的表达方式和指标。另外，交换效率高并不等于能效高，在市场上调研也会发现部分厂家声称自家产品交换效率高，而实际是以降低风量为代价，因此《热回收新风机组》GB/T 21087—2020 修订时参考《热回收通风器和能量回收通风器—性能测试方法》ISO 16494 增加了能效系数和能量回收比这两个评价 ERV 和 ERC 能效性能的参数，作为对交换效率的补充。其中能效系数为针对 ERV 的能效指标，是 ERV 回收的净能量与输送空气的能量值之和与输入功率的比值，是反映 ERV 回收能力和输配能力的一个综合能效指标；能量回收比为针对 ERC 的能效指标，是 ERC 回收的能量与能量回收过程中消耗的电能之比，能量回收过程中消耗的电能除了辅助设备（如转轮电机、控制器等）的输入功率外，还包括由于 ERC 送、排风侧阻力的存在而产生的输配能耗，这个能耗是按照标准规定的风机效率和实际风量风阻计算出来的。

ERV 的能效系数按式（2.8）～式（2.11）进行计算：

$$COE_{\mathrm{ducted}}=\frac{(|m_{\mathrm{SANet}}(h_{\mathrm{SA}}-h_{\mathrm{OA}})|\times 1000)+P_{\mathrm{vma}}}{P_{\mathrm{in}}} \tag{2.8}$$

$$COE_{\mathrm{unducted}}=\frac{|m_{\mathrm{SANet}}(h_{\mathrm{SA}}-h_{\mathrm{OA}})|\times 1000}{P_{\mathrm{in}}} \tag{2.9}$$

$$P_{\mathrm{vma}}=\left(\sum_{1}^{4}|ps_n+pv_n|\right)m_{\mathrm{SANet}}v_{\mathrm{s}} \tag{2.10}$$

$$P_{\mathrm{in}}=P_{\mathrm{em}}+P_{\mathrm{aux}} \tag{2.11}$$

式中：COE_{ducted}——接风管 ERV 的能效系数；

COE_{unducted}——不接风管 ERV 的能效系数；

h_{OA}——新风进口空气的焓值（kJ/kg）；

h_{SA}——送风出口空气的焓值（kJ/kg）；

m_{SANet}——送风净新风质量流量（kg/s）；

P_{vma}——输送空气的能量值（W）；

P_{in}——ERV 的输入功率（W）；

v_{s}——送风的比容（m^3/kg）；

ps_n——进出口的外部静压（Pa）；

pv_n——进出口的动压（Pa）；

P_{em}——ERV 中电机的输入功率（W）；

P_{aux}——ERV 中其他电器元件的输入功率（W）。

ERC 的能量回收比按式（2.12）进行计算：

$$RER=\frac{m_{\mathrm{SANet}}|h_{\mathrm{SA}}-h_{\mathrm{OA}}|}{\frac{\Delta P_{\mathrm{s}}Q_{\mathrm{SA}}}{\eta_{\mathrm{fs}}}+\frac{\Delta P_{\mathrm{e}}Q_{\mathrm{EA}}}{\eta_{\mathrm{fe}}}+P_{\mathrm{fz}}} \tag{2.12}$$

式中：RER——能量回收比；

m_{SANet}——送风净新风质量流量（kg/s）；

h_{OA}——新风进口空气的焓值（kJ/kg）；

h_{SA}——送风出口空气的焓值（kJ/kg）；

ΔP_s——送风侧的阻力（Pa）；

ΔP_e——排风侧的阻力（Pa）；

Q_{SA}——送风量（m^3/s）；

Q_{EA}——排风量（m^3/s）；

η_{fs}——送风风机的总效率，取为 0.55；

η_{fe}——排风风机的总效率，取为 0.55；

P_{fz}——辅助设备（如转轮电机、控制器等）的输入功率（W）。

4）新风净化性能

《热回收新风机组》GB/T 21087—2020 中规定，ERV 配置的空气过滤器应满足《空气过滤器》GB/T 14295 的相关要求，在热交换部件（换热芯体）排风侧迎风面应布置过滤效率不低于 C1 的空气过滤器（迎面风速 2.5m/s 时，标准试验尘计重效率不低于 20%，初阻力不高于 50Pa），在新风侧迎风面应布置过滤效率不低于 Z1 的空气过滤器（迎面风速 2.0m/s 时，粒径大于 0.5μm 的计数效率不低于 20%，初阻力不高于 80Pa），过滤器应可以便捷地更换或清洗。上述“C1”、“Z1”分别为 ERV 排风侧、新风侧配置过滤器的基本要求，一方面保证送风的基本空气品质，另一方面可以保护换热芯体。对于声称具备新风 $PM_{2.5}$ 过滤功能的机组，需给出 $PM_{2.5}$ 一次过滤效率值。

5）交变性能

《热回收新风机组》GB/T 21087—2020 中增加了对热回收新风机组交变性能的要求，这主要是考虑热回收新风机组在冬季严寒干燥和夏季高温高湿下常年交替运行，其芯体受冷热交替的影响，性能可能会有所变化，影响实际运行效果。通过进行交变试验，可以了解被试机组的性能保持能力。

热回收芯体实际应用时要经历“制冷季—过渡季—制热季—过渡季”的循环，在试验室进行冷热交变试验为加速试验，因此按照“冷量回收工况—通风工况—热量回收工况—通风工况”的循环进行试验，每个工况持续 1h，共循环进行 3 次，交变试验全过程原理如图 2.30 所示，交变性能试验工况见表 2.49。标准规定交变性能试验后 ERV 或 ERC 的风量风压的测试结果与交变性能试验前相比相对偏差不应大于 3%，送风净新风率和高档风量下热交换效率的测试结果与交变性能试验前相比绝对偏差不应大于 3%，且应满足交换效率限值的要求。若交变性能试验不合格，则说明被测试机组不具备长期保持出厂性能的能力。

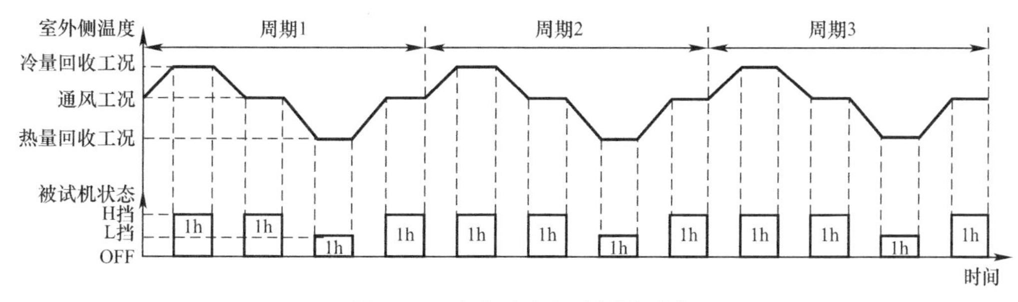

图 2.30　交变试验全过程原理图

交变性能试验工况　　表 2.49

项目	回风进口		新风进口		风量
	干球温度	湿球温度	干球温度	湿球温度	
	℃	℃	℃	℃	
热量回收工况	20±0.5	14±0.5	−15±0.5	—	低挡
冷量回收工况	22±0.5	17±0.5	35±0.5	29±0.5	高挡
通风工况	22±0.5	—	20±0.5	—	高挡

(4) 应用中需关注的问题

1) 忽视风量条件对交换效率的影响

交换效率受风量条件的影响较为明显。在实际应用中，可能会因对产品标准理解不到位而忽视风量条件对交换效率的影响。《热回收新风机组》GB/T 21087—2020 中规定，热回收新风机组铭牌上的标注的性能值应为企业声明的标准工况下的数值，比如某台热回收新风机组铭牌上标注的送风量为 $300m^3/h$、全热交换效率为 65%，则指该机组在送、排风量相等且均为 $300m^3/h$ 时其全热交换效率为 65%，如果送、排风量不等或送、排风量相等但不等于额定送风量，其交换效率则会发生变化。

图 2.31 和图 2.32 分别为某 ERC 在冷量回收工况和热量回收工况下交换效率随风量（送、排风量相等）的变化情况。从图中可以看出，显热交换效率、全热交换效率、湿量交换效率均随风量的增加而减小，这是因为当风量增大时，单位质量空气的热湿交换量减小，即新风进出口的温度差、焓差及湿量差减小，进而造成显热交换效率、全热交换效率、湿量交换效率随之减小。

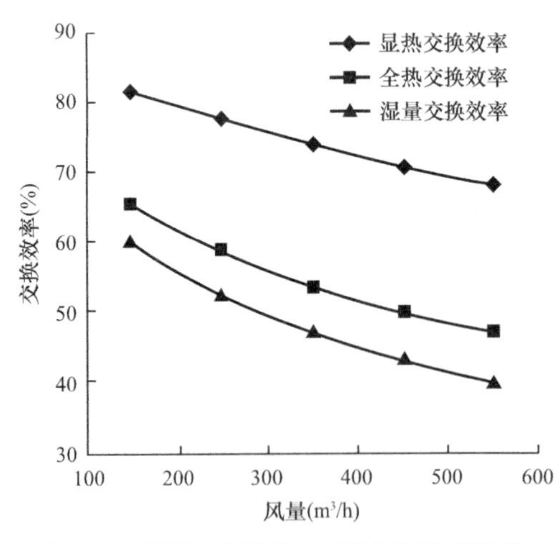

图 2.31　风量对冷量回收工况交换效率的影响

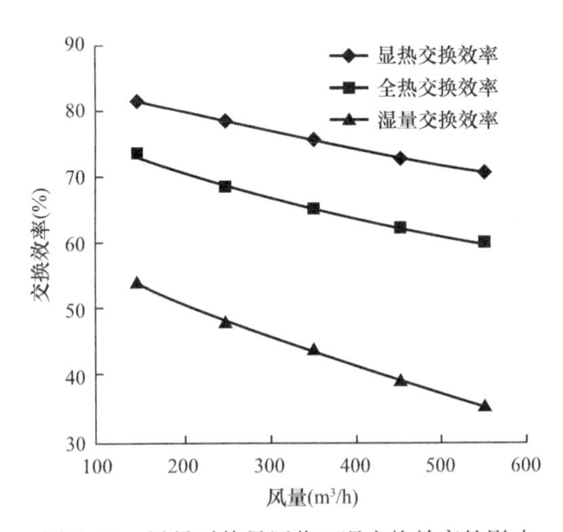

图 2.32　风量对热量回收工况交换效率的影响

当送、排风量不等时，若送风量为额定值、排风量大于额定送风量，因排风量大会提高换热量，在送风量不变的情况下新风进出口的温度差、焓差、湿量差会变大，故交换效率会有所提高；若送风量为额定值、排风量小于额定送风量，则交换效率会有所降低。

2) 将 ERV 整机交换效率与其内部的 ERC 交换效率等同

对于 ERV 整机，由于风机电动机在运行中散发显热，其交换效率会与其内部 ERC 的交换效率有所差别。通常情况下 ERV 的送风电动机和排风电动机分别安装在送风风道和排风风道中 ERC 的下游，风机电动机散发出的热量以显热的形式分别由送风和排风带走。排风电动机的散热量直接排至室外，对显热交换效率没有影响；送风电动机的散热量送至室内，对冷量回收工况的显热交换效率为负影响，对热量回收工况的显热交换效率为正影响。

3）缺少季节/全年能效性能评价标准

当室内外温差或焓差较小时，采用热回收可能是不节能的；在冬季室外温度低于零下时，还需要考虑对室外空气进行预热以防止热回收芯体结霜。所以，两台额定热回收效率相同的热回收新风机组采用不同控制策略或应用于不同的气候区，其全年节能效果也可能有较大差异。这也是工程应用中对采用热回收新风机组的节能效果抱有质疑的原因。《热回收新风机组》GB/T 21087—2020 解决了标准工况下交换效率、能效系数等指标问题，但还应制定季节/全年能效性能评价标准来对其进行补充。

4）ERV 设置节能运行控制器的问题

《热回收新风机组》GB/T 21087—2020 规定：ERV 宜设置节能运行控制器，在满足新排风输配风量要求的条件下，可根据室内外空气状态、电机功耗等情况，通过调整风机转速、旁通新风排风等手段，实现 ERV 能耗降低。可见《热回收新风机组》GB/T 21087—2020 是推荐 ERV 设置节能运行控制器的，通过设置节能运行控制器，不仅可以实现新风能耗的进一步降低，还能扩大 ERV 的适用地域范围，但在工程应用中往往因为 ERV 旁通占用空间、控制系统增加初投资等因素而未设置节能运行控制器，从而降低了 ERV 的适用性。

2.3.3 组合式空调机组

组合式空调机组是由一种或几种空气处理功能段组装而成的空气处理设备，其功能段包括空气混合、均流、过滤、冷却、一次和二次加热、去湿、送风机、回风机、喷水、消声、热回收等单元体，一般适用于阻力大于或等于 100Pa 的空调系统。组合式空调机组一般用于需要集中处理空气的全空气空调系统、新风系统等。

（1）相关标准

组合式空调机组相关标准《组合式空调机组》GB/T 14294—2008 于 2009 年 6 月 1 日起实施。标准适用于以功能段为组合单元，能够完成空气输送、混合、加热、冷却、去湿、加湿、过滤、消声、热回收等一种或几种处理功能的机组，冷媒为盐水、乙二醇和直接蒸发盘管以及采用电加热器的机组可参照使用，不适用于自带冷热源的空调机组。

（2）分类

组合式空调机组的分类方式、类别、特点和适用范围见表 2.50。

（3）性能要求

《组合式空调机组》GB/T 14294—2008 中对组合式空调机组的性能检验项目包括：启动运行、盘管耐压性能、风量、机外静压、输入功率、漏气率、箱体变形率、供冷量、供热量、喷水段的空气热交换效率、凝露、凝结水排除能力、噪声、振动、断面风速均匀度、水量和水阻、电气安全性能等。下面着重对工程应用中较为关注的性能进行介绍。

组合式空调机组的分类方式、类别、特点和适用范围　　表 2.50

分类方式	类别	特点	适用范围
结构形式	卧式	各空气处理功能段水平排列，占地面积大，便于检修	适用于大型的全空气空调系统或新风系统
	立式	各空气处理功能段垂直排列，节省建筑面积	一般适用于房间空气就近处理的场合，适用于上送下回的气流组织形式
	吊顶式	各空气处理功能段水平排列，节省建筑有效空间	一般为小型机组，适用于有吊顶安装位置的场合
用途特征	通用机组	仅处理回风或同时处理回风和新风	用于常规场合
	新风机组	仅处理新风	用于新风系统
	净化机组	风量大，压头高，密闭性好，具有良好的过滤部件	适用于有净化要求的电子厂房、隔离病房、制药厂、生物实验室等
	专用机组	如屋顶机组、烟草用机组、地铁用机组、计算机房专用机组等	用于特定场合

1）盘管耐压性能

盘管耐压性能可采用液压试验方法或气压试验方法。液压试验方法为：将盘管充入液压介质（一般为水），同时通过盘管上的放气阀排尽盘管内的空气，通过打压装置将水压升至试验压力，试验压力应为设计压力的 1.5 倍，保持压力至少 3min，检查泄漏及耐压情况。气压试验方法为：封堵盘管一端，从另一端接入气压介质，将整个盘管浸泡在水中，升至试验压力，试验压力应为设计压力的 1.2 倍，保持压力至少 1min，检查泄漏及耐压情况。

在工程现场检测组合式空调机组的盘管耐压性能通常采用更易操作的液压试验方法。

2）风量、机外静压、输入功率

《组合式空调机组》GB/T 14294—2008 中机外静压指机组在额定风量时克服自身阻力后，机组进出风口静压差，要求风量实测值不应低于额定值的 95%，机外静压实测值不应低于额定值的 90%，输入功率实测值不应超过额定值的 110%。除了实验室测试方法外，《组合式空调机组》GB/T 14294—2008 还给出了组合式空调机组风量、风压、输入功率的工程现场测试方法。

在工程现场进行组合式空调机组风量测试时，风量测试截面应选择在组合式空调机组进风或出风直管段上，距上游局部阻力部件 2 倍以上当量直径的位置。矩形截面测点布置应符合表 2.51 的规定（图 2.33），圆形截面测点布置应符合表 2.52 的规定（图 2.34）。可采用毕托管和微压计测试断面上各点的动压并换算成风速，断面上各点的风速取平均值，再由断面平均风速与断面面积计算出风量；当断面动压值低于 10Pa 时，宜采用热式风速仪直接测试各点的风速。

矩形截面测点布置　　表 2.51

横线数或每条横线上的测点数	测点	测点位置 X/A 或 X/H
5	1	0.074
	2	0.288
	3	0.500
	4	0.712
	5	0.926

续表

横线数或每条横线上的测点数	测点	测点位置X/A或X/H
6	1	0.061
	2	0.235
	3	0.437
	4	0.563
	5	0.765
	6	0.939
7	1	0.053
	2	0.203
	3	0.366
	4	0.500
	5	0.634
	6	0.797
	7	0.947

注：1 当矩形截面的纵横比（长短边比）小于1.5时，横线（平行于短边）数和每条横线上的测点数均不宜少于5个；当长边大于2m时，横线（平行于短边）数宜增加到5个以上；
2 当矩形截面的纵横比（长短边比）大于或等于1.5时，横线（平行于短边）数宜增加到5个以上；
3 当矩形截面的纵横比（长短边比）小于1.2时，也可按等截面划分小截面，每个小截面边长宜为200mm～250mm。

圆形截面测点布置　　**表2.52**

风管直径（mm）	≤200	200～400	400～700	≥700
圆环个数	3	4	5	5～6
测点编号	测点到管壁的距离（r的倍数）			
1	0.1	0.1	0.05	0.05
2	0.3	0.2	0.20	0.15
3	0.6	0.4	0.30	0.25
4	1.4	0.7	0.50	0.35
5	1.7	1.3	0.70	0.50
6	1.9	1.6	1.30	0.70
7	—	1.8	1.50	1.30
8	—	1.9	1.70	1.50
9	—	—	1.80	1.65
10	—	—	1.95	1.75
11	—	—	—	1.85
12	—	—	—	1.95

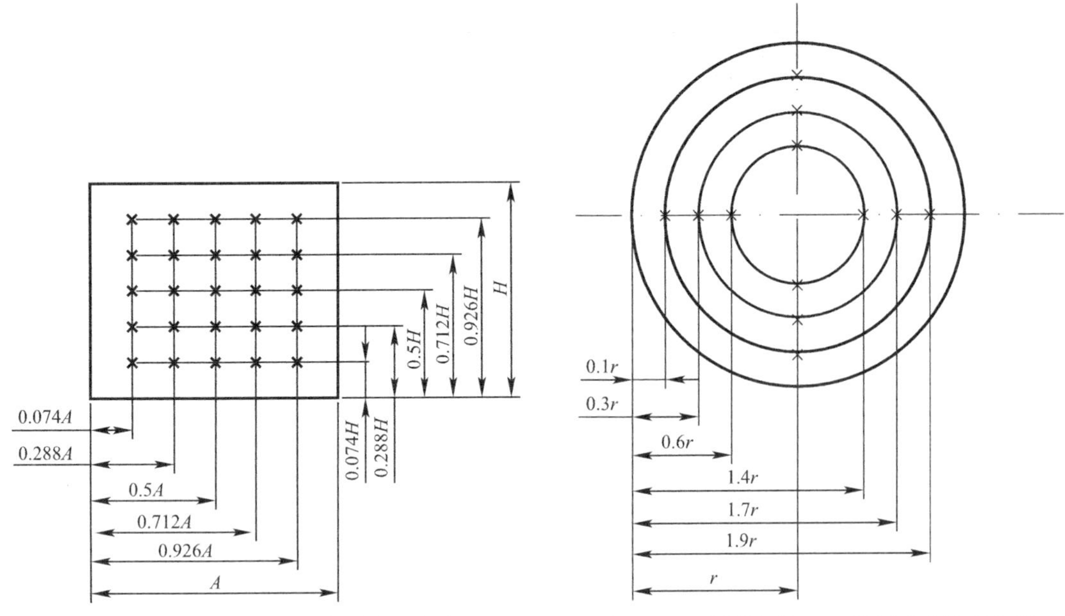

图 2.33　矩形风管 25 个测点时的测点布置　　图 2.34　圆形风管 3 个圆环时的测点布置

3）漏风率

组合式空调机组的漏风率指在标准规定的压力条件下机组的漏风量与额定风量的比率。不同类别和使用条件的机组，其漏风率的要求见表 2.53。正压测试装置和负压测试装置的示意图如图 2.35 所示，通过辅助风机变频或风阀开度调节将机组内部的压力调至要求值，测试管道内的风量即为漏风量。该示意图中漏风量采用皮托管和微压计进行测试，亦可采用喷嘴、孔板等节流装置来测试漏风量。在工程现场组装的组合式空调机组需要在组装完成后在工程现场进行漏风率的测试。

组合式空调机组漏风率要求　　**表 2.53**

机组类别		测试压力条件	漏风率要求
非净化机组	仅在负压段工作的机组	−400Pa	≤2%
	仅在正压段工作的机组或既有正压又有负压下工作的机组	+700Pa	≤2%
净化机组		+1000Pa	≤1%

4）供冷量和供热量

《组合式空调机组》GB/T 14294—2008 规定机组的供冷量和供热量的实测值不应低于铭牌额定值的 95%，规定的供冷量、供热量测试工况条件见表 2.54。供冷量和供热量测试包含回风工况和新风工况，供热量测试又包含供热介质为水和供热介质为蒸汽两种情况。

5）噪声

组合式空调机组的声压级噪声不应大于表 2.55 的限值要求。表中机组全静压指机组自身阻力和机外静压之和。

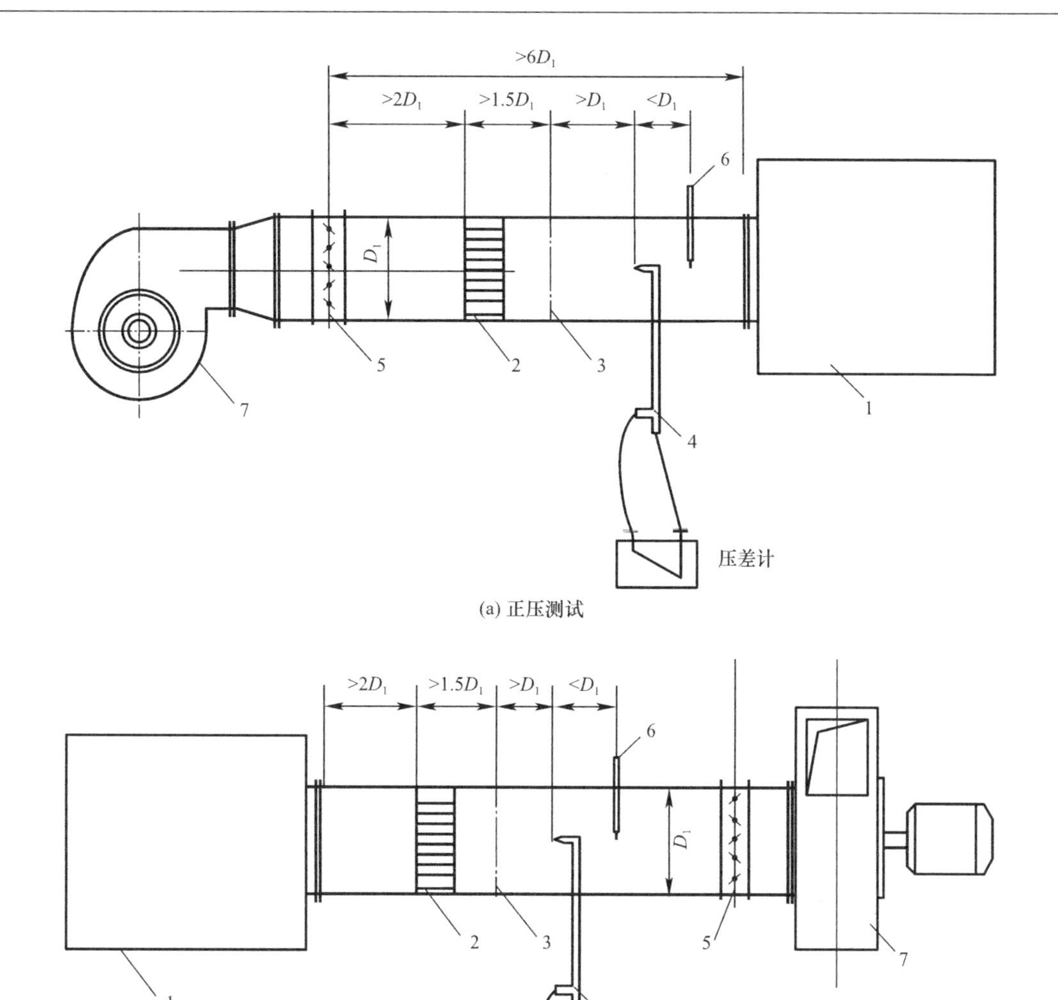

(a) 正压测试

(b) 负压测试

1—被试机组；2—整流格栅；3—均流器；4—流量测量仪表；5—调节阀；6—温度计；7—辅助风机

图 2.35　组合式空调机组漏风率测试装置示意图

供冷量、供热量测试工况条件　　　　**表 2.54**

测试项目			进口空气参数		供水参数		供蒸汽参数
			干球温度（℃）	湿球温度（℃）	进口水温（℃）	进出口水温差（℃）	表压力（MPa）
供冷量	回风		27	19.5	7	5	—
	新风		35	28	7	5	—
供热量	回风	热水	15	—	60	10	—
		蒸汽	15	—	—	—	0.2
	新风	热水	7	—	60	10	—
		蒸汽	7	—	—	—	0.2

组合式空调机组声压级噪声限值［dB(A)］　　表 2.55

额定风量(m^3/h)	机组全静压(Pa)				
	350	500	750	1000	1500
2000～3000	60	63	66	69	72
5000	62	65	68	71	74
6000	63	66	69	72	75
10000	65	68	71	74	77
12000	66	69	72	75	78
20000	68	71	74	77	80
25000	69	72	75	78	81
30000	70	73	76	79	82
50000	72	75	78	81	84
80000	74	77	80	83	86
100000	75	78	81	84	87
160000	77	80	83	86	89
200000	78	81	84	87	90

注：风量和机组全静压在表中规定值之间，可按插值法确定机组的噪声限值。

(4) 应用中需关注的问题

1) 双风机机组的风量匹配问题

有些组合式空调机组除自带的送风机外，还设置有回风机，通过送风机、回风机的变频或调节电动风阀的开度来调节新风量、回风量及送风量的大小。可能在产品标准规定的试验工况下，机组的各项性能均满足要求，但实际运行的过程中，可能因为缺少合理的控制策略而造成新风量、回风量及送风量不能满足要求。

2) 缺少能效性能指标

随着建筑性能化设计理念的推广，目前国家和地方的建筑节能设计标准都将单位风量耗功率和耗电输冷、输热比作为约束性指标。为适应建筑性能化设计的需求，新修订的《风机盘管机组》GB/T 19232—2019、《热回收新风机组》GB/T 21087—2020 等均增加了机组能效指标，但《组合式空调机组》GB/T 14294—2008 已发布实施 10 余年，编制时并未引入能效性能指标，已不适应建筑性能化设计的需求。

2.3.4 水蒸发冷却空调机组

蒸发冷却空调根据所要求服务的对象不同，分为舒适性空调和工艺性空调。作为一种舒适性空调，广泛应用于办公楼、住宅建筑、机场航站楼、体育馆等；作为一种工艺性空调，广泛应用于纺织厂、工业车间、发电厂变频机房、数据中心等。蒸发冷却空调技术也可在户外场所应用，例如交通岗亭、敞开式工作地点等。

蒸发冷却技术由一级直接蒸发冷却技术，板翅、卧管、立管等的单独间接蒸发冷却技术，发展到间接＋直接的两级系统、两级间接＋直接的三级系统以及多级蒸发冷却空调系统。最常见的机组和设备主要有，以产生冷风为主的蒸发式冷气机、蒸发式冷风扇、间接蒸发冷却空调机组、蒸发冷却新风机组等；以产生冷水为间接蒸发冷却冷水机组；以及蒸发冷却与机械制冷相结合的复合式空调机组等。

（1）相关标准

水蒸发冷却空调机组相关标准《水蒸发冷却空调机组》GB/T 30192—2013 于 2013 年 12 月 31 日发布，2014 年 9 月 1 日起实施。标准规定了水蒸发冷却空调机组的术语和定义、分类与标记、要求、试验方法、检验规则、标志、样本、包装、运输和贮存等。标准适用于以水直接蒸发冷却器、间接蒸发冷却器或多级蒸发冷却器为空气冷却段的机组，其他冷源作为空气冷却段辅助冷源的水蒸发冷却空调机组可参照执行。

（2）分类

水蒸发冷却空调机组的分类方式、类别、特点及适用范围见表 2.56。

水蒸发冷却空调机组的分类方式、类别、特点及适用范围　　表 2.56

分类方式	类别	特点	适用范围
结构形式	卧式	卧式结构，占地面积大，便于检修	一般适用于大型的空气处理系统
	立式	立式结构，节省建筑面积	一般适用于房间空气就近处理的场合，适用于上送下回的气流组织形式
	吊顶式	吊顶式结构，节省建筑有效空间	一般为小型机组，适用于有吊顶安装位置的场合
冷却器形式和组成	直接蒸发冷却空调机组	以直接蒸发冷却器为空气冷却段，处理的空气与水直接接触，空气处理过程为等焓加湿冷却	适用于处理高温干燥的空气
	间接蒸发冷却空调机组	以间接蒸发冷却器为空气冷却段，处理的空气与水不直接接触，空气处理过程为等湿冷却	适用于等湿冷却降温处理过程
	多级蒸发冷却空调机组	以多级蒸发冷却器为空气冷却段，多级蒸发冷却器由直接蒸发冷却器和一个或几个间接蒸发冷却器组合而成，体积较大	适用于需要更低送风温度的场合

1）直接蒸发冷却空调机组

直接蒸发冷却空调机组是通过水的直接蒸发冷却来进行等焓降温的蒸发冷却空调机组，其系统原理图和焓湿图如图 2.36 所示。

2）间接蒸发冷却空调机组

间接蒸发冷却空调机组的系统原理如图 2.37 所示，通过非直接接触式换热器将直接蒸发冷却得到的冷量传递给待处理空气来实现空气的等湿降温，主要有板翅式和管式两种形式。

板翅式间接蒸发冷却空调机组是目前应用最多的间接蒸发冷却空调机组形式，效率一般为 60%～80%，体积相对较小，缺点是由于流道窄小，流道容易堵塞，尤其在空气污染物较多的场所，随着机组运行时间的加长，换热效率迅速减小，流动阻力也变大，布水变得不均匀、浸润能力变差；金属表面易产生污垢，维护比较困难；并且其加工精度低，有漏水现象，单位体积成本高。

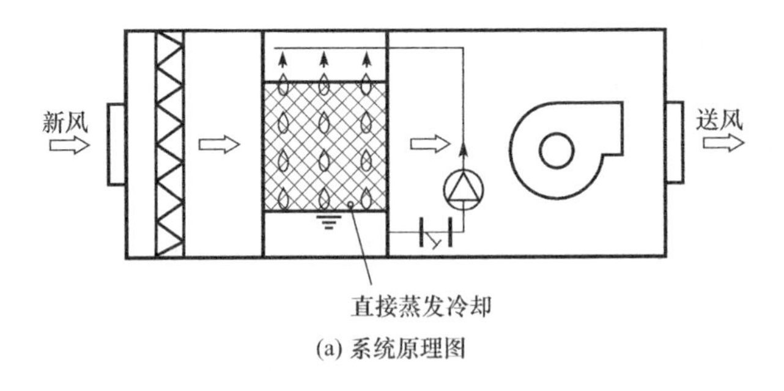

(a) 系统原理图

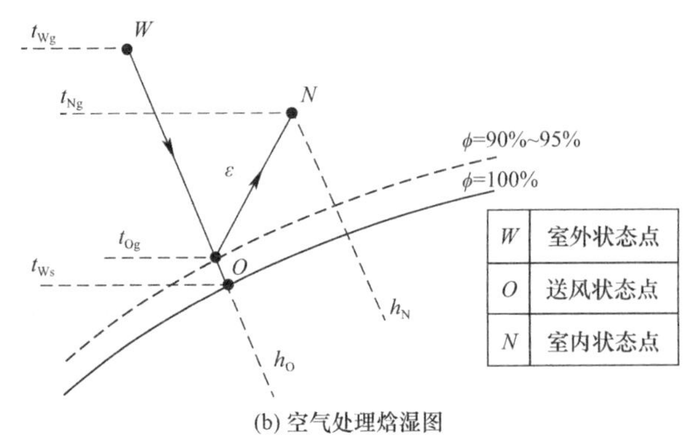

(b) 空气处理焓湿图

图 2.36　直接蒸发冷却空调机组

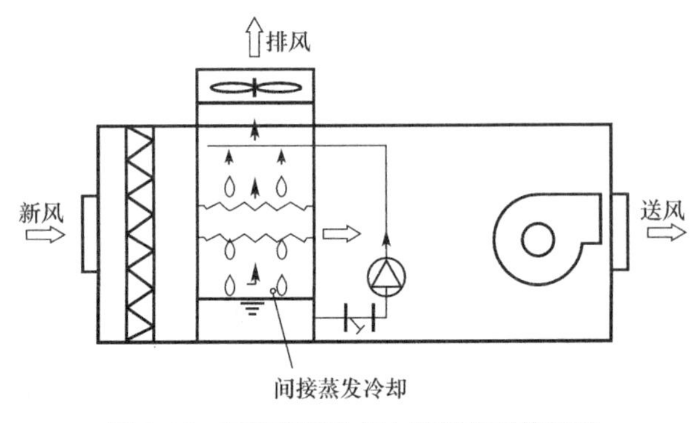

图 2.37　间接蒸发冷却空调机组系统原理

与板翅式相比，管式间接蒸发冷却的换热管外容易贴覆形成稳定的水膜，有利于蒸发冷却的进行，并且其流道变宽，不容易堵塞，因而其流动阻力小，单位体积造价相对板翅式要低，主要缺点是换热效率比板翅式要低。管式又分为立管式和卧管式间接两种，在实际工程中都有广泛的应用。

3）多级蒸发冷却空调机组

① 两级蒸发冷却空调机组

两级蒸发冷却空调机组的系统原理图和空气处理焓湿图如图 2.38 所示，主要是通过一级间接蒸发冷却，发生等湿冷却的过程，加上一级直接蒸发冷却，发生等焓冷却的过程，来进行降温的蒸发冷却空调机组，主要包括板翅式间接-直接蒸发冷却空调机组、管式间接-直接蒸发冷却空调机组等形式。目前两级蒸发冷却空调机组也是应用最广泛的蒸发冷却空调机组。

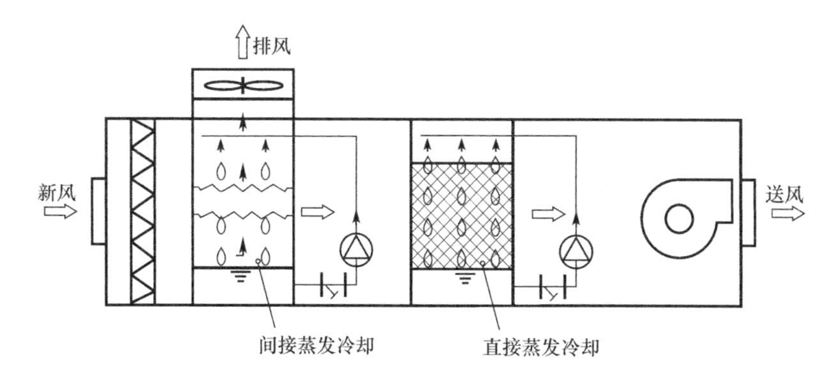

(a) 系统原理图

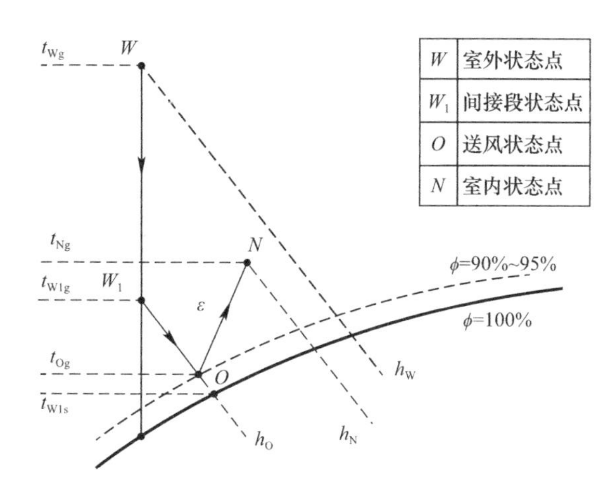

(b) 空气处理焓湿图

图 2.38　两级间接-直接蒸发冷却空调机组

② 三级蒸发冷却空调机组

三级蒸发冷却空调机组的系统原理图和空气处理焓湿图如图 2.39 所示，主要是通过两级间接蒸发等湿冷却的过程，以及一级直接蒸发等焓冷却的过程来进行降温的空调机组，主要包括板翅式间接—板翅式间接—直接蒸发冷却空调机组、表冷器间接—板翅式间接—直接蒸发冷却空调机组，同时表冷器间接蒸发冷却又分为冷却塔外置式以及冷却塔内置式两种，三级蒸发冷却空调机组在干燥地区有广泛的应用，但由于其体积大，仍有其局限性。

(3) 性能要求

在《水蒸发冷却空调机组》GB/T 30192—2013 规定的性能指标中，很多指标和组合式空调机组一致，其特有指标主要包括防带水性能、直接蒸发冷却段制冷量、间接蒸发冷却段制冷量、制冷量、制冷能效比、制冷耗水比、通风干燥等。

1) 防带水性能

在试验工况下，机组连续运行 0.5h，在距出风口距离为机组出口面积当量直径的 2.5 倍处，用白色纸张检查，机组一次空气出风口应无水珠吹出。

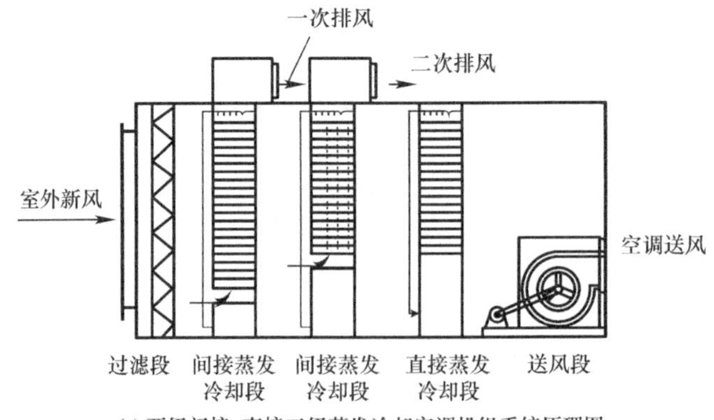

(a) 两级间接+直接三级蒸发冷却空调机组系统原理图

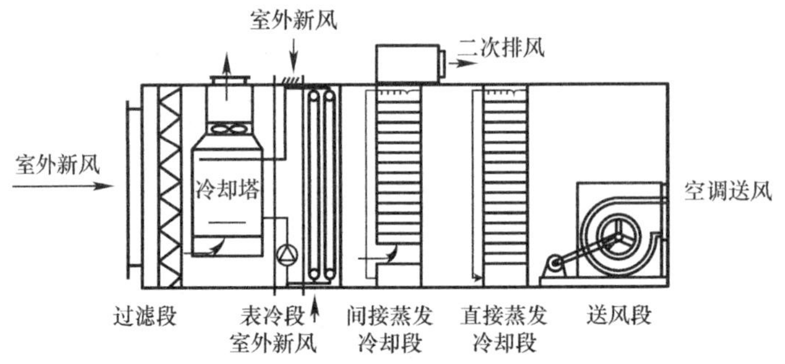

(b) 内置式冷却塔供冷+间接+直接三级蒸发冷却空调机组系统原理图

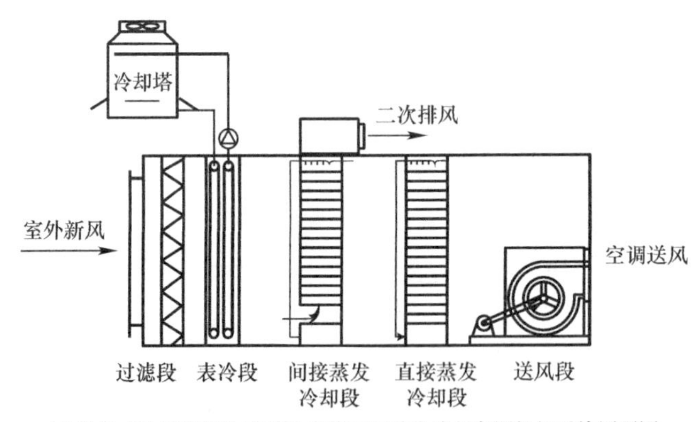

(c) 外置式冷却塔供冷+间接+直接三级蒸发冷却空调机组系统原理图

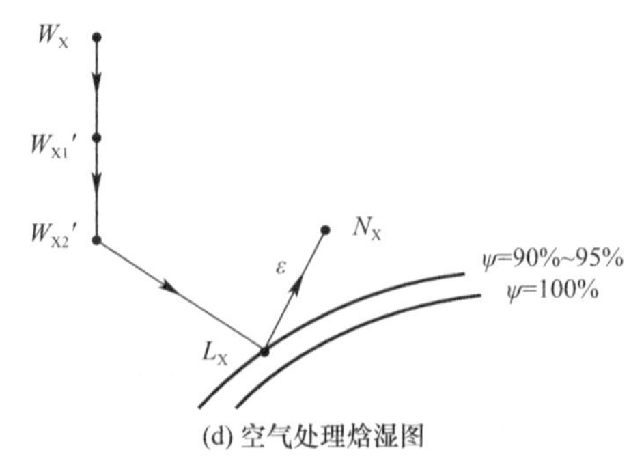

(d) 空气处理焓湿图

图 2.39　三级间接-直接蒸发冷却空调机组

2）制冷性能

制冷性能主要包括直接蒸发冷却段制冷量、间接蒸发冷却段制冷量、制冷量、制冷能效比、制冷耗水比等。制冷性能的标准试验工况见表 2.57。

水蒸发冷却空调机组制冷性能标准试验工况　　表 2.57

测试项目			进口空气参数		补水温度（℃）	风量（m³/h）	机外静压（Pa）	电压（V）	频率（Hz）
			干球温度（℃）	湿球温度（℃）					
制冷性能	直接蒸发机组	Ⅰ类	35	23	23	额定值	不低于额定值的85%	额定值	额定值
		Ⅱ类	35	21	21				
	间接蒸发机组	Ⅰ类	35	21	21				
		Ⅱ类	35	23	23				
	多级蒸发机组	Ⅱ类	35	23	23				

注：1 Ⅰ类、Ⅱ类分别指在使用中不负担建筑围护结构负荷、负担建筑围护结构负荷两种用途；
2 空气—空气间接蒸发冷却机组一次空气与二次空气风量比等于机组额定值；
3 空气—表冷器间接蒸发冷却机组一次空气与间接蒸发冷却盘管的冷水流量的比为机组额定值。

需要注意的是，一般空调机组的制冷量为全热制冷量，是根据空调机组的进出口空气焓差计算得到；但对于水蒸发冷却空调机组，《水蒸发冷却空调机组》GB/T 30192—2013 中规定的制冷量指显热制冷量，是根据水蒸发冷却空调机组进出口空气温差计算得到的。

3）通风干燥

机组应具备通风干燥功能，通风干燥过程结束后，直接蒸发冷却填料表面应干燥、无水滴留存。

（4）应用中需关注的问题

1）适用气候条件问题

不能把蒸发冷却技术在西北干燥地区的应用模式盲目复制到中等湿度以及高湿度地区，不能单凭某些地区的室外气象条件就完全否定蒸发冷却技术在该类地区应用的可能性，其应用与建筑物的功能和特点密切相关。

2）水质问题

目前，蒸发冷却的水质问题是影响水蒸发冷却空调技术推广使用的主要限制因素之一，水质问题严重影响蒸发冷却设备系统的正常工作，降低了系统的冷却效率，减少了设备的使用寿命。

3）空气过滤问题

过滤段是控制室内颗粒物污染的主要设备，直接影响到机组的运行效果和室内的空气品质。尤其是在沙尘天气、空气中含有柳絮等特殊的场合，过滤设备的选择和运行维护尤为重要，新风的过滤对于蒸发冷却设备更是必不可少。随着蒸发冷却器的结构越紧凑，对空气的品质要求就会越来越高，因此，为了防止换热器堵塞，必须对空气进行过滤处理，这样才能避免换热芯体堵塞的风险，从而提高机组的运行效率。

4）冬季防冻问题

水蒸发冷却空调应用于数据中心需要全年冷却，需要考虑北方寒冷及严寒地区冬季平均气温低于 0℃的情况，这会导致机组结冰现象十分严重，除冰将浪费大量的人力物力。

2.3.5 热泵型新风环境控制一体机

热泵型新风环境控制一体机（以下简称环控机）是以热泵作为冷热源装置，室内机具有供冷、供热、供新风、新风热回收及空气净化机电一体化处理功能，通过运行控制器实现室内温湿度、新风量、空气质量有效控制的机组。环控机是为适应我国建筑节能进入超低近零能耗建筑时代，而出现的新型电气化终端能源环境一体化产品，是具有我国特色的产品，为建筑提供了一体化的能源环境解决方案，目前其应用多以低能耗建筑为主。经过市场调研目前我国市面上销售的热泵型新风环境控制一体机品牌约30多个，具备生产能力的企业不低于300家。虽然其市场容量较小，但其与我国“双碳”目标下能源终端电气化发展方向一致，随着建筑节能工作的深入开展，未来具有更大的应用空间。

（1）相关标准

环控机相关标准《热泵型新风环境控制一体机》GB/T 40438—2021于2021年8月20日发布，自2022年3月1日起实施。作为在全国范围内统一使用的产品质量标准，环控机的国家标准对于控制此类的产品性能质量发挥着至关重要的作用。

（2）分类

环控机的分类方式、类别、特点及适用范围见表2.58，常见环控机形式示意图如图2.40所示。

环控机的分类方式、类别、特点及适用范围　　表2.58

分类方式	类别	特点	适用范围
低位热源类型	空气源型	以空气作为环控机热泵低位热源，安装灵活方便，节省建筑面积，空气量大易得，不受资源条件限制	住宅、宾馆客房、办公室等
	水（地）源型	以浅层地热能作为环控机热泵低位热源，包括地埋管、地下水、地表水型，需要有设备间或设备平台	适用于有浅层地热能资源区域，地埋管型需要建筑满足地源侧吸排热量平衡条件
能量回收类型	全热型	采用全热型热回收换热组件	具有潜热回收需求的地区
	显热型	采用显热型热回收换热组件	无须潜热回收的地区
安装形式	落地式	安装维护方便	适用宾馆及办公室等
	吊装式	安装在顶板下，节省占地面积	住宅及公寓等
	嵌入式	出风均匀，外形美观	办公室、会议室等
	壁挂式	不占用地面空间，不需要顶棚	可明装的场所，或改造项目
压缩机控制方式	定转速型	热泵压缩机为定转速型	需求冷热量稳定、变化较小的建筑
	变转速型	热泵压缩机为变转速型	冷热量需要调节范围大，性能要求高的建筑
净化类型	静电式	采用静电除尘装置	具有定期清洗条件，无法经常更换过滤器的场所
	阻隔式	采用阻隔式过滤除尘装置	可定期更换过滤器的场所
	混合式	采用经典+阻隔两种方式的除尘装置	要求净化等级高，保证率要求高的场所

（3）性能要求

《热泵型新风环境控制一体机》GB/T 40438—2021中对于环控机性能检验项目共30

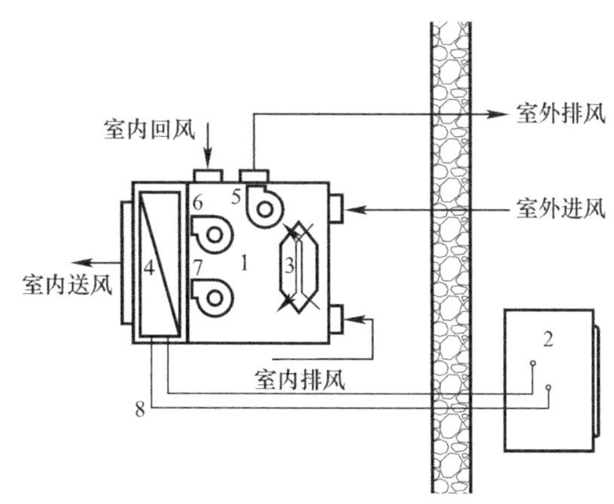

1—室内机；2—室外机；3—热回收芯体；4—冷凝器/蒸发器；
5—排风机；6—循环风机；7—新风机；8—冷媒管

图 2.40　常见环控机形式示意图

项，包括外观、启动运转、密封性、漏风率、空气动力性能、热工性能、净化性能、监控功能、噪声及电气安全等。

由于环控机是多功能集成型产品，在其新风及净化功能工况下，与非集成产品标准要求性能一致，作为其集成创新的独特功能，也是工程应用中主要关注的性能是其整机性能系数，其中根据环控机集成结构设计不同，除制冷模式下能效系数、制热模式下能效系数外，还包括内循环制冷模式下能效系数、内循环制热模式下能效系数。能效系数反映了作为建筑能源的性能水平。环控机能效系数限值见表 2.59。

环控机能效系数限值　　**表 2.59**

类型	能效系数			
	制冷模式	内循环制冷模式	制热模式	内循环制热模式
空气源热泵	≥3.1	≥2.7	≥3.0	≥2.6
水（地）源热泵	≥4.0	≥3.8	≥3.7	≥3.5

（4）应用中需关注的问题

1）环控机是否为整机一体的问题

在产品应用过程中，容易根据名称判断其是否为整机一体的设备，实际在《热泵型新风环境控制一体机》GB/T 40438—2021 中，环控机的术语定义为：以热泵作为冷热源装置，室内机具有供冷、供热、供新风、新风热回收及空气净化机电一体化处理功能，通过运行控制器实现室内温湿度、新风量、空气质量有效控制的机组。即一体机是体现在室内机组的多功能一体化上，热泵由于采用的低位热源不同，无论是空气源热泵或者水（地）源热泵，其低位热源换热侧，可以根据需要分体设置。

2）将环控机制冷/热量与热泵制冷/热量混淆

环控机中的热泵为能源供应装置，所以容易导致将热泵的制冷/热量直接当作环控机制冷/热量的问题。实际上环控机的制冷/热量，是在同时开启新风热回收和热泵制热的运行模式下得到的冷/热量，因此其冷/热量来源由两部分组成，一部分是新排风间的热回收得到的冷/热量，一部分是由热泵的用户侧换热器提供的冷/热量，作为一个能源供应装置两者之和才是环控机的制冷/热量。

3）忽略空气输送能力部分对能效系数贡献

受热泵机组的能效系数概念影响，通常环控机的能效系数会被误认为是其制冷/热量与输入功率的比值。实际上环控机是为室内提供环境和能源保障的机组，除了供冷/热外，还具有新风供应和净化功能，空气输送能力也是其主要输出之一，空气输送能力对室内气流组织影响较大，对机组风机耗功影响显著，因此，在《热泵型新风环境控制一体机》GB/T 40438—2021 能效系数计算中，将空气输送能力与制冷/热能力共同计入输出与输入功率比值作为环控机的能效系数。

4）将名义值和额定值混淆，非标工况与标准工况混淆

额定值是指“在标准规定的试验工况下，环控机应满足的性能数值”，而名义值是指“在制造商声明的试验工况下，环控机应满足的性能数值”。可见，额定值对应标准工况，名义值则是非标准工况下数值，当工况不同，对应取得的性能数值不同，以测试报告中额定值和制造商技术资料中名义值代表产品性能比较不合理。

2.3.6 吊顶辐射板换热器

吊顶辐射板换热器是将辐射板换热器吊顶安装在顶棚上，通过辐射面以辐射和对流的传热方式向室内供冷供暖的末端换热器。

（1）相关标准

吊顶辐射板换热器相关的主要标准见表 2.60。

吊顶辐射板换热器相关主要标准　　表 2.60

序号	标准编号	标准名称
1	JG/T 403	《辐射供冷及供暖装置热性能测试方法》
2	JG/T 409	《供冷供暖用辐射板换热器》
3	JB/T 12842	《空调系统用辐射换热器》

（2）分类

吊顶辐射板换热器按装饰面板分为金属板式和非金属板式，按换热管类型分为金属管和塑料管（图 2.41）。各类别的特点及适用范围见表 2.61。

吊顶辐射板换热器的分类方式、类别、特点及适用范围　　表 2.61

分类方式	类别	特点	适用范围
装饰面板	金属板式	以金属板作为天花板，如常见的铝扣板，辐射板换热器热阻较小、热响应较快	适用于办公室、会议室等办公建筑
	非金属板式	以非金属板、硅酸钙板作为天花板，辐射板换热器热阻较大、热响应较慢	适用于高端住宅、别墅等居住建筑
换热管类型	金属管	以铜、不锈钢等金属作为换热管管材，耐腐蚀，承压能力较大	适用于办公室、会议室等办公建筑
	塑料管	以 PE-RT、PE-X、PP-R、PB 等塑料作为管材，承压能力较小	适用于高端住宅、别墅等居住建筑

（3）性能要求

吊顶辐射板换热器的性能要求应满足《供冷供暖用辐射板换热器》JG/T 409—2013

(a) 金属板式金属管辐射板换热器

(b) 金属板式塑料管辐射板换热器

(c) 金属板式金属管辐射板换热器

(d) 非金属板式塑料管辐射板换热器

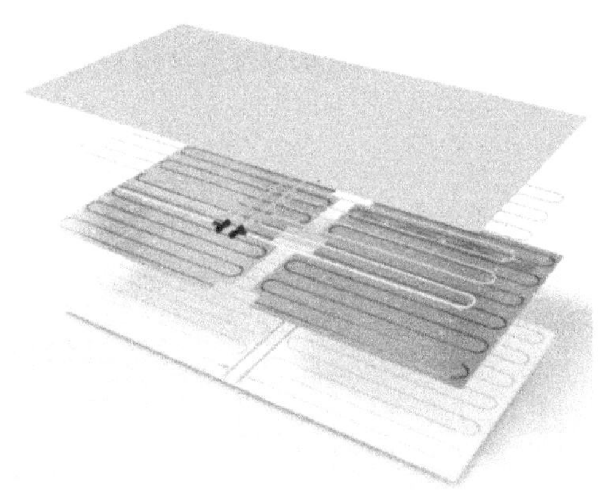

(e) 非金属板式塑料管辐射板换热器

(f) 非金属板式塑料管辐射板换热器

图 2.41　吊顶辐射板换热器

及《空调系统用辐射换热器》JB/T 12842—2016 的有关规定。吊顶辐射板换热器应采用阻氧管材，所用接头、配件可多次拆卸，连接件应设置防结露措施。辐射板表面应平整光洁，应无明显刮伤、锈斑和压痕，应喷涂层均匀、色调一致，应无留痕、气泡和剥落。辐射板应无裂纹、无脱皮、无明显的变形。辐射板无法直接判断管线位置的应在其管线位置设置明显标识。辐射板出厂前，管道两端应进行有效封堵。

在吊顶辐射板换热器的相关产品标准中，性能要求主要包括耐压密封性、辐射板热性能和水流阻力。为了保证吊顶辐射板换热器安全可靠运行，增加了辐射板热阻和热响应时间、工作压力、抗凝露性能及表面辐射性能要求，从而促进安全可靠、高效节能的吊顶辐射板换热器的工程应用。

1）耐压性和密封性

经耐压性和密封性试验后，所有部位应无泄漏和渗漏。

2）工作压力

工作压力不应低于产品的标称值。

3）辐射板热性能

辐射板供冷供热量、热阻和热响应时间实测值不应超过额定值的±10%。

4）水流阻力

水流阻力实测值不应超过额定值的±10%。

5）抗凝露性能

试验过程中辐射板表面应无结露。

6）表面辐射性能

辐射板换热器表面发射率实测值不应低于0.8。

（4）应用中需关注的问题

1）吊顶辐射板换热器说明书缺少热阻、热响应时间等热性能参数

吊顶辐射板换热器作为一种高效空调末端，应具有快速的热响应和较小的热阻，从而达到舒适节能的要求。目前大多数吊顶辐射板换热器产品没有给出热阻、热响应时间等热性能参数，导致工程设计选型不合理，室内温度达不到舒适要求。

2）吊顶辐射板换热器说明书缺少抗凝露性能方面的要求

目前一些吊顶辐射板换热器产品缺少抗凝露性能方面的要求，辐射板换热器的材质选择时没有考虑抗凝露，导致辐射板表面温度均匀性较差、辐射板表面容易结露和发霉，从而致使空调系统工程失败。

3）吊顶辐射板换热器的散热性能差

工程上常出现吊顶辐射板换热器的散热性能达不到要求，热损失比例超过15%，甚至达到30%以上，导致室内温度不达标及运行能耗较高。此外，有些金属板式辐射板换热器表面发射率较低，导致辐射板散热性能差，热损失比例也明显大于15%。

第3章 工程设计选型要点

暖通空调设计师在进行系统设计时，针对不同系统需要进行产品选型，随着暖通空调产品类型越来越多，不同产品的设计、材质、性能也不同，同样外形尺寸的产品其热性能千差万别；暖通空调系统水质、水温、压力要求亦不同，从而产品的适用性差异较大，如何选用与系统相匹配、经济适用的产品，是暖通设计师遇到的难题，因此，在进行暖通空调系统设计时，熟悉暖通空调产品标准，对设计师进行产品的设计选型尤为重要。

3.1 供暖产品

3.1.1 工程设计选型常见问题

供暖产品种类繁多，在选择末端供暖产品（包含供暖散热器、热水辐射供暖装置、电供暖产品等）时常见问题如下：

（1）在供暖散热器和热水辐射供暖装置的设计选型时，有的设计人员不使用或不会使用产品测试公式进行选型，对散热器各项修正考虑不周，造成实际运行过程中室内温度过高致使能源浪费，或室温低于标准要求的供暖温度。有时散热器型号选择不合理，未根据应用场景和位置细致选择散热器型号，从而在实际工程应用中使各厂家产生大量的图纸深化工作。

（2）散热器材质选择时，对供暖系统形式和用户要求相结合考虑不周，比如：选择散热器材质时未考虑用户水质；供暖系统工作压力与产品承压能力不匹配。

（3）进行平面图设计时，散热器外观与房间功能不协调；不列明散热器的详细外形尺寸，有时以企业参数直接上图，而不以产品标准规定的外形尺寸参数作为依据，既不便于后期进行招标投标工作，也造成散热器在建筑内部安装时尺寸不匹配。

（4）在图纸设计说明中，产品性能参数的标注格式不统一、不完整，造成招标投标工作中产品选择错误，情况严重的在工程运行过程中还会达不到设计指标要求。

（5）对新型散热器接口方式了解不够，图纸中还是大量选用同侧上进下出的接口方式，而不是根据系统形式和安装位置选择接口方式，没有根据实际情况选择正确的标准图集。当现有图集无法涵盖时，应根据工程情况绘制安装大样图，指导工程应用。

（6）对散热器最大片数理解不正确，不管是否为铸铁散热器，还是按照铸铁散热器的要求采用散热器最大片数不超过25片的设计方案。对于有些场合，选择轻型散热器的片数会在25片以上，从而造成轻型散热器分组过多、串联管过多，失去了轻型散热器高度选型多、成型片数多的特点。

（7）设计和产品采购招标工作中缺乏对金属热强度指标的重视，会造成高耗能、多耗材、低端材质散热器充斥市场。

（8）热水辐射供暖装置设计时，将热水辐射供暖装置供热量与房间热负荷等同。热水辐射供暖装置的供热量应包括辐射面向房间的传热量及热损失值，而热水辐射供暖装置的有效供热量应等于房间热负荷，因此热水辐射供暖装置的供热量应大于房间热负荷。值得注意的是，当相邻房间敷设安装热水辐射供暖装置时，本房间热负荷应减去相邻热水辐射供暖装置的传热量。

（9）工程上常出现选用的热水辐射供暖装置散热性能和保温性能差，导致热水辐射供暖装置大面积不热或不够热而影响业主供暖效果，且供暖能耗高。此外，对于预制式热水辐射供暖装置，由于有效供热量不能明显大于房间热负荷，无法实现局部辐射供暖及预留管线分离区，导致项目的装配率分值得不到提高。

（10）电供暖应用时未按照电气安全要求，采用低电压供暖或等电位连接、有效接地等电气安全措施。

（11）电辐射供暖应用时未设置自限温或温度探测装置，以防止局部过热导致火灾风险。

（12）采用固体蓄热等高温蓄热电暖器时，未考虑防烫伤和防火措施。

（13）采用相变蓄热电供暖装置时未考虑相变材料寿命和相变材料更换的可实施性和环保性。

3.1.2 工程设计选型要点

工程设计时，设计师需关注供暖产品现行国家标准和行业标准的要求，了解产品性能参数、适用范围等产品选型要求，并针对室内负荷计算散热器的用量。

（1）供暖散热器

1）标准依据

供暖散热器工程设计选型可依据的标准见表3.1。

供暖散热器工程设计选型可依据的标准　　表3.1

序号	标准编号	标准名称
1	全文强制规范（在编）	《民用建筑供暖通风与空气调节通用规范》
2	GB 50019	《工业建筑供暖通风与空气调节设计规范》
3	GB/T 13754	《供暖散热器散热量测定方法》
4	GB/T 19913	《铸铁供暖散热器》
5	GB/T 29039	《钢制采暖散热器》
6	GB/T 29044	《采暖空调系统水质》
7	GB/T 31542	《钢铝复合散热器》
8	GB/T 34017	《复合型供暖散热器》
9	GB 50736	《民用建筑供暖通风与空气调节设计规范》
10	GB 55015	《建筑节能与可再生能源利用通用规范》
11	GB 55016	《建筑环境通用规范》
12	JGJ 173	《供热计量技术规程》
13	JG/T 2	《钢制板型散热器》

续表

序号	标准编号	标准名称
14	JG/T 3	《采暖散热器　灰铸铁柱型散热器》
15	JG/T 4	《采暖散热器　灰铸铁翼型散热器》
16	JG/T 143	《铝制柱翼型散热器》
17	JG/T 148	《钢管散热器》
18	JG/T 220	《铜铝复合柱翼型散热器》
19	JG/T 221	《铜管对流散热器》
20	JG/T 232	《卫浴型散热器》
21	JG/T 293	《压铸铝合金散热器》
22	JG/T 3012.2	《采暖散热器　钢制翅片管对流散热器》
23	JG/T 3047	《采暖散热器　灰铸铁柱翼型散热器》

2）室内负荷计算

集中供暖的建筑，供暖热负荷的正确计算对供暖设备的选择、管道计算以及节能运行都起到关键作用。在实际工程中，供暖系统有时按照“分区域”来设置，在一个供暖区域中可能存在多个房间，如果按照区域来计算，对于每个房间的热负荷仍然没有明确的数据，无法对供暖设备进行正确的选型，因此，按照《民用建筑供暖通风与空气调节设计规范》GB 50736—2012 中第 5.2 节和《工业建筑供暖通风与空气调节设计规范》GB 50019 的要求，对每个房间进行热负荷计算。热负荷根据建筑物的散失热量和获得的热量确定，包括：围护结构耗热量（包括基本耗热量和附加耗热量），外门、窗缝隙渗入室内的冷空气耗热量，外门开启时进入室内的冷空气耗热量，通风耗热量，通过其他途径散失或获得的热量。

对于分户热计量供暖系统的计算热负荷，应考虑户间传热对供暖负荷的附加，供热计量设备的选用应满足《供热计量技术规程》JGJ 173 的要求。由于户间传热对供暖负荷的附加量，不应统计在供暖系统的总热负荷内，即不影响外网和热源的初投资，且在实施室温可调和供热计量收费后也对运行能耗的影响较小，但影响到室内供暖系统的初投资。从而，附加量取得过大，初投资增加较多，因此需注意，附加量不应超过 50%。

3）设计选型具体要求

供暖散热器的选型应与建筑物的类型及条件、供暖系统形式及用户要求相结合，要尽可能发挥其热工效能，以节省金属耗量，创造良好的室内环境和保证系统正常运行。供暖散热器选型时设计师需要关注以下要点：

① 金属热强度

供暖散热器的金属热强度是指在标准测试工况下，每单位过余温度下单位质量金属的散热量。金属热强度即是衡量散热器材料耗量的重要指标，因此设计师在进行设计选型时，应关注该项指标。钢制散热器应满足《钢制采暖散热器》GB/T 29039 的要求、卫浴型散热器应满足《卫浴型散热器》JG 232 的要求、铸铁散热器应满足《铸铁供暖散热器》GB/T 19913 的要求，详见本书表 2.3 和表 2.4。选择产品时，在同类产品、同样壁厚的情况下，应选择金属热强度大的产品。

② 供暖散热器材质

同一个供暖系统中，在设计选型时，应选择同一类材质的供暖散热器，避免混合安装不同材质的供暖散热器而导致安全隐患。首先，由于不同材质的供暖散热器阻力系数不同，混装会令原有的供热系统失去平衡；其次，一般来说轻型散热器的口径都比较小，如果与铸铁散热器混装，容易造成系统水力失调，散热器散热量不足；最后，混合安装不同材质供暖散热器，因材质不同将形成电位差，使电位弱的供暖散热器因电化学腐蚀而形成穿孔，造成泄漏，尤其是铝质散热器应避免与其他材质的产品混合安装。

③ 工作压力

不同材质的供暖散热器传热系数差别较大，所选供暖散热器应在同类供暖散热器中传热系数较高；承压能力应能满足要求。由于供暖系统下部各层供暖散热器承受的压力比其他各层大，要求供暖散热器的承压能力应大于供暖系统中底层供暖散热器承受的工作压力。

④ 安装位置

供暖散热器的安装应满足《民用建筑供暖通风与空气调节设计规范》GB 50736 的要求，其中对于幼儿园等建筑，为了保证人身安全，供暖散热器的安装以强制性条文的方式规定，即幼儿园、老年人和特殊功能要求的建筑的散热器必须暗装或加防护罩。除此之外，其他建筑应明装。供暖散热器的外形应美观，其外观应与室内装饰协调，供暖散热器的外形尺寸能与建筑尺寸匹配。例如对于有窗台的房间，可以选择低于窗台与窗台大致等宽的散热器；窗台较低的建筑，在有橱窗、玻璃幕墙的部位不能选尺寸高的散热器，落地窗宜选用较矮且长的散热器置于窗下；但出于减少占用房间使用面积的目的，即从装饰效果出发，也可选择较高较窄的散热器置于窗户侧面或侧墙；异形（角形、折形、弧形、波浪形等）窗台，可以根据具体尺寸定制。

⑤ 安装环境

在产生灰尘和对防尘要求较高的工业建筑中，应采用表面光滑、易于清除表面灰尘的供暖散热器。在具有腐蚀性气体的生产厂房或相对湿度较大的车间、地下水为水源且水质或水处理不佳的各类建筑物中应选择铸铁散热器。浴室等潮湿的环境宜选用卫浴型散热器。

⑥ 水质要求

只有在水处理后水质指标（含氧量、pH 或氯离子含量）达到要求的系统可采用钢制、铝制、铜制散热器，一般钢制散热器 pH 取 9.5～12.0，溶解氧浓度≤0.1mg/L；铝制散热器 pH 取 6.5～8.5，Cl^- 含量均不大于 30mg/L；铜制散热器 pH 取 8.0～10.0，Cl^- 不大于 100mg/L。供暖系统的水质应符合《采暖空调系统水质》GB/T 29044 的要求。除了铸铁散热器可应用于蒸汽系统外，其他产品不应以蒸汽为热媒，应以热水为热媒。

⑦ 户内塑料管材要求

对于新建住宅建筑来说，户内系统普遍采用塑料管材埋地敷设，目前很少采用阻氧塑料管材。即使非过渡季节采用满水养护，也不能避免氧腐蚀的发生。大面积应用钢制散热器时，必须与阻氧塑料管材同步使用。

⑧ 供暖散热器用量的计算

稳定条件下，供暖房间内供暖散热器的散热量等于房间的供暖热负荷，从而使供暖房间能保持一定的供暖室内温度。供暖散热器用量的计算原则应是：在设计条件下使供暖散热器的散热量满足供暖设计热负荷的要求。供暖散热器片数按下式计算：

$$n=\frac{Q'}{q}\beta_1\beta_2\beta_3\beta_4 \tag{3.1}$$

式中：Q'——供暖设计热负荷（W）；

q——供暖散热器在测试标准工况下的单位（每片或每米）散热量（W/片或W/m）；

β_1——柱型散热器（如铸铁柱型、钢制柱型、铝制柱型）的片数修正系数或长度修正系数（如板型散热器、铜管对流型散热器）；

β_2——供暖散热器接管方式修正系数；

β_3——供暖散热器安装形式修正系数；

β_4——进入供暖散热器流量修正系数。

供暖设计热负荷按照《民用建筑供暖通风与空气调节设计规范》GB 50736和《工业建筑供暖通风与空气调节设计规范》GB 50019的规定进行计算。供暖散热器标准工况下散热量按照《供暖散热器散热量测定方法》GB/T 13754的规定进行测试，规定测试时标准工况：供水温度t_g=75℃，回水温度t_h=50℃，小室空气温度t_n=18℃。由试验结果整理得到供暖散热器散热量或传热系数计算公式。

片数（或长度）修正系数、接管方式修正系数、安装形式修正系数、流量修正系数以及常用供暖散热器的规格及其传热性能数据见《实用供热空调设计手册》（第二版），值得注意的是，手册中标准散热量的测试工况与《供暖散热器散热量测定方法》GB/T 13754不一致的内容为：供水温度t_g=95℃、回水温度t_h=70℃、小室空气温度t_n=18℃，在使用时需进行修正。其他供暖散热器的相关数据可查产品样本获得。

⑨ 设计工况与测试工况的换算

因工程需要，设计工况采用与《供暖散热器散热量测定方法》GB/T 13754中规定的额定工况不同时，需要将供暖散热器的散热量由标准工况换算为设计工况。在产品检测报告中一般都给出的散热量计算公式：$Q=A(\Delta T)^B$，其中ΔT为供暖散热器进出口平均温度减去室内设计温度，A和B是通过测试得出被测试供暖散热器的系数和指数，按照检测报告中计算公式［$Q=A(\Delta T)^B$］，即可计算得出被测试供暖散热器散热量Q，再将散热量Q转换为每片或每米的供暖散热器，代入到式（3.1）中，即可求得所用供暖散热器的片数。

4）工程设计说明和设备列表要求

在进行供暖散热器工程设计时，为了更好地指导工程应用，需在设计图纸中给出设计说明和产品列表，以便作为产品招标采购时的依据。

① 工程设计说明

设计图纸中需根据产品特点、应用场景和安装地点给出系统图，确定散热器产品是同侧上进下出、底进底出等的安装方式。工程设计说明中还应明确水质标准条件、材质分类，供暖系统运行设计供回水温度、工作压力，所用供暖散热器应符合的相应产品标准。产品列表中应注明供暖散热器在供暖系统设计供回水温度和室温的条件的散热量，如按照《民用建筑供暖通风与空气调节设计规范》GB 50736规定设计的温度，直接采用《供暖散热器散热量测定方法》GB/T 13754标准测试工况的标准散热量，若设计工况与《供暖散热器散热量测定方法》GB/T 13754 中规定的额定工况不同，则按照本书 3.1.2 中将标准工况的散热量换算为设计工况下的散热量，并应体现在设计说明中。

② 设备列表

设备列表应包括项目所需的供暖散热器的型号、类型特征、技术参数和数量，类型特征包括：结构形式、安装形式、进出水口位置等；技术参数一般包括：中心距、设计供回水温度、设计工况下散热量、工作压力。供暖散热器设备列表示例见表 3.2。

设备列表中应注明设备生产、检验所依据的标准名称，如技术参数为非标准工况下的指标数据，还应注明工况条件。工况条件一般包括进口水温、出口水温等。

供暖散热器设备列表示例　　表 3.2

序号	散热器型号	类型特征				技术参数					数量
		结构形式	进出水口位置	安装形式	片数	材质	中心距	供回水温度	散热量	工作压力	
								℃	W	MPa	组
1	GZ3-600-1.5/1.0	椭圆管柱型	底进底出	明装	10	钢制	600	75/50	1000	1.0	200
2	TZ4-500-8	四柱型	同侧上进下出	暗装	10	铸铁	500	75/50	800	0.8	50
3	TLZ80-60/1800-1.0	柱翼型	同侧上进下出	明装	6	铜铝复合	1800	75/50	1500	1.0	100

注：1 技术参数按照《供暖散热器散热量测定方法》GB/T 13754 中的标准工况进行测试；
2 材质：钢制、铸铁、铝制、复合型；
3 结构形式：柱型、板型、柱翼型、翅片管型；
4 安装形式：明装/暗装；
5 进出水口位置：同侧上进下出、底进底出、异侧进出。

（2）热水辐射供暖装置

1）标准依据

热水辐射供暖装置工程设计选型可依据的标准见表 3.3。

热水辐射供暖装置工程设计选型可依据的标准　　表 3.3

序号	标准编号	标准名称
1	全文强制规范（在编）	《民用建筑供暖通风与空气调节通用规范》
2	GB 50019	《工业建筑供暖通风与空气调节设计规范》
3	GB 50736	《民用建筑供暖通风与空气调节设计规范》
4	JGJ 142	《辐射供暖供冷技术规程》
5	JG/T 403	《辐射供冷及供暖装置热性能测试方法》

2）室内负荷计算

热水辐射供暖装置设计选型前应对各个房间或区域进行热负荷计算。热负荷计算应分别符合《民用建筑供暖通风与空气调节设计规范》GB 50736、《工业建筑供暖通风与空气调节设计规范》GB 50019 和《辐射供暖供冷技术规程》JGJ 142 的规定，应该以舒适的室内操作温度作为设计温度。此外，需要注意的是，敷设加热管的建筑地面、墙面及顶面，不应计算敷设面导热形成的传热负荷。

对于敷设面积没有铺满的局部辐射供暖热负荷应按全面辐射供暖的热负荷乘以表 3.4 的计算系数确定。

局部辐射供暖热负荷计算系数　　表 3.4

供暖区面积与房间总面积的比值（K）	≥0.75	0.55	0.40	0.25	≤0.20
计算系数	1	0.72	0.54	0.38	0.30

3）设计选型要点具体要求

根据以下步骤进行热水辐射供暖装置的设计选型。

① 确定房间设计室内温度

根据《民用建筑供暖通风与空气调节设计规范》GB 50736 和《工业建筑供暖通风与空气调节设计规范》GB 50019 的规定，按建筑气候分区和供暖房间要求确定舒适的室内操作温度，并作为室内设计温度。

② 计算房间热负荷

根据室内设计条件、建筑图纸和规范等计算房间热负荷。注意敷设加热管的建筑地面、墙面及顶面，不应计算敷设面导热形成的传热负荷；此外，当相邻房间敷设安装热水辐射供暖装置时，本房间热负荷应减去相邻热水辐射供暖装置的传热量。

③ 确定热水辐射供暖装置安装位置

热水辐射供暖装置可安装在地面、墙面和顶面（一般情况下宜安装在地面），并计算可敷设热水辐射供暖装置的面积。当敷设加热管的建筑围护结构直接与室外空气接触或与不供暖房间相邻时应提高保温要求。

④ 确定热水辐射供暖装置的表面温度

房间热负荷越大，辐射供暖表面和室内温度之间所需的温差就越大。根据《辐射供暖供冷技术规程》JGJ 142 计算满足房间所需供热量的热水辐射供暖装置表面温度。根据热舒适性研究，过高的表面温度将产生由不对称辐射引起的热不舒适。当热水辐射供暖装置表面温度不满足要求时，可以通过在其他围护结构表面敷设热水辐射供暖装置来降低表面温度。

⑤ 确定热水辐射供暖装置的加热管类型

热水辐射供暖装置的加热管一般情况下采用塑料管，按加热管管径分为管径不小于 12mm 的常规管和不大于 8mm 的细管，宜根据系统要求进行分析比较确定。

⑥ 确定热水辐射供暖装置的铺装结构

热水辐射供暖装置的铺装结构分为填充式和预制式，前者采用湿法施工，适合连续供暖需求的房间，后者采用干法施工，适合间歇供暖需求的房间，尤其是装配式建筑供暖需求。

⑦ 确定热水辐射供暖装置的结构参数或敷设面积

在给定设计供回水温度和室内温度条件下，根据《辐射供冷及供暖装置热性能测试方法》JG/T 403 的试验结果或参考《辐射供暖供冷技术规程》JGJ 142，计算热水辐射供暖装置的有效供热量。对于填充式热水辐射供暖装置，通过计算确定管尺寸、管间距等结构参数；对于预制式热水辐射供暖装置，通过计算确定给定预制模块保温板的敷设面积等参数。注意当热水辐射供暖装置敷设面积比例低于 75％时，应按表 3.4 对热负荷进行修正后再重新设计计算。

4）工程设计说明和设备列表要求

进行热水辐射供暖装置相关工程设计时，需在设计图纸中给出设计说明和产品列表，以便作为产品招标采购时的依据。对于填充式热水辐射供暖装置可以通过设计说明和平面图布置来表述，但对于预制式热水辐射供暖装置应通过设备列表表述。

① 工程设计说明

热水辐射供暖装置施工过程中应防止油漆、沥青或其他有机溶剂接触污染保温板及加热管的表面。直接与室外空气接触以及与不供暖房间相邻的供暖地板、墙板及顶板须采取绝热措施，并满足《辐射供暖供冷技术规程》JGJ 142 的要求。对于新建住宅辐射供暖系统应设置分户热计量和室温调控装置。设计说明中应明确热水辐射供暖装置的设计工况，若与《辐射供冷及供暖装置热性能测试方法》JG/T 403 中规定的标准工况不同，则应体现在设备列表中。

② 设备列表

设备列表应包括项目所需的热水辐射供暖装置类型特征和技术参数，其中类型特征一般包括安装位置、加热管管径等，技术参数一般包括房间热负荷指标、室内设计温度、进出口水温度、敷设面积比例、辐射供暖表面温度、热水辐射供暖装置有效供热量及热损失值、工作压力、水流阻力等。表 3.5 为预制式热水辐射供暖装置设备列表的示例，供参考。

预制式热水辐射供暖装置设备列表示例　　表 3.5

名称	型号	类型特征		技术参数							
		安装位置	加热管管径（mm）	房间热负荷指标（W/m²）	室内设计温度（℃）	进出口水温度（℃）	敷设面积比例（%）	辐射供暖表面温度（℃）	有效供热量/热损失值（W/m²）	工作压力（MPa）	水流阻力（kPa）
预制轻薄型	GNB13LA（PERT8）F	地面	8	56	20	40/35	70	28	80/20	0.4	25

设备列表中应注明设备生产、检验所依据的标准名称，如技术参数为非标准工况下的指标数据，还应注明工况条件。工况条件一般包括热水辐射供暖装置的进出口水温和室内设计温度等。

（3）电供暖产品

1）标准依据

电供暖产品工程设计选型可依据的标准见表 3.6。

电供暖产品工程设计选型可依据的标准　　表 3.6

序号	标准编号	标准名称
1	GB/T 19065	《电加热锅炉系统经济运行》
2	GB 50016	《建筑设计防火规范》
3	GB 50019	《工业建筑供暖通风与空气调节设计规范》
4	GB 50041	《锅炉房设计标准》
5	GB 50052	《供配电系统设计规范》
6	GB 50054	《低压配电设计规范》
7	GB 50189	《公共建筑节能设计标准》
8	GB 50254	《电气装置安装工程　低压电器施工及验收规范》
9	GB 50303	《建筑电气工程施工质量验收规范》
10	GB 50736	《民用建筑供暖通风与空气调节设计规范》
11	JGJ 26	《严寒和寒冷地区居住建筑节能设计标准》

续表

序号	标准编号	标准名称
12	JGJ 134	《夏热冬冷地区居住建筑节能设计标准》
13	JGJ 142	《辐射供暖供冷技术规程》
14	JGJ 158	《蓄能空调工程技术标准》
15	JGJ 319	《低温辐射电热膜供暖系统应用技术规程》

2）室内负荷计算

电供暖室内热负荷计算应按《民用建筑供暖通风与空气调节设计规范》GB 50736 和《工业建筑供暖通风与空气调节设计规范》GB 50019 的有关规定进行计算，电热辐射供暖产品还应满足《辐射供暖供冷技术规程》JGJ 142 的要求。

3）设计选型具体要求

电供暖电气系统设计应符合《供配电系统设计规范》GB 50052、《低压配电设计规范》GB 50054、《电气装置安装工程　低压电器施工及验收规范》GB 50254 和《建筑电气工程施工质量验收规范》GB 50303 的规定。电供暖系统的供电回路宜独立设置，电供暖建筑应做总等电位联结，当电供暖电气系统某一部分接地故障保护不能满足切断故障回路时间要求时，还应在局部另做等电位联结。电供暖低压配电线路应设置短路保护、过负荷保护、接地故障保护和剩余电流保护等措施。

对电供暖产品的用户供暖热负荷需要进行严格设计，设计内容包括供暖需求、房屋结构、电供暖产品安装位置、用电量和房屋温度测算、运行费用等内容。蓄热型产品应科学匹配蓄热量。满足房间供暖的需求，要综合考虑房间温度需求、热量损失、蓄热程序以及电供暖产品的性能指标，科学计算供暖房间必需的最大蓄热量。

电供暖产品设计选型步骤主要包括以下三个方面：确定室内热负荷；确定电供暖方式：带独立电供暖热源的供暖方式、分散式电供暖末端；确定电供暖产品容量：根据应用方式对电供暖负荷要求进行修正，确定产品容量。

4）工程设计说明和设备列表要求

电供暖产品在设计图纸中应注明电气参数要求，并详细说明电气安全、防火措施和控制要求。蓄热型电供暖产品设备列表示例见表 3.7。

蓄热型电供暖产品设备列表示例　　表 3.7

类型特征		技术参数				
蓄热方式	热输出介质类型	额定工作电压(kV)	标称蓄热电功率(kW)	标称热输出功率(kW)	标称有效放热量(kW·h)	标称蓄热温度(℃)
显热	热水	380	1000	470	7500	500

3.2　通风产品

3.2.1　工程设计选型常见问题

应根据不同应用场景选择通风产品，工程设计选型不仅要考虑单独的设备性能，还应从系统角度满足设计要求。通风产品种类繁多，包括通风机、通风管道、阀门、风口等。

通风产品设计选型包括确定类型（形式）、性能参数、系统水力平衡计算和防火保温要求等环节，常见问题如下：

1）通风机：通风机选型过大，长期低效率运行。设备选型偏大的主要原因是在通风机选型时乘以较大安全系数，或者未按规范要求进行系统水力平衡计算，仅根据经验估算确定通风机风量及风压。选型偏大导致通风机长期在低效率工况运行，造成初投资和运行能耗增加。另外，在实际应用中还会导致通风管道、风口的风速大幅提高，产生气流噪声及风口振动噪声等问题。

2）通风管道：通风管道保温材料的密度、导热系数等性能和厚度不符合设计要求、支吊架防冷桥措施不到位，导致空调通风管道实际运行时产生凝结水外滴；使用柔性软管时，由于变形造成局部塌陷，甚至发生弯折，增加系统阻力，从而大大影响系统风量；住宅厨卫排气道由于制作原材料和工艺不符合要求导致排气道成品质量差，或者设计时未设置防火止回阀，导致排气道系统在使用中存在串烟串味等问题，严重影响人们的生活品质。

3）阀门：系统水力平衡计算不准确，导致定风量阀的阀前静压偏离其合理运行范围，未能发挥其定风量的功能。忽视住宅厨房排气道系统中防火止回阀的密闭性和耐腐蚀性。

4）风口：通风空调系统中由于风口选用不当或风速控制不佳，产生气流噪声；气流组织设计不合理，送、回风口设置距离太近，导致气流短路；风口布置位置不合理，对人体产生吹风感。

5）其他常见问题：通风系统配置的空气过滤器容尘量小，颗粒物累积造成的空气过滤器脏堵使系统风量衰减严重。

3.2.2 工程设计选型要点

（1）通风机

从通风机性能曲线看，通常情况下离心式通风机可以在很宽的压力范围内有效地输送大风量或小风量，性能较为平缓、稳定，适应性较广。轴流式通风机可以在低压下输送大风量，其流量较高，压力较低，效率曲线在最高压力点的左边通常存在低谷，使用时应尽量避免在此区间运行。通常情况下轴流式通风机的噪声比离心式通风机高。混流式和斜流式通风机的风压一般会高于同机号的轴流式风机，风量大于同机号的离心式风机，效率较高、高效区较宽、噪声较低、结构紧凑且安装方便，应用较为广泛。通常风机在最高效率点附近运行时的噪声最小，越远离最高效率点，噪声越大。

1）相关依据

通风机工程设计选型可依据的标准见表3.8。

通风机工程设计选型可依据的标准　　表3.8

序号	标准编号	标准名称
1	GB 19761	《通风机能效限定值及能效等级》
2	GB 50736	《民用建筑供暖通风与空气调节设计规范》
3	GB 55015	《建筑节能与可再生能源利用通用规范》
4	JGJ/T 440	《住宅新风系统技术标准》

续表

序号	标准编号	标准名称
5	JB/T 6411	《暖通空调用轴流通风机》
6	JB/T 7221	《暖通空调用离心通风机》
7	JB/T 9068	《前向多翼离心通风机》
8	JB/T 9069	《屋顶通风机》
9	JB/T 10562	《一般用途轴流通风机　技术条件》
10	JB/T 10563	《一般用途离心通风机　技术条件》
11	JB/T 10820	《斜流通风机　技术条件》
12	JG/T 391	《通风器》
13	JG/T 259	《射流诱导机组》

2）通风机应用场合

根据通风机输送气体的性质确定选用风机的类型。一般的通风机适宜输送温度低于80℃，含尘浓度小于150mg/m^{3}的清洁空气；排尘通风机适用于输送含尘气体。为了防止磨损，可在叶片表面渗碳、喷镀三氧化二铝、硬质合金钢等，或焊上一层耐磨焊层如碳化钨等；防爆风机用于输送有爆炸危险的气体或粉尘。该类型通风机选用与砂粒、铁屑等物料碰撞时不发生火花的材料制作。防爆等级低的通风机，叶轮用铝板制作，机壳用钢板制作。防爆等级高的通风机，叶轮、机壳则均用铝板制作，并在机壳和轴之间增设密封装置。防爆通风机配套一般采用隔爆型电动机，其型号则应根据电机使用场所、允许的最高表面温度等因素确定；消防用排烟风机供建筑物消防排烟使用，具有耐高温的显著特点。排烟风机必须用不燃材料制作，应在烟气温度280℃时能连续工作30min。

屋顶通风机分为屋顶送风机与屋顶排风机两大系列，其分类一般按所配风机形式分为离心式和轴流式两大类；根据防雨帽的具体形式又有上排风和下排风之分；从制作材料方面，既有全金属结构，又有玻璃钢结构和钢—玻璃钢复合式结构等。屋顶通风机安装在建筑物屋顶上，一般用于工厂、厨房、仓库的低压排气以及商业上要求压力小的系统。

通风器主要应用于住宅新风系统，以及其他建筑中需要通风换气的房间或空间。

射流诱导机组多应用在地下停车库、仓库、仓储式超市、大型体育场馆和车间等高大空间的通风工程中。

3）设计选型具体要求

① 通用通风机

对于通用通风机的选型，应符合《建筑节能与可再生能源利用通用规范》GB 55015、《民用建筑供暖通风与空气调节设计规范》GB 50736的规定。

通风机应根据管路特性曲线和风机性能曲线进行选择，选择的通风机风量应附加风管和设备的漏风量。送、排风系统可附加5%～10%，排烟兼排风系统宜附加10%～20%；通风机采用定速时，通风机的压力在计算系统压力损失上宜附加10%～15%；通风机采用变速时，通风机的压力应以计算系统总压力损失作为额定压力。

在满足给定的风量和风压要求的条件下，通风机在最高效率点工作时，其轴功率最小。在具体选用中由于通风机的规格所限，不可能在任何情况下都能保证通风机在最高效率点工作，规定通风机的设计工况效率不应低于最高效率的90%。一般认为在最高效率的90%以上范围内均属于通风机的高效率区。《通风机能效限定值及能效等级》GB 19761对各类通风机能效等级、能效限定值及试验方法和技术要求进行了规定，优先选用高效通风机。

兼用排烟的风机应符合国家现行建筑设计防火规范的规定。

通风机输送非标准状态空气时，应对其电动机的轴功率进行验算。选择风机时应注意，性能曲线和样本上给出的性能，均指风机在标准状态下（大气压力101.3kPa、温度20℃、相对湿度50%、密度1.20kg/m^3）的参数。当所输送的空气密度改变时，通风系统的通风机特性和风管特性曲线也将随之改变。非标准状态时通风机产生的实际风压也不是标准状态时通风机性能图表上所标定的风压。在通风和空气调节系统中的通风机的风压等于系统的压力损失。在非标准状态下系统压力损失或大或小的变化，同通风机风压或大或小的变化不但趋势一致，而且大小相等。也就是说，在实际的容积风量一定的情况下，按标准状态下的风管计算表算得的压力损失以及据此选择的通风机，也能够适应空气状态变化了的条件。由此，选择通风机时不必再对通风管道的计算压力损失和通风机的风压进行修正。但是，对电动机的轴功率应进行验算，核对所配用的电动机能否满足非标准状态下的功率要求。

如果使用条件改变，其性能应按式（3.2）～式（3.9）进行换算，按换算后的性能参数进行选择，同时应核对风机配用电动机轴功率是否满足使用条件状态下的功率要求。

当ρ、n时：

$$Q=Q_0\frac{n}{n_0} \tag{3.2}$$

$$P=P_0\left(\frac{n}{n_0}\right)^2\frac{\rho}{\rho_0} \tag{3.3}$$

$$N=N_0\left(\frac{n}{n_0}\right)^3\frac{\rho}{\rho_0} \tag{3.4}$$

$$\eta=\eta_0 \tag{3.5}$$

当P_{b0}及t改变时：

$$Q=Q_0 \tag{3.6}$$

$$P=P_0\frac{P_b}{P_{b0}}\frac{273+20}{272+t} \tag{3.7}$$

$$N=N_0\frac{P_b}{P_{b0}}\frac{273+20}{272+t} \tag{3.8}$$

$$\eta=\eta_0 \tag{3.9}$$

式中：Q——实际工作条件下的风量（m^3/h）；

Q_0——标准状态或性能表中的风量（m^3/h）；

P——实际工作条件下的风压（Pa）；

P_0——标准状态或性能表中的风压（Pa）；

N——实际工作条件下的功率（kW）；

N_0——标准状态或性能表中的功率（kW）；

η——实际工作条件下的效率（%）；

η_0——标准状态或性能表中的效率（%）；

n——实际工作条件下的转数（r/min）；

n_0——标准状态或性能表中的转数（r/min）；

P_b——实际工作条件下的大气压（Pa）；

P_{b0}——标准状态或性能表中的大气压（Pa）；

t——实际工作条件下的温度（℃）；

ρ——实际工作条件下的空气密度（kg/m^3）；

ρ_0——标准状态的空气密度，取1.2kg/m^3。

多台风机并联或串联运行时，宜选择相同特性曲线的通风机。不同型号、不同性能的通风机不宜并联或串联安装。通风机的并联与串联安装，均属于通风机联合工作。采用通风机联合工作的场合主要有两种：一是系统的风量或阻力过大，无法选到合适的单台通风机；二是系统的风量或阻力变化较大，选用单台通风机无法适应系统工况的变化或运行不经济。并联工作的目的，是在同一风压下获得较大的风量；串联工作的目的，是在同一风量下获得较大的风压。在系统阻力即通风机风压一定的情况下，并联后的风量等于各台并联通风机的风量之和。当并联的通风机不同时运行时，系统阻力变小，每台运行的通风机风量，比同时工作时的相应风量大；每台运行的通风机风压，则比同时运行的相应风压小。

通风机并联或串联工作时，布置是否得当是至关重要的。有时由于布置和使用不当，并联工作不但不能增加风量，而且适得其反，会比一台通风机的风量还小；串联工作也会出现类似的情况，不但不能增加风压，而且会比单台通风机的风压小，这是必须避免的。由于通风机并联或串联工作比较复杂，尤其是对具有峰值特性的不稳定区在多台通风机并联工作时易受到扰动而恶化其工作性能，因此设计时必须慎重对待，否则不但达不到预期目的，还会无谓地增加能量消耗。为简化设计和便于运行管理，在通风机联合工作的情况下，应尽量选用相同型号、相同性能的通风机并联或串联。当不同型号、不同性能的通风机并联或串联安装时，必须根据通风机和系统的风管特性曲线，确定通风机的合理组合方案，并采取相应的技术措施，以保证通风机联合工作的正常运行。

当通风系统使用时间较长且运行工况（风量、风压）有较大变化时，通风机宜采用双速或变速风机。随着工艺需求和气候等因素的变化，建筑对通风量的要求也随之改变。系统风量的变化会引起系统阻力更大的变化。对于运行时间较长且运行工况（风量、风压）有较大变化的系统，为节省系统运行费用，宜考虑采用双速或变频调速风机。通常对于要求不高的系统，为节省投资，可采用双速风机，但要对双速风机的工况与系统的工况变化进行校核。对于要求较高的系统，宜采用变频调速风机。采用变频调速风机的系统节能性更加显著。采用变频调速风机的通风系统应配备合理的控制。采用定转速通风机时，通风机的压力应在计算系统压力损失上进行附加；常规送排风系统可附加10%～15%，除尘系统可附加15%～20%，排烟系统可附加10%；采用变频调速时，通风机的压力应以计算系统总压力损失作为额定压力，电动机的功率应在计算值上附加15%～20%。

所选用通风机的性能，轴流通风机的空气动力性能应符合《一般用途轴流通风机　技术条件》JB/T 10562和《暖通空调用轴流通风机》JB/T 6411的规定。离心通风机的空气动力性能应符合《一般用途离心通风机　技术条件》JB/T 10563、《暖通空调用离心通风机》JB/T 7221 和《前向多翼离心通风机》JB/T 9068 的规定。斜流通风机的空气动力性能应符合《斜流通风机 技术条件》JB/T 10820 的规定。

② 功能通风机

屋顶通风机的选型可采用通用通风机的选型方法。选用的屋顶通风机性能应符合《屋顶通风机》JB/T 9069 的规定。

住宅新风系统中通风器的选型应符合《住宅新风系统技术标准》JGJ/T 440 的规定。通风器应根据风量和风压选择，并应符合下列规定：通风器的风量应在系统设计新风量的基础上附加风管和设备的漏风量，附加率应为 5%～10%；通风器的风压应在系统计算的压力损失上附加 10%～15%。通风器宜选用静音型，当设计无要求时，通风器的噪声水平应符合《民用建筑隔声设计规范》GB 50118 中对房间允许噪声级的规定。选用的通风器性能应符合《通风器》JG/T 391 的规定。

射流诱导机组的选型，应根据应用空间的大小、设计风量、气流组织等进行选型。选用的射流诱导机组性能应符合《射流诱导机组》JG/T 259 的规定。

4）工程设计说明和设备列表要求

进行通风机相关工程设计时，在设计图纸中给出设计说明和产品列表，以便产品招标采购时有依据。

① 工程设计说明

对于通用通风机和屋顶通风机，在设计说明中应说明需要通风房间或空间的通风方式、设计通风量、选用通风机的类型、节能环保要求及采取的措施。对于通风器，在设计说明中应说明采用的新风系统形式、每个房间的设计新风量、节能环保要求及采取的措施等。对于射流诱导机组，在设计说明中应说明应用场合的设计通风量、污染物浓度指标、射流诱导机组的布置方式、节能环保要求及采取的措施等。

② 设备列表

通用通风机和屋顶通风机设备列表中应列出如下信息：风机名称、型号、风量、压力、功率等。通风器设备列表中应列出如下信息：通风器名称、型号、风量、风压、功率、噪声、热交换效率、净化效率等。射流诱导风机设备列表中应列出如下信息：射流诱导机组名称、型号、额定风量、额定射程、输入功率、出口噪声、机组振动等。通风机设备列表示例如表 3.9 所示。

通风机设备列表示例 **表 3.9**

序号	名称	规格型号	风量 (m^3/h)	全压 (Pa)	功率 (kW)	电压 (V)	转速 (r/min)	重量 (kg)	噪声 [dB(A)]	数量 (台)
1	加压送风机	DAF-500D2	12000	587	4.0	380	2900	195/	73	3
2	通风机	T35-II-2.8	2685	174	0.18	380	2900	75	73	1

（2）通风管道

通风管道是通风空调系统的重要组成部分。通风管道设计的基本任务是，首先根据生产工艺和建筑物对通风空调系统的要求，合理组织空气流动，在保证使用效果（即按要求分配风量）的前提下，确定风系统的形式、风管的走向和在建筑空间内的位置以及风口的布置，并选择风管的断面形状和风管的尺寸（对于公共建筑，风管高度的选取往往受到吊顶空间的制约）；然后计算通风管道的沿程（摩擦）压力损失和局部压力损失，最终确定通风管道的尺寸并选择通风机或空气处理机组。因此，通风管道系统的设计，将直接影响到通风系统的正常运行效果和技术经济性能。

通风管道的设计还包括三通、四通、弯头、变径等关键构件，设计时应选择阻力小的构件。三通和四通用于风管的分叉和汇合，即气流的分流和合流；弯头用来改变空气的流动方向，使气流转90°弯或其他角度；变径用来连接断面尺寸不同的风管。

1）标准依据

通风管道工程设计选型可依据的标准见表3.10。

通风管道工程设计选型可依据的标准 **表3.10**

序号	标准编号	标准名称
1	GB 50016	《建筑设计防火规范》
2	GB 50736	《民用建筑供暖通风与空气调节设计规范》
3	JGJ/T 141	《通风管道技术规程》
4	JG/T 194	《住宅厨房和卫生间排烟（气）道制品》
5	JG/T 258	《非金属及复合风管》
6	JG/T 309	《建筑通风效果测试与评价标准》

2）通风管道材质选择

依据《通风管道技术规程》JGJ/T 141和《非金属及复合风管》JG/T 258的规定，通风管道按材质分为金属风管和非金属及复合风管。金属风管的材料有镀锌钢板、冷轧钢板、不锈钢板、铝板等。非金属及复合风管有纤维织物空气分布器（布风管、布袋风管、纤维风管）、玻璃纤维复合风管、无机玻璃钢风管、酚醛风管、玻镁复合风管等。

钢板是最常用的通风管道材质，具有耐腐蚀、耐高温等特点，且加工制作和安装都很方便。有的通风管道工艺上需要经常移动，该类通风管道通常由金属软管、塑料和橡胶软管等柔性材料制成。硬聚氯乙烯塑料板表面光滑、加工方便，但不耐高温，适用于有腐蚀的工业通风排气系统。砖及混凝土等材质制作的通风管道主要适合与建筑等衔接的场合，阻力小，比较耐用。当输送腐蚀性或潮湿气体时，应采用防腐材料或采取相应的防腐措施。

《通风管道技术规程》JGJ/T 141—2017规定，通风管道系统根据工作压力分为微压（$P\leqslant125$Pa）、低压（125Pa$<P\leqslant$500Pa）、中压（500Pa$<P\leqslant$1500Pa）和高压（1500Pa$<P\leqslant$2500Pa）。《非金属及复合风管》JG/T 258—2018规定，风管系统分为低压系统风管（$P\leqslant$500Pa）、中压系统风管（500Pa$<P\leqslant$1500Pa）和高压系统风管（1500Pa$<P\leqslant$2500Pa）。各种压力下通风管道的密封要求不同，低压系统要求接缝、接管连接处严密，中压系统要求接缝、接管连接处增加密封措施，高压系统要求所有接缝、接管连接处均采取密封措施。

按《民用建筑供暖通风与空气调节设计规范》GB 50736—2012规定，通风管道漏风量的大小取决于很多因素，如风管材质、加工及安装质量、风阀的设置情况和管内的正负压大小等。风管的漏风量（包括负压段渗入的风量和正压段泄漏的风量）是上述诸因素综合作用的结果。由于具体条件不同，很难把漏风量标准制定得十分细致、确切。为了便于风量计算，根据我国常用的金属和非金属材料风管的实际加工水平及运行条件，规定一般送排风系统附加5%～10%，除尘系统附加10%～15%，排烟系统附加10%～20%。需要指出，这样的附加百分率适用于最长正压管段总长度不大于50m的送风系统，和最长负压管段总长度不大于50m的排风及除尘系统。对于比这更大的系统，其漏风百分率可适当增加。有的全面排风系统直接布置在使用房间内，则不必考虑漏风的影响。

总之，通风管道的材质要根据应用场合和工作压力等条件综合选择。

3）设计选型具体要求

① 截面尺寸

通风、空调系统的风管，宜采用圆形、扁圆形或长、短边之比不宜大于4的矩形截面。风管的截面尺寸宜按《通风与空调工程施工质量验收规范》GB 50243的有关规定执行。

② 风管内风速

风管内的风速对通风（或空调）系统的经济性有较大影响。设定流速高，则风管断面小，材料消耗少，建造费用相应也低；但风速过高将使系统的压力损失增大，动力消耗增加，有时还可能加速管道的磨损。若设定流速低，动力消耗少，但风管断面较大，材料和建造费用增加。对除尘系统，流速过低会造成粉尘在管道中的沉积，甚至堵塞管道。因此，必须进行全面的技术经济比较，以确定适当的经济流速。

对噪声要求严格的区域，通风与空气调节系统应进行风管消声的计算，以保证所服务房间达到允许噪声水平。通风与空气调节系统风管内的空气流速宜按表3.11采用。推荐风速是基于经济流速和防止在风管中产生气流再噪声等因素，考虑到民用建筑通风、空气调节所服务房间的允许噪声级，参照国内外有关资料制定的。最大风速是基于气流再噪声和风道强度等因素，参照国内外有关资料确定的。

风管内的空气流速（m/s） **表3.11**

风管分类	住宅	公共建筑
干管	$\frac{3.5\sim4.5}{6.0}$	$\frac{5.0\sim6.5}{8.0}$
支管	$\frac{3.0}{5.0}$	$\frac{3.0\sim4.5}{6.5}$
从支管上接出的风管	$\frac{2.5}{4.0}$	$\frac{3.0\sim3.5}{6.0}$
通风机入口	$\frac{3.5}{4.5}$	$\frac{4.0}{5.0}$
通风机出口	$\frac{5.0\sim8.0}{8.5}$	$\frac{6.5\sim10}{11.0}$

注：表列值的分子为推荐流速，分母为最大流速。

③ 风管材料

通风与空调系统的风管材料、配件及柔性接头等应符合《建筑设计防火规范》GB 50016的有关规定。当输送腐蚀性或潮湿气体时，应采用防腐材料或采取相应的防腐措施。

④ 风管保温

在通风管道输送空气过程中，热量和冷量的损耗都比较大，还要保持空气温度基本恒定，这就需要对通风管道进行保温。选择的保温材料主要性能应符合《设备及管道绝热设计导则》GB/T 8175 的有关规定，保温材料的燃烧性能应满足现行有关防火规范的要求。

⑤ 排气道

竖向烟道内截面尺寸选取依据：在一定的同时开机率、一定的用户排油烟机性能下，确定满足最不利用户（最底层）一定排风量时的最小烟道截面尺寸，或先假设烟道气体流速并计算排风道的尺寸。

按《民用建筑供暖通风与空气调节设计规范》GB 50736 要求，厨房排油烟风道应具有防火、防倒灌的功能。设计的排气道系统的排气效果应符合《建筑通风效果测试与评价标准》JGJ/T 309 的规定。

4）工程设计说明

进行通风管道相关工程设计时，在设计图纸中给出设计说明，以便产品招标采购时有依据。

对于金属风管，其性能应符合《通风管道技术规程》JGJ/T 141 的规定；对于非金属风管，其性能应符合《非金属及复合风管》JG/T 258 和《通风管道技术规程》JGJ/T 141 的规定。对于排气道产品，其性能应符合《住宅厨房和卫生间排烟（气）道制品》JG/T 194 的规定。排气道系统的排气效果应符合《建筑通风效果测试与评价标准》JGJ/T 309 的规定。在设计说明中，通风、空调风管应说明风管的形状、尺寸、材质及厚度、连接方式、防火要求、保温要求、漏风性能和强度要求、风管穿墙的密封和防火要求等；在施工图中应标明风管的长度和尺寸。排气道系统在设计说明中应说明排气道设计原则、排气道类型、每户的排风量要求、排气道防火要求等；在设计图中应标注排气道的位置和尺寸。

（3）通风部件

通风部件包括阀门、通风空调风口等。风量调节阀按功能分为余压阀、止回阀、定风量阀、耐高温阀等，防火阀门包括防火阀、排烟防火阀和排烟阀。常用的通风空调风口有百叶风口、散流器、喷射式送风口、条形送风口、旋流送风口以及地板送风口等。

1）标准依据

通风部件工程设计选型可依据的标准见表 3.12。

通风部件工程设计选型可依据的标准　　表 3.12

序号	标准编号	标准名称
1	GB 15930	《建筑通风和排烟系统用防火阀门》
2	GB 50736	《民用建筑供暖通风与空气调节设计规范》
3	JG/T 14	《通风空调风口》
4	JG/T 20	《空气分布器性能试验方法》
5	JG/T 436	《建筑通风风量调节阀》

2）设计选型具体要求

对于通风部件的选型，应符合《民用建筑供暖通风与空气调节设计规范》GB 50736

的规定。机械通风系统的进排风口风速宜按表 3.13 选用。新风进风口的面积应适应最大新风量的需要。进风口处应装设能严密关闭的阀门，进风口的位置应设在室外较清洁的地点，应避免进、排风的短路，进风口下缘距室外地坪不宜小于 2m，当设在绿化带时不宜小于 1m。

机械通风系统的进排风口空气流速　　表 3.13

部位		新风入口	风机出口
空气流速(m/s)	住宅和公共建筑	3.5～4.5	5.0～10.5
	机房、库房	4.5～5.0	8.0～14.0

对于空调系统的送风口的出口风速，应根据送风方式、送风口类型、安装高度、空调区允许风速和噪声标准等确定。回风口的布置，不应设在送风射流区内和人员长期停留的地点；采用侧送时，宜设在送风口的同侧下方；兼作热风供暖、房间净高较高时，宜设在房间的下部；条件允许时，宜采用集中回风或走廊回风，但走廊的断面风速不宜过大；采用置换通风、地板送风时，应设在人员活动区的上方。回风口的吸风速度，宜按表 3.14 选用。

回风口的吸风速度　　表 3.14

回风口的位置		最大吸风速度(m/s)
房间上部		≤4.0
房间下部	不靠近人经常停留的地点时	≤3.0
	靠近人经常停留的地点时	≤1.5

对于阀门的设计，通风、空气调节系统中通风机及空气处理机组等设备的前或后宜装设调节阀，调节阀宜选用多叶式或花瓣式。多台通风机并联运行的系统应在各自的管路上设置止回阀或自动关断装置。

选用风口的性能应符合《通风空调风口》JG/T 14 的规定。风口空气动力性能主要包括压力损失和气流射程（扩散半径）两个部分，而气流射程（扩散半径）是指射流的轴心速度下降到 0.5m/s 时，该点至风口的水平（或垂直）距离。对送风口来说，由各生产厂家提供的该类风口的空气动力性能技术数据，应包括在不同颈部风速（或出口风速）下的风量、压力损失和气流射程（扩散半径）；对于各类回风口，只需测定或给出在不同颈部风速下的全压损失和风量即可。

选用的风量调节阀，应关注其阻力特性和风量调节特性，应符合《建筑通风风量调节阀》JG/T 436 和《建筑通风和排烟系统用防火阀门》GB 15930 的相关规定。单体风量调节阀包括电动风量调节阀和手动风量调节阀，主要由阀体、叶片、传动机构、执行器等若干部分组成，安装在系统送回风管路上，用于系统风量调节、工况转换。风口电动调节阀主要由阀体、叶片、传动机构、执行器等部分组成，安装在有调节风量要求的房间风口上，电动调节风口的风量。

防火阀门包括防火阀、排烟防火阀和排烟阀。防火阀安装在通风、空调系统的送、回风管道上，平时呈开启状态，火灾时当管道内烟气温度达到 70℃时关闭，起隔烟阻火作用。排烟防火阀安装在机械排烟系统的管道上，平时呈开启状态，火灾时当排烟管内烟气温度达到 280℃时关闭，起隔烟阻火作用。排烟阀安装在机械排烟系统各支端部（烟气吸入口）处，平时呈关闭状态并满足漏风量要求，火灾或需要排烟时手动和电动打开，起排烟作用。常闭排烟口主要由阀体、叶片、传动机构、执行器等部分组成，安装在走廊及出入口通道。常闭排烟口平时呈常闭状态，需要时可电控开启。

通风与空气调节系统的风管布置，防火阀、排烟阀、排烟口等的设置，均应符合国家现行有关建筑设计防火规范的规定。

3）工程设计说明

进行通风部件相关工程设计时，在设计图纸中给出设计说明，以便产品招标采购时有依据。

对于风口，在设计说明中应对风口的选型原则进行说明；在设计图中应标注风口的位置、风口类型及尺寸、风口材质、调节特性、射程（或扩散半径）、静压损失、噪声、防雨等性能。对于风量调节阀，在设计说明中，应对风量调节阀的设置原则、控制方式、调节特性和阻力特性等进行说明；在设计图中应标注风量调节阀的位置、阀门类型及尺寸、风阀材质等。

3.3　空调产品

3.3.1　工程设计选型常见问题

（1）将非标工况的性能参数与标准工况的性能参数等同

同一台空调产品在不同的试验工况下测试，其性能指标的测试结果会有所不同。产品标准为了实现不同企业间产品的横向比较，需要在标准中对产品的性能测试工况进行规定，选取有代表性的工况作为标准测试工况，以实现测试条件的标准化。所以产品性能参数的额定值均为标准中所规定的测试条件下的性能值。

在实际工程应用中，空调产品的设计工况可能与标准工况不同，因非标工况的性能参数与标准工况的性能参数会有一定的差异，此时如果还按产品额定值去进行机组选型，可能会造成选型偏大或偏小。需要注意工况的不同对机组性能的影响。

（2）凝结水水封设计不合理

空调产品内部有一定的正压或负压，尤其是组合式空调机组内部可能有几百帕的正压或负压，净化型机组内部的正压会更高，在这样的情况下，凝结水水封的合理设计显得十分重要。在实际项目中，经常出现忽视机组内部的压力情况而造成凝结水水封设计不合理、凝结水积水发生水患或损坏设备、滋生细菌影响空气品质、蚊虫通过凝结水管道进入空调区域等问题，造成不必要的财产损失和经济法律纠纷。

（3）适用性问题

空调产品的适用性，受到工程所在地气候条件、建筑物功能、负荷特点、控制模式等因素的影响，任何一个因素的改变都可能改变产品的适用性，如热回收新风机组和水蒸发冷却空调机组，同一款产品应用于不同的气候区，其节能效益可能会相差很大，因此在设计选型时要结合具体项目情况进行经济技术分析来确定空调方式、类型。

（4）挡位选择问题

空调产品标准中，风量、供冷量、供热量、噪声等性能参数的额定值，若无特殊说明，均指高速挡位；但在设计选型时，常常有设计师为了考虑留有足够的设计安全余量而按照中速挡位进行设计选型，这在一定程度上限制了空调产品标准在工程中的合理应用。随着负荷计算越来越精细化和准确化，按照高速挡选型是可以做到足够安全的。

(5) 吊顶辐射板换热器的舒适性和结露问题

1) 吊顶辐射板换热器的表面温度缺少校核

不同建筑类型辐射板换热器可吊顶安装的面积不同，辐射板换热器承担的显热负荷越大，辐射板换热器表面和室内温度之间所需的温差就越大，过低的表面温度将产生由不对称辐射引起的热不舒适；同时，当表面温度低于室内空气露点温度时将产生结露问题。因此，需要对吊顶辐射板换热器的表面温度进行校核。

2) 吊顶辐射板换热器选型时没有以辐射板表面温度为依据

目前吊顶辐射板换热器的选型仍然采用传统散热量或吊顶辐射板换热器的选型方法，具体就是在给定设计供回水温度和室内温度条件下，根据《辐射供冷及供暖装置热性能测试方法》JG/T 403 的试验结果得到供冷供热量与过余温度关系式进行计算，确定辐射板换热器的结构参数或安装面积。此方法没有以辐射板表面温度为依据，会导致实际辐射板换热器表面温度低于室内空气露点温度，从而出现辐射板表面结露现象。

3.3.2 工程设计选型要点

(1) 风机盘管机组

风机盘管机组通常与新风系统搭配，应用于“风机盘管加新风”空调系统中。风机盘管系统具有各空调区温度单独调节、使用灵活等特点，与全空气空调系统相比可节省建筑空间，与变风量空调系统相比造价较低，因此在宾馆客房、办公室等建筑中较为适用。

1) 标准依据

风机盘管机组工程设计选型可依据的标准见表 3.15。

风机盘管机组工程设计选型可依据的标准 **表 3.15**

序号	标准编号	标准名称
1	GB 50019	《工业建筑供暖通风与空气调节设计规范》
2	GB 50736	《民用建筑供暖通风与空气调节设计规范》
3	GB 55015	《建筑节能与可再生能源利用通用规范》
4	GB 55016	《建筑环境通用规范》
5	GB/T 19232	《风机盘管机组》

2) 室内负荷计算

进行风机盘管机组设计选型前，应对设置风机盘管机组的每一个房间进行热负荷和逐时冷负荷计算。热负荷和冷负荷的计算应符合《民用建筑供暖通风与空气调节设计规范》GB 50736 或《工业建筑供暖通风与空气调节设计规范》GB 50019 的规定。需要注意的是，新风负荷对于房间的负荷计算至关重要，应根据新风送至室内的空气状态点来计算新风负荷进而计算房间总负荷。风机盘管机组使用一段时间后，盘管内部会积垢，盘管外部会积尘，影响换热效果，因此需要对负荷进行修正，修正系数见表 3.16。

风机盘管机组积垢积尘负荷修正系数　　**表3.16**

机组使用条件	仅用于供冷	仅用于供暖	冷暖两用
负荷修正系数	1.10	1.15	1.20

3）设计选型具体要求

根据以下步骤进行风机盘管机组的设计选型。

① 确定机组的用途类型（通用/干式/单供暖）

根据空调系统形式和功能，确定风机盘管机组的用途类型。对于常规风机盘管加新风空调系统，选用通用机组即可；对于温湿度独立控制空调系统，若采用风机盘管机组来承担室内的显热负荷，则应选用干式机组；对于仅需冬季供暖的空调系统，应选用单供暖机组。

② 确定机组的管制类型（两管制/四管制）

两管制机组盘管为1个水路系统，冷热共用；四管制机组盘管为2个水路系统，分别供冷和供热。对于高级宾馆客房等对舒适度要求较高的场合，需要随时切换供冷或供热，应选用四管制机组。

③ 确定机组的电机类型（交流电机/永磁同步电机）

采用永磁同步电机的风机盘管机组的能耗比采用常规交流电机的机组低30%～40%，但永磁同步电机机组的价格也较高，采用哪种电机类型需结合节能设计目标及经济性评价来确定。

④ 确定机组的型号

对于通用机组，根据冷负荷计算结果，对照《风机盘管机组》GB/T 19232—2019中表2的额定供冷量选择机组型号，然后校核该型号机组的额定供热量是否满足热负荷的要求；对于干式机组，根据显热冷负荷的计算结果，对照《风机盘管机组》GB/T 19232—2019中表7的额定供冷量选择机组型号，然后校核该型号机组的额定供热量是否满足热负荷的要求；对于单供暖机组，根据热负荷计算结果，对照《风机盘管机组》GB/T 19232—2019中表12的额定供热量选择机组型号。

若设计空气温湿度参数、供水温度、供回水温差或供水量与《风机盘管机组》GB/T 19232—2019中表16不一致，则应对机组的供冷量和供热量进行相应修正。一般企业提供的机组样本中会给出供冷量和供热量随工况变化的表格或曲线，可据此进行供冷量和供热量的修正。

⑤ 确定机组结构形式（卧式/立式/卡式/壁挂式）

结合室内装修设计确定。

⑥ 确定机组安装形式（明装/暗装）

结合室内装修设计确定。

⑦ 确定机组出口静压（低静压/高静压30Pa/高静压50Pa/高静压120Pa）

根据风机盘管机组的名义风量，对送回风管路及配件进行水力计算，根据计算结果选择机组出口静压。明装机组均为低静压机组。为减小机组的漏风、噪声、能耗等问题，设计时宜尽量选择出口静压低的机组。

⑧ 确定机组进出水方位（左式/右式）

根据空调供回水的管路设计，以方便安装为原则确定每一台风机盘管机组的进出水方位。

4）工程设计说明和设备列表要求

① 工程设计说明

风机盘管机组在运输、储存及安装期间，应采取正确的保护措施，尤其应避免盘管的翅片和风机的蜗壳受到挤压而发生变形进而影响机组的性能。风机盘管机组的水管和风管接驳口在接驳前应妥善地覆盖以避免污染物进入。考虑风机盘管机组的安装空间有限，可能需要对机身的长度/宽度/厚度提出限定要求。应对风机盘管机组配套的温控器提出操控要求，如运转模式、速度挡位的选择、温度设定的上下限等。如有必要，可对机组的箱体、盘管、翅片、风机、凝结水盘、过滤网的材质，盘管排数，翅片间距，凝结水盘保温厚度等提出具体要求。

② 设备列表

设备列表应包括项目所需的风机盘管机组的型号、类型特征、技术参数和数量，其中类型特征一般包括用途类型（通用/干式/单供暖）、管制类型（两管制/四管制）、电机类型（交流电机/永磁同步电机）、结构形式（卧式/立式/卡式/壁挂式）、安装形式（明装/暗装）、进出水方位（左式/右式）等，技术参数一般包括进风温湿度参数、进出口水温、出口静压、风量、输入功率、供冷量、供热量、水阻、噪声、供冷能效系数、供暖能效系数等。表 3.17 为风机盘管机组产品列表的示例，供参考。

风机盘管机组设备列表示例　　表 3.17

序号	机组型号	类型特征						技术参数													电源	数量
		用途类型	管制类型	电机类型	结构形式	安装形式	进出水方位	进风干湿球温度		进出口水温		出口静压	风量	输入功率	供冷量	供热量	噪声	水阻	供冷能效系数	供暖能效系数		
								供冷	供暖	供冷	供暖											
								℃	℃	℃	℃	Pa	m^3/h	W	W	W	dB(A)	kPa	—	—	—	台
1	FP-68	通用	两管制	交流电机	卧式	暗装	左式	27/19.5	21/-	7/12	60/-	12	680	60	3600	5400	41	30	54	81	220V 50Hz	20
2	FP-85	通用	四管制	交流电机	卧式	暗装	左式	27/19.5	21/-	7/12	60/50	30	850	84	4500	3030	46	30	49	35	220V 50Hz	25
3	FP-85	通用	两管制	交流电机	卧式	暗装	右式	27/19.5	21/-	7/12	60/-	50	850	97	4500	6750	47	30	43	64	220V 50Hz	16

注：以上技术参数均为高速挡。

进行风机盘管机组相关设计时，通常按照高速挡的技术参数进行设计选型，但也有项目按照中速挡进行设计选型，所以设备列表中应注明技术参数所对应的速度挡位。

（2）热回收新风机组

1）标准依据

热回收新风机组工程设计选型可依据的标准见表 3.18。

热回收新风机组工程设计选型可依据的标准　　表 3.18

序号	标准编号	标准名称
1	GB 50019	《工业建筑供暖通风与空气调节设计规范》
2	GB 50189	《公共建筑节能设计标准》

续表

序号	标准编号	标准名称
3	GB 50736	《民用建筑供暖通风与空气调节设计规范》
4	GB/T 51350	《近零能耗建筑技术标准》
5	GB 55015	《建筑节能与可再生能源利用通用规范》
6	GB 55016	《建筑环境通用规范》
7	GB/T 21087	《热回收新风机组》

2）新风量的确定

根据《民用建筑供暖通风与空气调节设计规范》GB 50736—2012，公共建筑主要房间每人所需最小新风量见表3.19；居住建筑和医院建筑按换气次数来确定所需最小新风量，设计最小换气次数见表3.20和表3.21；高密人群建筑每人所需最小新风量根据人员密度按表3.22确定。

公共建筑主要房间每人所需最小新风量 [m^3/(h·人)]　　**表3.19**

建筑房间类型	新风量
办公室	30
客房	30
大堂、四季厅	10

居住建筑设计最小换气次数　　**表3.20**

人均居住面积 F_P	每小时换气次数
$F_P \leqslant 10m^2$	0.70
$10 < F_P \leqslant 20m^2$	0.60
$20 < F_P \leqslant 50m^2$	0.50
$F_P > 50m^2$	0.45

医院建筑设计最小换气次数　　**表3.21**

功能房间	每小时换气次数
门诊室	2
急诊室	2
配药室	5
放射室	2
病房	2

高密人群建筑每人所需最小新风量 [m^3/(h·人)]　　**表3.22**

建筑类型	人员密度 P_F(人/m^2)		
	$P_F \leqslant 0.4$	$0.4 < P_F \leqslant 1.0$	$P_F > 1.0$
影剧院、音乐厅、大会厅、多功能厅、会议室	14	12	11
商场、超市	19	16	15
博物馆、展览厅	19	16	15
公共交通等候室	19	16	15
歌厅	23	20	19
酒吧、咖啡厅、宴会厅、餐厅	30	25	23

续表

建筑类型	人员密度 P_F(人/m²)		
	$P_F \leq 0.4$	$0.4 < P_F \leq 1.0$	$P_F > 1.0$
游艺厅、保龄球房	30	25	23
体育馆	19	16	15
健身房	40	38	37
教室	28	24	22
图书馆	20	17	16
幼儿园	30	25	23

《近零能耗建筑技术标准》GB/T 51350—2019 中对于居住建筑主要房间中最小新风量的要求是不小于 $30m^3/(h \cdot 人)$。

空调区的新风量，应按不小于人员所需最小新风量、补偿排风和保持空调区空气压力所需新风量之和以及新风除湿所需新风量中的最大值确定。

3）全年节能量计算

根据《建筑节能与可再生能源利用通用规范》GB 55015—2021，严寒和寒冷地区采用集中新风的空调系统时，除排风含有毒有害高污染成分的情况外，当系统设计最小总新风量大于或等于 $40000m^3/h$ 时，应设置集中排风热回收新风机组。对于其他情况，应通过技术经济分析来确定是否采用热回收新风机组，而技术经济分析一般通过对热回收新风机组的全年节能量进行计算来得到。下面以公共建筑为例介绍一下采用热回收新风机组的全年节能量的计算方法。

节能量需要有比较基准。对于公共建筑，为了在设计阶段考查采用热回收新风机组的节能效果和适用性，通常可将采用常规新风处理机组（风机＋过滤器＋盘管）的空调系统作为比较基准，即采用热回收新风机组的节能量，是指安装了热回收新风机组后，相对于采用常规新风处理机组的系统的能耗减少量。考虑空调系统为新设计系统，且空调冷热水可变流量、新风机可调速，则热回收新风机组的节能量应该是下述几项的代数和：由于回收冷量而减少的冷源系统的能耗；由于回收冷量而减少的冷水输配系统的能耗；由于回收热量而减少的热源系统的能耗；由于回收热量而减少的热水输配系统的能耗；由于回收能量而使表冷器排数减少，进而减少的风机输送能耗；由于换热芯体及其过滤层的阻力而增加的风机输送能耗。为了统一计算标准，各项能耗均折算为电耗。

另外，由于室外气象参数不断变化，热回收新风机组回收的能量也在不断变化，因此可根据当地典型年逐时气象数据逐时计算热回收新风机组的节能量。

① 逐时回收的冷量

对于显热式热回收新风机组，其逐时回收的冷量按下式计算：

$$Q_{c,i} = c_p L_s \rho (t_i - t) \eta_{s,c} \tau \tag{3.10}$$

式中：$Q_{c,i}$——逐时回收的冷量（kJ）；

c_p——空气的比热容［kJ/(kg·℃)］；

L_s——新风量（m^3/h）；

ρ——空气的密度（kg/m^3）；

t_i——典型年气象数据中逐时室外空气干球温度（℃）；

t——室内设计计算空气干球温度（℃）；

$\eta_{s,c}$——制冷显热交换效率；

τ——时间，1h。

对于全热式热回收新风机组，其逐时回收的冷量按下式计算：

$$Q_{c,i}=L_s\rho(h_i-h)\eta_{t,c}\tau \tag{3.11}$$

式中：h_i——典型年气象数据中逐时室外空气比焓（kJ/kg）；

h——室内设计计算空气比焓（kJ/kg）；

$\eta_{t,c}$——制冷全热交换效率。

② 逐时回收的热量

对于显热式热回收新风机组，其逐时回收的热量按下式计算：

$$Q_{h,i}=c_pL_s\rho(t-t_i)\eta_{s,h}\tau \tag{3.12}$$

式中：$Q_{h,i}$——逐时回收的热量（kJ）；

$\eta_{s,h}$——制热显热交换效率。

对于全热式热回收新风机组，其逐时回收的热量按下式计算：

$$Q_{h,i}=L_s\rho(h-h_i)\eta_{t,h}\tau \tag{3.13}$$

式中：$\eta_{t,h}$——制热全热交换效率。

③ 减少的冷源系统的能耗

通过热回收新风机组回收冷量可以减小制冷机组的出力，降低制冷机组的能耗。由于制冷机组大部分时间处于部分负荷运行状态，采用机组额定工况下的制冷性能系数 COP 计算制冷机组能耗与实际情况偏差较大，而直接采用综合部分负荷性能系数 $IPLV$ 计算制冷机组能耗亦不合理。

根据《公共建筑节能设计标准》GB 50189—2015 的规定，电动机驱动的蒸气压缩循环冷水（热泵）机组的综合部分负荷性能系数 $IPLV$ 应按下式计算：

$$IPLV=1.2\%A+32.8\%B+39.7\%C+26.3\%D \tag{3.14}$$

式中：A——100%负荷时的性能系数（冷却水进水温度 30℃，冷凝器进气干球温度 35℃）；

B——75%负荷时的性能系数（冷却水进水温度 26℃，冷凝器进气干球温度 31.5℃）；

C——50%负荷时的性能系数（冷却水进水温度23℃，冷凝器进气干球温度28℃）；

D——25%负荷时的性能系数（冷却水进水温度 19℃，冷凝器进气干球温度 24.5℃）。

由于新风冷负荷在建筑冷负荷中占比较大，因此可认为 1.2%、32.8%、39.7%、26.3%分别为制冷机组 100%、75%、50%、25%负荷运行的时间权重。虽然不能直接用 $IPLV$ 来计算制冷机组能耗，但式（3.14）中的时间权重系数可以作为计算制冷机组能耗的依据。将整个制冷季的逐时数据按照室外空气干球温度的高低进行排序，并按照 1.2%、32.8%、39.7%、26.3%的时间权重将逐时数据分为 4 个部分，各部分的制冷机组的性能系数分别取 A、B、C、D，这样便可得到逐时的制冷机组性能系数 COP_i。

由于新风能量回收装置回收冷量而减少的制冷机组能耗按下式计算：

$$N_{cs,i}=\frac{Q_{c,i}}{3600\,COP_i} \tag{3.15}$$

式中：$N_{cs,i}$——由于安装了新风能量回收装置而减少的制冷机组能耗（kW·h）。

④ 减少的热源系统的能耗

通过热回收新风机组回收热量可以减小锅炉的出力，降低锅炉的燃料消耗。由于新风能量回收装置回收热量而减少的锅炉能耗（折合成电耗）按下式计算：

$$N_{hs,i}=\frac{Q_{h,i}}{\eta_b\eta_1\eta_2} \tag{3.16}$$

式中：$N_{hs,i}$——由于新风能量回收装置回收热量而减少的锅炉能耗所折合成的电耗（kW·h）；

η_b——锅炉的热效率；

η_1——燃料（煤、油、天然气）的热量转换系数（kJ/kg）；

η_2——燃料（煤、油、天然气）消耗量与电量的转换系数［kg/(kW·h)］。

⑤ 减少的冷（热）水输配系统的能耗

通过热回收新风机组回收冷（热）量可以减小冷（热）水的流量，从而降低水泵的输送能耗。《公共建筑节能设计标准》GB 50189—2015 中规定：在选配空调冷（热）水系统的循环水泵时，应计算循环水泵的耗电输冷（热）比 *ECR*（*EHR*），并应标注在施工图的设计说明中。因此可利用耗电输冷（热）比来计算减少的水泵输送能耗。

由于新风能量回收装置回收冷量而减少的冷水输送能耗按下式计算：

$$N_{cp,i}=\frac{Q_{c,i}ECR}{3600} \tag{3.17}$$

式中：$N_{cp,i}$——由于新风能量回收装置回收冷量而减少的冷水输送能耗（kW·h）。

由于新风能量回收装置回收热量而减少的热水输送能耗按下式计算：

$$N_{hp,i}=\frac{Q_{h,i}EHR}{3600} \tag{3.18}$$

式中：$N_{hp,i}$——由于新风能量回收装置回收热量而减少的热水输送能耗（kW·h）。

⑥ 减少的风机输送能耗

由于热回收新风机组承担了一部分新风负荷，原来用于承担新风负荷的表面式换热器可以适当降低排数。排数的降低使其空气阻力减小，进而使风机输送能耗减少。减少的风机输送能耗按下列公式计算：

制冷季
$$N_{cf,i}=\frac{L_s\Delta p_c}{3600\times1000\eta_{CD}\eta_F}\tau \tag{3.19}$$

供热季和过渡季
$$N_{hf,i}=\frac{L_s\Delta p_h}{3600\times1000\eta_{CD}\eta_F}\tau \tag{3.20}$$

式中：$N_{cf,i}$——制冷季减少的风机输送能耗（kW·h）；

Δp_c——制冷工况（湿工况）下表冷器的空气阻力减小值（Pa）；

η_{CD}——风机电动机及传动效率，根据《公共建筑节能设计标准》GB 50189—2015 的规定，η_{CD} 取 0.855；

η_F——风机全压效率；

$N_{hf,i}$——供热季和过渡季减少的风机输送能耗（kW·h）；

Δp_h——供热工况（干工况）下表冷器的空气阻力减小值（Pa）。

⑦ 增加的风机输送能耗

由于换热芯体及其过滤层的阻力而增加的风机输送能耗按下式计算：

$$N_{f,i}=\left(\frac{L_s p_s}{3600\times 1000\eta_{CD}\eta_F}+\frac{L_e p_e}{3600\times 1000\eta_{CD}\eta_F}\right)\tau \tag{3.21}$$

式中：$N_{f,i}$——增加的风机输送能耗（kW·h）；

p_s——换热芯体及其过滤层于送风侧的阻力（Pa）；

L_e——排风量（m^3/h）；

p_e——换热芯体及其过滤层于排风侧的阻力（Pa）。

⑧ 逐时节能量

热回收新风机组控制模式不同，其逐时节能量的计算方法亦会有所不同。下面讨论 4 种热回收新风机组的控制模式及其逐时节能量的计算方法。

控制模式 1：不带旁通

不带旁通的热回收新风系统示意如图 3.1 所示，新风在换热芯体处回收排风中的能量，然后经由表面换热器进行再处理后送入室内。不带旁通的热回收系统结构简单、需要的安装空间小，在实际的工程项目中较为常见。在过渡季，由于换热芯体阻力的存在，风机要消耗更多的能量，这会使热回收新风机组的节能性有所降低。

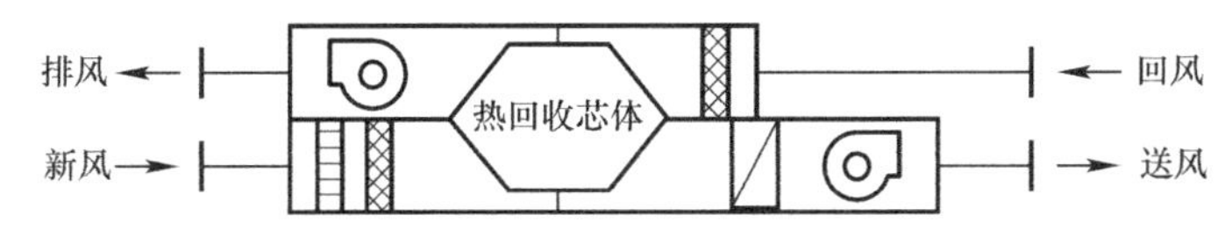

图 3.1　不带旁通的热回收新风系统示意图

不带旁通的新风能量回收装置的逐时节能量按下列公式计算，式中参数含义同前：

制冷季　$$N_i=N_{cs,i}+N_{cp,i}+N_{cf,i}-N_{f,i} \tag{3.22}$$

供热季　$$N_i=N_{hs,i}+N_{hp,i}+N_{hf,i}-N_{f,i} \tag{3.23}$$

过渡季　$$N_i=-N_{f,i}+N_{hf,i} \tag{3.24}$$

控制模式 2：过渡季旁通

过渡季旁通的热回收新风系统示意如图 3.2 所示，在换热芯体的新风侧和排风侧各设置一路旁通风道，旁通风道内安装有电动风阀，新风机和排风机转速可调以适应旁通启闭带来的系统阻力的变化。只在过渡季打开旁通风阀，进入供热季或制冷季，只要供热或制冷系统启动即关闭旁通风阀，使新风和排风经换热芯体进行换热。这种控制模式使得系统在过渡季不需消耗额外的能量来克服换热芯体的阻力。

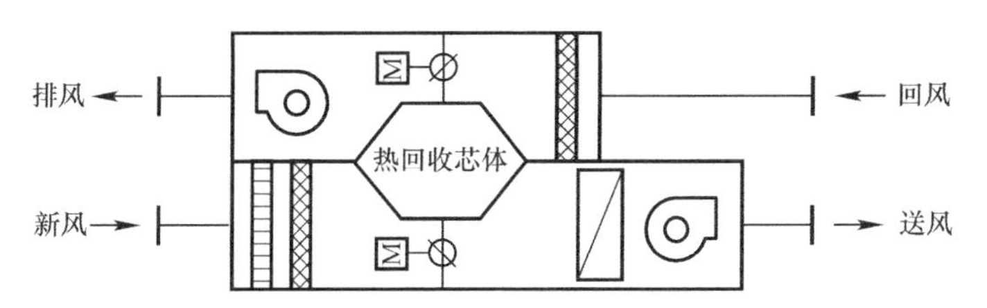

图 3.2　过渡季旁通的热回收新风系统示意图

过渡季旁通的热回收装置制冷季的逐时节能量按式（3.22）计算，供热季的逐时节能量按式（3.23）计算，过渡季的逐时节能量按下式计算，式中参数含义同前：

$$N_i = N_{\mathrm{hf},i} \tag{3.25}$$

控制模式3：过渡季和制冷季旁通

这种控制模式的热回收新风机组的组成与控制模式2相同，但控制模式2只在过渡季打开旁通，而这种控制模式则是在过渡季和制冷季均开启旁通。由于在制冷季经常出现室外的温度或比焓低于室内的情况，这可能会导致整个制冷季通过能量回收芯体换热反而不如直接旁通节能，即采用这种控制模式可能比控制模式2更节能。

过渡季和制冷季旁通的热回收装置供热季的逐时节能量按式（3.22）计算，过渡季和供冷季的逐时节能量按式（3.24）计算。

控制模式4：带旁通和温度（或比焓）控制

带旁通和温度（或比焓）控制的热回收新风系统示意如图3.3所示，这种模式相当于在控制模式2的基础上增加了一路温度（或比焓）控制系统，即在新风管内安装温（湿）度传感器，将新风温度（或比焓）作为旁通风阀启闭的条件。

与控制模式2相同，这种控制模式在过渡季也要打开旁通风阀，但在制冷季和供热季，就需要结合新风温度（或比焓）来控制旁通风阀的启闭。当室内外温差（对于显热交换装置）或焓差（对于全热交换装置）较小时，由于热回收新风机组回收能量而减少的冷热源系统和冷热水输送系统的能耗不足以补偿增加的空气输送能耗，此时的系统采用新风能量回收还不如直接旁通；另外，在制冷季的夜晚，经常会出现室外空气温度（或比焓）低于室内的情况，此时如果新风和排风经由热回收芯体换热，不但不节能，还会增大空调系统的冷负荷。引入温度（或比焓）控制则可避免这些情况的发生。在制冷季，$N_{\mathrm{cs},i}+N_{\mathrm{cp},i}=N_{\mathrm{f},i}$ 时所对应的温度（或比焓）即为临界值，当室外空气温度（或比焓）高于此临界值时，则应关闭旁通进行能量回收，反之则应开启旁通；在供热季，$N_{\mathrm{hs},i}+N_{\mathrm{hp},i}=N_{\mathrm{f},i}$ 时所对应的温度（或比焓）即为临界值，当室外空气温度（或比焓）低于此临界值时，则应关闭旁通进行能量回收，反之则应开启旁通。采用这种控制模式可使系统的节能效益最大化。

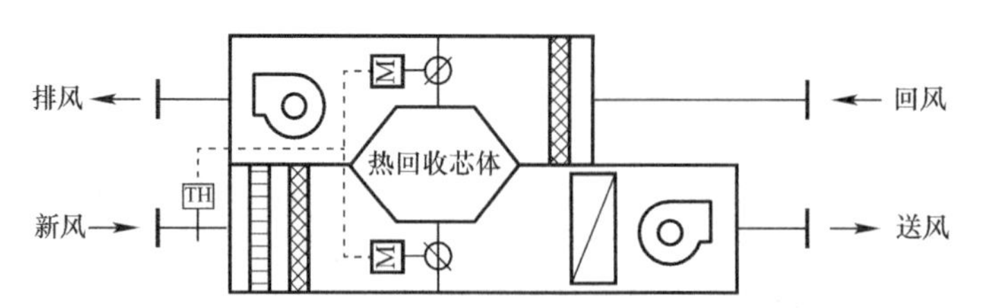

图3.3　带旁通和温度（或比焓）控制的热回收新风系统示意图

带旁通和温度（或比焓）控制的热回收装置过渡季的逐时节能量按式（3.24）计算，制冷季和供热季的逐时节能量按下列公式计算，式中参数含义同前：

$$\text{制冷季}\quad N_i=\begin{cases} N_{\mathrm{cs},i}+N_{\mathrm{cp},i}+N_{\mathrm{cf},i}-N_{\mathrm{f},i} & \text{（温度或比焓高于临界值，不旁通）} \\ N_{\mathrm{cf},i} & \text{（旁通）} \end{cases} \tag{3.26}$$

$$\text{供热季}\quad N_i=\begin{cases} N_{\mathrm{hs},i}+N_{\mathrm{hp},i}+N_{\mathrm{hf},i}-N_{\mathrm{f},i} & \text{（温度或比焓低于临界值，不旁通）} \\ N_{\mathrm{hf},i} & \text{（旁通）} \end{cases} \tag{3.27}$$

⑨ 全年节能量

热回收新风机组的全年节能量为全年逐时节能量的代数和，即按下式计算：

$$N=\sum_{i=1}^{n}N_i \tag{3.28}$$

式中：N——采用热回收新风机组的全年节能量（kW·h）；

N_i——采用热回收新风机组的逐时节能量（kW·h）；

n——热回收新风机组全年运行的小时数。

需要注意的是，上述计算方法中所提的制冷季是指室内负荷为冷负荷的时间段，而不单单指夏季，同理，供热季是指室内负荷为热负荷的时间段。对于室内得热量占总负荷的比例较大的建筑，如大型公共建筑的内区，室内负荷为冷负荷的时间较长，相应的制冷季的时间也要延长。因此进行节能量计算时，要根据建筑的负荷情况，首先确定制冷季和供热季的时间。

4）结霜校核

若热回收新风机组应用于严寒和寒冷地区，可以采用焓湿图法来校核热回收新风机组结霜情况。

① 显热回收

对于显热回收装置，可根据交换效率和室内外温度计算送风状态点和排风状态点的温度。在冬季热回收运行时，如图3.4所示，新风侧的空气温度沿着等湿线上升（图中 $F\rightarrow S$），排风侧的空气温度沿着等湿线下降（图中 $R\rightarrow E$），且显热回收装置的交换效率越高，送风状态点 S 温度越高，排风状态点 E 温度越低。从图3.4可以看出，对于显热回收冬季工况来说，可能出现结露或结霜的位置为换热芯体排风出口处。当由交换效率和室内外温度计算出的排风状态点位于 E_1 和 E_2 之间时，则可认为在排风出口处出现结露现象；当由交换效率和室内外温度计算出的排风状态点位于 E_2 以下时，则可认为在排风出口处出现结霜现象。

以计算出的排风温度低于0℃作为结霜条件，可以给出不同交换效率下显热回收装置开始结霜的室外新风温度（室内空气温度按20℃），如图3.5所示。从图3.5可以看出，交换效率越高，排风出口开始结霜所对应的室外新风温度越高，即更易结霜。可以根据该计算结果设计显热回收装置的防结霜方式及相应的控制策略。

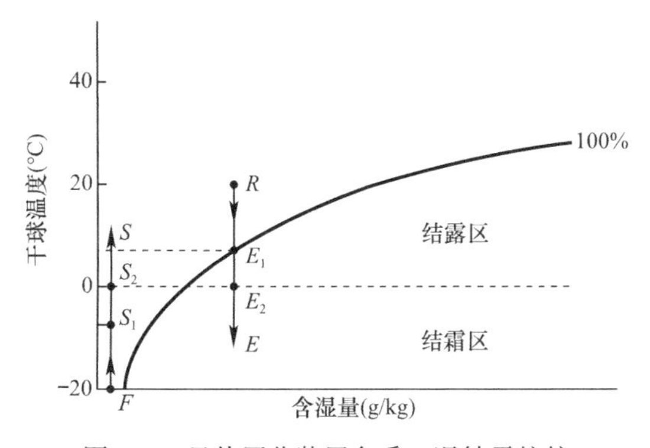

图3.4　显热回收装置冬季工况结霜校核

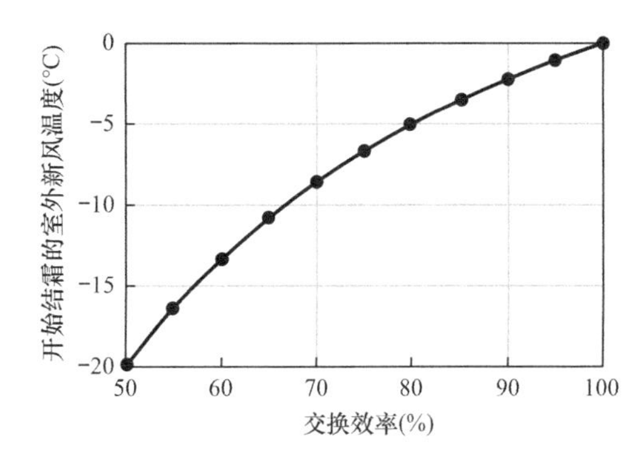

图3.5　不同交换效率下显热回收装置开始结霜的室外新风温度

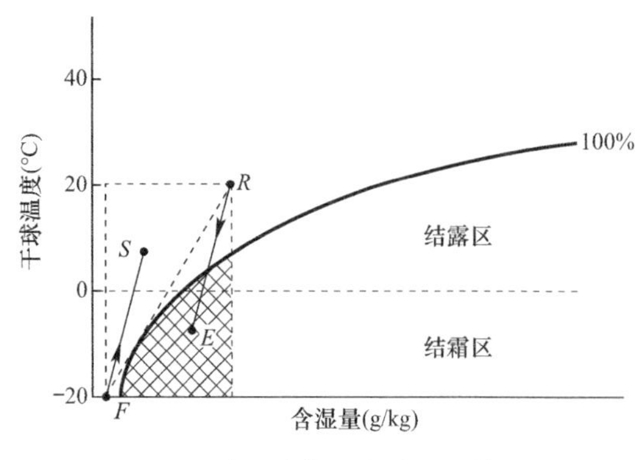

图 3.6　全热回收装置冬季工况结霜校核

② 全热回收

对于全热回收装置，可根据交换效率和室内外温湿度状态点计算送风状态点和排风状态点的温湿度。在冬季热回收运行时，如图 3.6 所示，其送风状态点 S、排风状态点 E 处于由穿过室外新风状态点 F 和室内回风状态点 R 的等温线和等含湿量线组成的长方形区域中，点 S 位于 FR 对角线上方的三角形区域内，点 E 位于 FR 对角线下方的三角形区域内，若点 E 干球温度低于 0℃，则认为在换热芯体排风出口处出现结霜现象。

相对于显热回收装置，全热回收装置由于其存在湿量交换，因此其新风和排风的空气处理过程线均朝 F、R 连线的方向偏移，且湿量交换效率越高，偏移的角度越大，排风出口的含湿量越低，结霜的程度越低；当湿量交换效率高到一定程度时，排风出口的空气状态点将脱离结霜区。可见，相对于显热回收装置，采用全热回收装置可以减缓甚至预防排风出口处的结霜。在严寒和寒冷地区，通常冬季新风负荷中显热负荷占比较大且对室内的湿度要求不高，因此与显热回收装置相比，全热回收装置的节能优势不大，并且全热回收芯体一般采用纸膜结构，其经历冷热交变、结露结霜后的性能变化及使用寿命情况一直备受担忧，因此在实际工程中较多采用显热回收装置。近些年随着材料技术及制造工艺的不断进步，全热回收芯体不仅可以做到很高的显热交换效率和湿量交换效率，同时也可以具备足够强的耐候性（交变性能），而且《热回收新风机组》GB/T 21087—2020 中也给出了耐候性的要求和试验方法，因此在严寒和寒冷地区应用全热回收技术来降低热回收装置防霜能耗具备可行性。

5）设计选型具体要求

热回收新风机组的设计选型可按以下步骤进行：

① 确定新风量

根据空调区人员所需最小新风量、补偿排风和保持空调区空气压力所需新风量之和以及新风除湿所需新风量中的最大值来确定新风送风量。

② 选择机组类型

根据各类热回收新风机组的特点和适用范围选择机组的类型。

③ 确定机外余压

对新风侧、排风侧管路系统进行水力计算，确定所需的机外余压。

④ 技术经济分析

按照《热回收新风机组》GB/T 21087—2020 中规定的交换效率限值，计算采用热回收新风机组的全年节能量，若不能达到预计的节能要求，可提高交换效率值，直至满足节能要求，确定此时的交换效率；如按照《近零能耗建筑技术标准》GB/T 51350—2019 进行设计，则显热型热回收新风机组的显热交换效率不应低于 75%，全热型热回收新风机组的全热交换效率不应低于 70%，同时居住建筑中热回收新风机组的新风单位风量耗功率不应大于 0.45W/(m^3·h)，公共建筑中单位风量耗功率指标应符合《公共建筑节能设计标准》GB 50189 的规定。《热回收新风机组》GB/T 21087—2020 中未给出单位风量耗功率指标，但可根据机组风量和输入功率来换算。最后结合节能效益和初投资进行经济性分析。

⑤ 校核结霜

若热回收新风机组应用于严寒和寒冷地区，需校核热回收新风机组排风侧是否会出现结霜，若有结霜可能，则应设置预热等防冻措施。

6）工程设计说明和设备列表要求

① 工程设计说明

工程应用中有的企业为了实现较高的交换效率而将换热芯体尺寸做大进而导致机组过大，可能会不便安装，因此应在设计说明中对机组的尺寸进行限制。控制方式对于热回收新风机组实现良好的节能效果具有重要的作用，因此应在设计说明中对机组的控制方式提出要求。严寒和寒冷地区热回收新风机组与室外相连接的风管上应设置可自动连锁关闭且密闭性能好的电动风阀，并采取密封措施。机组的风管接驳口在接驳前应妥善地覆盖以避免污染物进入。如有必要，可对机组的箱体、热回收芯体、风机、过滤网等配件的材质提出具体要求。

② 设备列表

设备列表应包括项目所需的热回收新风机组的类型特征、技术参数和数量，其中类型特征一般包括安装方式（落地式/吊装式/壁挂式/窗式/嵌入式）、热回收类型（全热型/显热型）、工作状态（旋转式，含转轮式、通道轮式；静止式，含板翅式、热管式、液体循环式；往复式）、防火性能（难燃型/非阻燃型）、抗菌性能（抗菌型/普通型），技术参数一般包括新/排风侧风量、机外余压、输入功率，交换效率，噪声，$PM_{2.5}$ 过滤效率、电源。表 3.23 为热回收新风机组设备列表的示例，供参考。

热回收新风机组设备列表示例　　　　**表 3.23**

序号	类型特征					技术参数														数量
	安装方式	热回收类型	工作状态	防火性能	抗菌性能	新风侧			排风侧			热量回收交换效率		冷量回收交换效率		整机输入功率	噪声	$PM_{2.5}$过滤效率	电源	
						送风量	机外余压	输入功率	排风量	机外余压	输入功率	全热	显热	全热	显热					
						m^3/h	Pa	W	m^3/h	Pa	W	%	%	%	%	W	dB(A)	%	—	台
1	吊装式	显热型	板翅式	难燃型	普通型	200	80	—	200	80	—	—	75	—	70	100	42	99	220V 50Hz	22
2	吊装式	全热型	板翅式	难燃型	普通型	300	80	—	300	80	—	70	—	65	—	150	43	99	220V 50Hz	20
3	落地式	全热型	转轮式	难燃型	普通型	5000	300	1500	4800	250	1200	70	—	65	—	—	65	—	380V 50Hz	2

（3）组合式空调机组

1）标准依据

组合式空调机组工程设计选型可依据的标准见表 3.24。

2）室内负荷计算

① 新风量的确定

组合式空调机组新风量的确定可参照热回收新风机组。

组合式空调机组工程设计选型可依据的标准　　表 3.24

序号	标准编号	标准名称
1	GB 50019	《工业建筑供暖通风与空气调节设计规范》
2	GB 50189	《公共建筑节能设计标准》
3	GB 50736	《民用建筑供暖通风与空气调节设计规范》
4	GB/T 51350	《近零能耗建筑技术标准》
5	GB 55015	《建筑节能与可再生能源利用通用规范》
6	GB 55016	《建筑环境通用规范》
7	GB/T 14294	《组合式空调机组》

② 负荷计算

对于应用于全空气空调系统的组合式空调机组，进行设计选型前，应对空调区进行热负荷和逐时冷负荷计算。热负荷和冷负荷的计算应符合《民用建筑供暖通风与空气调节设计规范》GB 50736 或《工业建筑供暖通风与空气调节设计规范》GB 50019 的规定。

对于应用于新风系统的组合式空调机组，进行设计选型前，应根据新风送至室内的空气状态点来计算新风负荷。

3）设计选型具体要求

① 机外静压的确定

对送回风管路及配件进行水力计算，根据计算结果选择机组的机外静压。

② 功能段的选择

根据组合式空调机组的空气处理需求选择功能段组合。除温湿度波动范围要求严格的空调区外，在同一个全空气空调系统中，不应有同时加热和冷却过程。当不同季节的新风量变化较大、其他排风措施不能适应风量的变化要求，或回风系统阻力较大时，全空气空调系统可设回风机。设置回风机时，为保证新风能够进入机组，新回风混合段的空气压力应为负压。严寒和寒冷地区，为避免盘管冻坏、新回风混合结露或结霜等情况的发生，应对新风采取预热等措施。

③ 供冷量/供热量选择

根据负荷计算结果，选择组合式空调机组的供冷量/供热量。

若设计进风空气温湿度参数、供水温度、供回水温差等参数与《组合式空调机组》GB/T 14294 中试验工况表不一致，则应对机组的供冷量/供热量进行相应修正。一般企业提供的机组样本中会给出供冷量和供热量随工况变化的表格或曲线，可据此进行供冷量和供热量的修正。

④ 凝结水水封设计

凝结水水封设计虽然只是组合式空调机组设计中一个非常小的环节，但如果设计不合理，会存在水患风险，带来运行安全问题，影响室内空气品质，因此必须对这一环节给予足够的重视。常见的水封形式有 U 形弯式、溢流式、浮球式三种，如图 3.7～图 3.9 所示。

对于图 3.7（a）中所示的负压水封，为保证凝结水能顺利排出，尺寸 A 不得小于排水口附近负压值所对应的水头高度；当风机停掉后重新启动时，为保证水封不被破坏，尺

寸 B 不得小于排水口附近负压值所对应的水头高度的一半。对于图 3.7（b）中所示的正压水封，则需保证尺寸 A 不小于排水口附近正压值所对应的水头高度。

对于图 3.8（a）中所示的负压水封，尺寸 A 不得小于排水口附近负压值所对应的水头高度；还需保证当风机停掉后重新启动时水封不被破坏。对于图 3.8（b）中所示的正压水封，则需保证尺寸 A 不小于排水口附近正压值所对应的水头高度。

图 3.9 所示的浮球式水封安装拆卸简单，便于维护和清洗。在空调季节，流入的凝结水在本体内滞留形成水封，溢流排出；在非制冷季没有凝结水产生，当本体内的水蒸发时，浮球就会落下隔绝空气和防止蚊虫进入。当连接水封的排水口处为负压时，其设计安装情况如图 3.9（a），尺寸 A 不得小于排水口附近负压值所对应的水头高度；当连接水封的排水口处为正压时，则不需要连接竖直管，如图 3.9（b）所示。

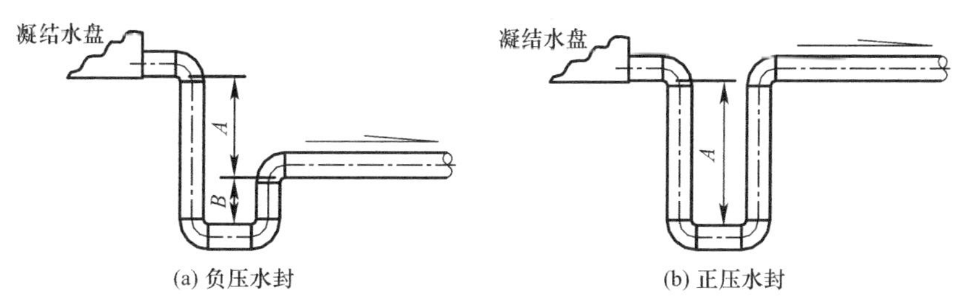

图 3.7　U 形弯式水封示意图

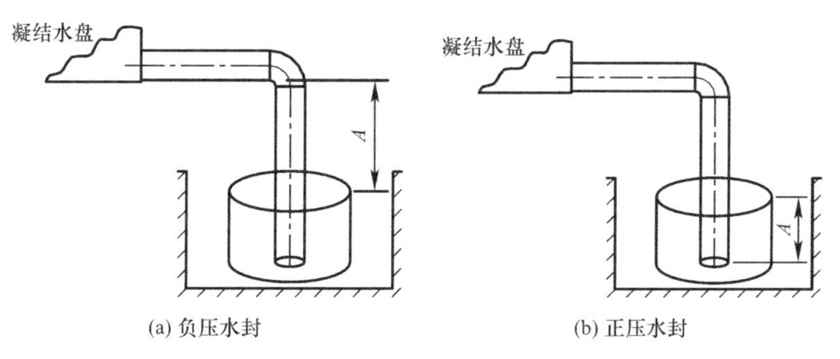

图 3.8　溢流式水封示意图

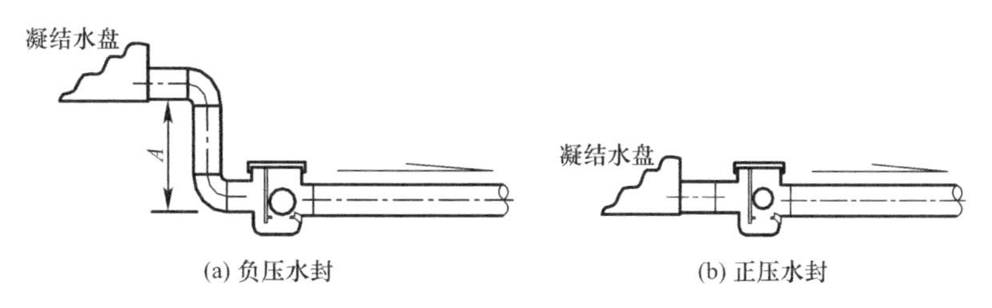

图 3.9　浮球式水封示意图

4）工程设计说明和设备列表要求

① 工程设计说明

考虑机房的空间有限，可能需要在设计说明中对机组的尺寸进行限制。在设计说明中，应给出机组的空气处理功能段的组合顺序、过滤器的等级等。严寒和寒冷地区机组新风与室外相连接的风管上应设置可自动连锁关闭且密闭性能好的电动风阀，并采取密封措施。机组的水管和风管接驳口在接驳前应妥善地覆盖以避免污染物进入。如有必要，可对机组的箱体、盘管、翅片、风机、凝结水盘、过滤网的材质，盘管排数，翅片间距，凝结水盘保温厚度等提出具体要求。

② 设备列表

设备列表应包括项目所需的组合式空调机组的类型特征、功能段、技术参数和数量，其中类型特征一般包括结构形式（立式/卧式/吊顶式）、用途特征（通用机组/新风机组/净化机组/专用机组）等，技术参数一般包括进出风温湿度参数、进出口水温、风量、机外静压、输入功率、供冷量、供热量、水量、水阻、噪声等。表 3.25 为组合式空调机组产品列表的示例，供参考。

组合式空调机组设备列表示例　　表 3.25

<table>
<tr><th rowspan="3">序号</th><th colspan="2">类型特征</th><th rowspan="3">功能段</th><th rowspan="3">功能段技术参数</th><th colspan="5">整机技术参数</th><th rowspan="2">数量</th></tr>
<tr><th rowspan="2">结构形式</th><th rowspan="2">用途特征</th><th>风量</th><th>机外静压</th><th>输入功率</th><th>噪声</th><th>电源</th></tr>
<tr><th>m³/h</th><th>Pa</th><th>kW</th><th>dB(A)</th><th>—</th><th>台</th></tr>
<tr><td rowspan="6">1</td><td rowspan="6">卧式</td><td rowspan="6">新风机组</td><td>初效过滤段</td><td>板式，过滤等级 C4</td><td rowspan="6">10000</td><td rowspan="6">500</td><td rowspan="6">7.5</td><td rowspan="6">68</td><td rowspan="6">380V
50Hz</td><td rowspan="6">2</td></tr>
<tr><td>中效过滤段</td><td>袋式，过滤等级 Z3</td></tr>
<tr><td>加热盘管段</td><td>供热量 155kW，进出水温度 85/60℃，进风干球温度−9.9℃，出风干球温度 31℃，水流量 5.4m³/h，阻力 15kPa，工作压力 1.0MPa</td></tr>
<tr><td>冷却盘管段</td><td>供冷量 99kW，进出水温度 6/12℃，进风干湿球温度 33.5/26.4℃，出风干湿球温度 20/19℃，水流量 14m³/h，阻力 40kPa，工作压力 1.0MPa</td></tr>
<tr><td>加湿段</td><td>湿膜等焓加湿，加湿量 59kg/h</td></tr>
<tr><td>风机段</td><td>风机效率 70%</td></tr>
</table>

(4) 水蒸发冷却空调机组

1) 标准依据

水蒸发冷却空调机组工程设计选型可依据的标准见表 3.26。

水蒸发冷却空调机组工程设计选型可依据的标准　　表 3.26

序号	标准编号	标准名称
5.1	GB 50019	《工业建筑供暖通风与空气调节设计规范》
5.2	GB 50736	《民用建筑供暖通风与空气调节设计规范》
5.3	GB 55015	《建筑节能与可再生能源利用通用规范》
5.4	GB 55016	《建筑环境通用规范》
5.5	JGJ 342	《蒸发冷却制冷系统工程技术规程》
5.6	GB/T 30192	《水蒸发冷却空调机组》

2) 室内负荷计算

蒸发冷却制冷空调系统的选用应符合下列规定：应根据建筑物的用途、规模、使用特点、负荷特性与参数要求、所在地区气候特征和水资源条件以及能源状况等综合确定；夏季空调室外设计湿球温度或露点温度较低的地区，其空气的冷却处理过程经技术经济比较合理时，应采用蒸发冷却制冷技术；以室内设计空气状态点 N 与理想送风状态点 O 在焓湿图中确定的五个区域的分区方法（图3.10），根据夏季室外空气状态点 W 的不同对适合的蒸发冷却运行模式进行了分类，见表3.27。

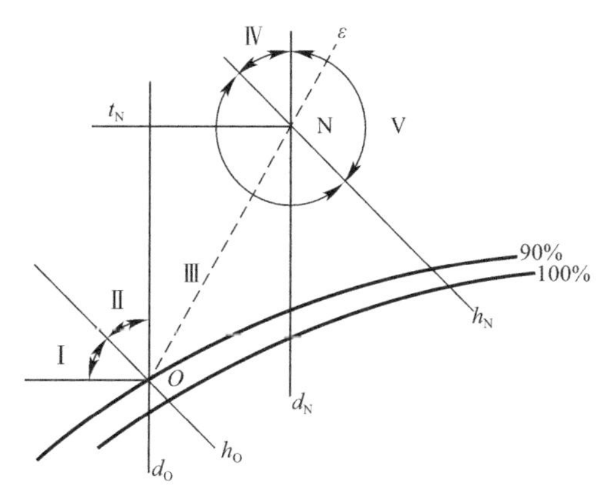

图3.10　蒸发冷却空调五区分区模型

各分区蒸发冷却系统具体运行模式　　表3.27

分区	判定条件	蒸发冷却空调模式	特点
Ⅰ	$h_W \leqslant h_O$，$d_W \leqslant d_O$	一级直接蒸发冷却	经等焓加湿冷却可达到所要求的送风状态点；采用100%新风
Ⅱ	$h_W > h_O$，$d_W \leqslant d_O$	一级或两级间接蒸发冷却＋一级直接蒸发冷却	先等湿降温，再经等焓加湿冷却可达到所要求的送风状态点；宜采用100%新风
Ⅲ	$h_O < h_W \leqslant h_N$，$d_W > d_O$	一级间接蒸发冷却＋表冷器冷却	采用间接蒸发冷却与表冷器复合冷却方式；宜采用100%新风
Ⅳ	$h_W > h_N$，$d_W \leqslant d_N$	两级间接蒸发冷却＋表冷器冷却	采用间接蒸发冷却与表冷器复合冷却方式；宜采用100%新风
Ⅴ	$h_W > h_N$，$d_W > d_N$	一级间接蒸发冷却＋表冷器冷却（带回风）	采用间接蒸发冷却与表冷器复合冷却方式；设有回风，非直流系统

空调区和空调系统的新风量计算应符合《民用建筑供暖通风与空气调节设计规范》GB 50736或《工业建筑供暖通风与空气调节设计规范》GB 50019的有关规定，并应按室外空气设计计算参数核算空调区新风除湿所需的新风量。

室外空气设计计算参数应采用《民用建筑供暖通风与空气调节设计规范》GB 50736或《工业建筑供暖通风与空气调节设计规范》GB 50019中规定的夏季室外空气设计计算参数，并应对蒸发冷却制冷系统的地域适用性及当地室外空气设计计算参数的不保证率进行校核。现阶段使用蒸发冷却空调系统的工程在设计过程中室外状态点均为设计规范中的夏季空调室外计算干球温度和湿球温度，两者分别由历年平均不保证50h的温度统计得到，但是干球温度和湿球温度不是同时刻对应的。干湿球温差是影响蒸发冷却制冷效率的重要因素，所以仍然按照现有标准中规定的气象参数存在一定的不合理性。采用典型气象年的逐时气象参数（8760h气象参数）统计全年不保证50h的干球温度与所对应的平均湿球温度的方法，更适用于蒸发冷却夏季室外计算参数的校核计算。

蒸发冷却制冷空调系统的补水量应根据补水水质、蒸发水量、排污量等计算确定。

3）设计选型具体要求

水蒸发冷却空调机组设计选型具体要求可参照组合式空调机组。需注意以下几点：蒸发冷却器的类型和组合形式应根据夏季空调室外设计湿球温度或露点温度确定；送风量应根据室内外空气设计参数、空调区负荷特性及空调机组空气处理终状态点等经计算确定；蒸发冷却器的迎面风速宜采用2.2m/s～2.8m/s，间接蒸发冷却器效率不宜小于50%，直接蒸发冷却器效率不宜小于70%；直接蒸发冷却器填料厚度，应根据直接蒸发冷却器效率、入口干湿球温度、迎面风速等经计算确定。

4）工程设计说明和设备列表要求

① 工程设计说明

考虑安装空间有限，可能需要在设计说明中对机组的尺寸进行限制。在设计说明中，应给出机组的空气处理功能段的组合顺序、过滤器的等级等。严寒和寒冷地区机组新风与室外相连接的风管上应设置可自动连锁关闭且密闭性能好的电动风阀，并采取密封措施。机组的水管和风管接驳口在接驳前应妥善地覆盖以避免污染物进入。安装于室外的机组应采取防风、防渗雨、防冻措施。机组水箱应设排水口、溢水口，排水、溢水应畅通，且应无渗漏和从水箱中直接溢水现象，且可定期排水。机组循环水水质应满足《采暖空调系统水质》GB/T 29044的要求。对于间接蒸发冷却空调机组，应采取措施避免一次空气进风和二次空气排风发生短路。如有必要，可对机组的箱体、填料、水箱、风机、水泵、水管、过滤网的材质等提出具体要求。

② 设备列表

设备列表应包括项目所需的组合式空调机组的类型特征、技术参数和数量，其中类型特征一般包括结构形式（立式/卧式/吊顶式）、冷却器形式和组成（直接蒸发冷却/间接蒸发冷却/多级蒸发冷却）等，技术参数一般包括风量、机外静压、输入功率、进出风干湿球温度、显热制冷量、制冷能效比、噪声等。表3.28为水蒸发冷却空调机组产品列表的示例，供参考。

水蒸发冷却空调机组设备列表示例 表3.28

序号	类型特征		技术参数										数量
	结构形式	冷却器形式和组成	风量	机外静压	输入功率	进风干湿球温度	出风干湿球温度	显热制冷量	制冷能效比	耗水量	噪声	电源	
			m^3/h	Pa	kW	℃	℃	kW	—	kg/h	dB(A)	—	台
1	卧式	直接蒸发冷却	2000	150	1.2	40/25	27/19.2	8.7	7.2	13	58	220V 50Hz	2
2	卧式	一级间接蒸发冷却+一级直接蒸发冷却	2300	100	1.4	35/22	19.5/18.3	12	8.6	38	66	220V 50Hz	2

（5）热泵型新风环境控制一体机

如前所述，环控机是为建筑提供能源和环境一体化解决方案的末端装置，可以实现冷/热量供应、新风供应、净化功能，通过运行控制器实现室内温湿度、新风量、空气质量有效控制的机组。环控机一体高效，灵活方便，节省占地，便于产权划分，因此在住宅及租赁办公建筑中较为适用。

1）标准依据

环控机工程设计选型可依据的标准见表 3.29。

环控机工程设计选型可依据的标准 **表 3.29**

序号	标准编号	标准名称
1	GB 50736	《民用建筑供暖通风与空气调节设计规范》
2	GB/T 51350	《近零能耗建筑技术标准》
3	GB 55015	《建筑节能与可再生能源利用通用规范》
4	GB 55016	《建筑环境通用规范》
5	GB/T 40438	《热泵型新风环境控制一体机》

2）室内负荷计算

进行环控机设计选型前，应对设置机组的每一个房间进行热负荷和逐项逐时冷负荷计算。热负荷和冷负荷的计算应符合《民用建筑供暖通风与空气调节设计规范》GB 50736 中的规定。需要注意的是，环控机通常为房间唯一的空调通风设备，需要同时承担房间负荷及新风负荷。

3）设计选型具体要求

根据以下步骤进行环控机的设计选型。

① 确定环控机可用的低位热源类型

根据建筑类型，所在地自然资源条件，首先需要明确环控机可用热泵低位热源，确定热源类型为空气源型还是水（地）源型。

② 确定机组的型号

根据冷负荷计算结果及新风量需求，选择机组型号，然后校核该型号机组的额定供热量是否满足热负荷的要求；对于空气源热泵型环控机，需要根据室外设计温度对额定工况下的供能量进行修正；对于水（地）源热泵型环控机，应根据低温侧换热温度对额定工况下的供能量进行修正，对于地埋管型，还应进行全年地源侧热平衡计算，确定合理的产品型号。同时根据负荷需求情况，调节性需求，确定热泵压缩机类型。

③ 确定热回收类型

根据建筑所在地区及热回收潜力，综合技术经济性确定热回收类型。

④ 确定净化类型

根据建筑所在地室外环境水平及建筑内环境净化需求，确定净化类型，可根据需求选择配置不同净化效率过滤器的环控机产品。

⑤ 确定机组结构形式

环控机应结合用户类型和室内装修设计确定结构类型，新风输配口布置应合理，确定输配管道，确定产品输配压力。

4）工程设计说明和设备列表要求

① 工程设计说明

工程应用中有的企业为了实现较高的交换效率而将换热芯体尺寸做大进而导致机组过大，可能会不便安装，因此应在设计说明中对机组的尺寸进行限制。控制方式对于环控机实现良好的运行效果具有重要的作用，因此应在设计说明中对机组的控制方式提出要求。

严寒和寒冷地区环控机与室外相连接的风管上应设置可自动连锁关闭且密闭性能好的电动风阀，并采取密封措施；新风入口应设置防冻保护装置。环控机的室外机，其与周边障碍物应保证足够的距离以保证良好的散热效果；室外机应尽量靠近室内机以降低冷媒管道阻力损失。机组的风管接驳口在接驳前应妥善地覆盖以避免污染物进入。如有必要，可对机组的箱体、热回收芯体、风机、过滤网等配件的材质提出具体要求。

② 设备列表

设备列表应包括项目所需的环控机的类型特征、运行模式、技术参数和数量，其中类型特征一般包括热泵低位热源类型（空气源型/水地源型）、能量回收类型（全热型/显热型）、安装方式（落地式/吊装式/嵌入式/壁挂式）、热泵压缩机控制方式（定转速型/变转速型）、净化类型（静电式/阻隔式/混合式），运行模式一般包括新风模式、制冷模式、制热模式、内循环模式、内循环制冷模式、内循环制热模式，技术参数一般包括室内外空气干湿球温度、输入功率、能效系数、制热量、制冷量、噪声等。表 3.30 为环控机设备列表的示例，供参考。

环控机设备列表示例　　表 3.30

序号	类型特征					运行模式	技术参数		数量
	热泵低位热源类型	能量回收类型	安装方式	热泵压缩机控制方式	净化类型		各运行模式技术参数	电源	台
1	空气源型	显热型	吊装式	定转速型	阻隔式	新风模式	新风量 200m³/h，新风机外余压 50Pa，排风量 200m³/h，排风机外余压 30Pa，输入功率 100W，热量回收显热交换效率 75%，冷量回收显热交换效率 70%，室内机噪声 39dB(A)	220V 50Hz	22
						制冷模式	室内空气干湿球温度 27/19℃，室外空气干湿球温度 35/28℃，制冷量 5800W，输入功率 1700W，能效系数 3.4，室内机噪声 41dB(A)，室外机噪声 53dB(A)		
						制热模式	室内空气干湿球温度 20/15℃，室外空气干湿球温度 2/1℃，制热量 6200W，输入功率 1900W，能效系数 3.2，室内机噪声 41dB(A)，室外机噪声 53dB(A)		
						内循环模式	内循环风量 300m³/h，内循环机外余压 110Pa		
						内循环制冷模式	室内空气干湿球温度 27/19℃，室外空气干湿球温度 35/28℃，制冷量 4500W，输入功率 1600W，能效系数 2.8，室内机噪声 40dB(A)，室外机噪声 53dB(A)		
						内循环制热模式	室内空气干湿球温度 20/15℃，室外空气干湿球温度 2/1℃，制热量 4900W，输入功率 1800W，能效系数 2.7，室内机噪声 40dB(A)，室外机噪声 53dB(A)		

（6）吊顶辐射板换热器

1）标准依据

吊顶辐射板换热器工程设计选型可依据的标准见表 3.31。

吊顶辐射板换热器工程设计选型可依据的标准　　表3.31

序号	标准编号	标准名称
1	GB 50019	《工业建筑供暖通风与空气调节设计规范》
2	GB 50736	《民用建筑供暖通风与空气调节设计规范》
3	GB 55015	《建筑节能与可再生能源利用通用规范》
4	GB 55016	《建筑环境通用规范》
5	JGJ 142	《辐射供暖供冷技术规程》
6	JB/T 12842	《空调系统用辐射换热器》
7	JG/T 403	《辐射供冷及供暖装置热性能测试方法》
8	JG/T 409	《供冷供暖用辐射板换热器》

2）室内负荷计算

吊顶辐射板换热器设计选型前应对各个房间或区域进行冷热负荷计算。冷热负荷的计算应符合《民用建筑供暖通风与空气调节设计规范》GB 50736、《工业建筑供暖通风与空气调节设计规范》GB 50019或《辐射供暖供冷技术规程》JGJ 142的规定。

3）设计选型具体要求

吊顶辐射板换热器供暖的设计选型过程参考本指南第3.1.2节中第（2）部分，供冷的设计选型根据以下步骤进行设计选型。

① 确定房间设计室内温湿度

根据《民用建筑供暖通风与空气调节设计规范》GB 50736或《工业建筑供暖通风与空气调节设计规范》GB 50019的规定，按建筑气候分区和供冷房间要求确定室内设计温湿度。

② 计算房间显热负荷和潜热负荷

根据室内设计条件、房间功能、建筑图纸和规范等计算房间显热负荷和潜热负荷。需要注意的是，不应计算顶面导热形成的传热负荷。

③ 确定吊顶辐射板换热器承担的显热负荷

根据房间潜热负荷及室内卫生要求确定房间新风量，计算新风承担的房间显热负荷及辐射板换热器承担的显热负荷。注意，当室内卫生要求的最小新风量无法承担全部潜热负荷时宜采用加大送风量的方法。

④ 确定辐射板换热器可吊顶安装面积及其表面温度

不同建筑类型辐射板换热器可吊顶安装的面积不同，其中公共建筑可吊顶安装的面积比例达到80%以上，而居住建筑可吊顶安装的面积比例一般不超过70%。辐射板换热器承担的显热负荷越大，辐射板换热器表面和室内温度之间所需的温差就越大。根据《辐射供暖供冷技术规程》JGJ 142计算满足房间所需供冷量的辐射板换热器表面温度。根据热舒适性研究，过低的表面温度将产生由不对称辐射引起的热不舒适；同时，当表面温度低于室内空气露点温度时将产生结露问题。当辐射板换热器表面温度不满足要求时，可以通过在其他围护结构表面敷设辐射板换热器来提高表面温度。

⑤ 确定吊顶辐射板换热器的类型

吊顶辐射板换热器按装饰面板分为金属板式和非金属板式，按换热管类型分为金属管和塑料管。金属板和金属管相对热阻较小，热响应较快，适用于办公室、会议室等办公建筑，非金属板和塑料管相对热阻较大，热响应较慢，适用于高档住宅、别墅等居住建筑。

⑥ 确定吊顶辐射板换热器的热性能参数或实际安装面积

根据设计供回水温度、辐射板换热器表面温度及辐射板换热器承担的显热负荷，通过计算确定辐射板换热器的热阻等热性能参数，或给定辐射板换热器条件确定辐射板换热器的实际安装面积。需要注意的是，辐射板换热器的实际安装面积小于上述房间可吊顶安装的面积时需要重新校核辐射板换热器表面温度。

4）工程设计说明和设备列表要求

① 工程设计说明

吊顶辐射板换热器表面有结露的风险，设计时应保证辐射板表面温度高于室内空气露点温度1℃～2℃，系统应具有较精确的供水温度控制装置和防结露控制装置。系统应考虑吊顶辐射板换热器的热性能制定对应的防结露控制策略，并采用室内空气温湿度传感器探测并计算空气露点温度的方法。吊顶辐射板换热器施工安装前应与装修单位及时沟通协调，检查灯位、风口、检修口等需要预留的空间是否做好预留及标识。安装后应有标记，提示避免家具等的遮挡和后期的随意开孔。吊顶辐射板换热器施工过程中应防止油漆、沥青或其他有机溶剂接触污染保温板及加热管的表面。

② 设备列表

设备列表应包括项目所需的吊顶辐射板换热器类型特征、技术参数和数量，其中类型特征一般包括装饰面板类型（金属板式/非金属板式）、换热管类型（金属管/塑料管）等，技术参数一般包括空气干湿球温度、进出水温度、供冷量、工作压力、水量、水阻、尺寸。表3.32为吊顶辐射板换热器设备列表的示例，供参考。

吊顶辐射板换热器设备列表示例 **表3.32**

序号	类型特征		技术参数							数量
	装饰面板类型	换热管类型	空气干湿球温度	进出水温度	供冷量	工作压力	水量	水阻	尺寸（长×宽）	
			℃	℃	W/m^2	MPa	kg/h	kPa	mm	m^2
1	金属板式	金属管	27/19	16/19	40	0.4	60	10	1200×600	36

第 4 章　工程施工安装及验收要点

在暖通空调工程建设中，施工安装和验收是工程建设最重要的环节，涉及安装单位、监理单位、供应商、建设单位等多家单位，因此，需要安装单位、监理单位、供应商等相关人员在工程建设过程中对暖通空调产品的施工安装以及验收有比较专业且深入的认识和了解，以保证工程质量。

4.1　供暖产品

4.1.1　工程施工安装及验收常见问题

（1）供暖散热器

供暖散热器在工程施工安装及验收过程中常常出现如下问题：供暖散热器在安装前，因保管不当，造成散热器进出口螺纹损坏、外表面划痕、产品配件损伤不可再用。供暖散热器接口管径不按流量计算选用，放大管径，造成阀门造价增加，造成安装不便。安装位置选择不当，与家具、电气插座、配电箱、卫生洁具互相影响；在卫生间门后面安装卫浴背篓型散热器致使门打不开。散热器安装支架数量、位置和形式不满足要求，安装质量不合格、支架变形、运行产生噪声等。每年的散热器漏水事故 80%是由安装操作不当、劣质管件等引起的，如因安装工人操作不当或用力过大致使管件损坏，散热器与管件连接处出现漏水等，散热器的安装需找专业安装队伍，有安装资质的安装单位进行安装。综上，在工程施工过程中，对供暖散热器安装质量应加以重视。

（2）热水辐射供暖装置

在工程应用中，存在填充式热水辐射供暖装置的绝热保温材料性能达不到要求，承载能力不够，导致使用过程中出现绝热保温材料厚度变薄，绝热保温效果变差。对预制式调平热水辐射供暖系统的工艺缺乏了解，导致很多工地楼面仍采用水泥湿法找平，影响了干式工法楼面地面方面的装配率分值。选用预制式地暖模块厚度低于 35mm，无法做管线分离架空层，导致在竣工审查时地面部分扣分过多，严重影响了该子项目的装配率分值。热水辐射供暖装置施工环境温度出现低于 5℃的情况，从而增加塑料管的破裂风险。对于毛细管网，理想的施工环境温度不宜低于 10℃，如要在低于此温度的环境下施工，对毛细管网的保护和作业应更小心，以免破损。

（3）板式换热器

某些项目中，板式换热器的换热效果不佳，一、二次侧的温差差别较大。通过测量板换前后压差发现，大部分板换阻力远大于产品额定压差。如图 4.1 所示，额定压降小于 60kPa，现场实测为 200kPa，板换存在堵塞的情况。这种现象产生的原因主要有：施工冲洗时，未将板换旁通，冲洗时水直接经过板换，砂石等造成堵塞；部分项目冲洗后进行水管传感器安装，安装时一些焊接杂物进入水管中。因此，在水系统冲洗时务必将板换旁通，切勿将杂质冲进板换中。如系统冲洗后，部分管道进行了二次施工，需要对该段重新清洗后再接入板换。

		Hot side热侧	Cold side冷侧
Fluid 流体		Water	Water
Density 密度	kg/m³	1000	1000
Specific heat Capacity 比热	kJ/(kg·K)	4.20	4.21
Thermal conductivity 导热系数	W/(m·K)	0.587	0.585
Inlet viscosity进口黏度	cP	1.19	1.52
Outlet viscosity 出口黏度	cP	1.45	1.24
Volume flow rate 体积流量	m³/h	592.6	591.2
Inlet temperature 进口温度	°C	13.5	5.0
Outlet temperature 出口温度	°C	6.5	12.0
Pressure drop 压力降	kPa	53.4	53.7
Heat exchanged 热负荷	kW	4840	
L.M.T.D.对数温差	K	1.5	
O.H.T.C. service 传热系数(运行)	W/(m²·K)	5935	
Heat transfer area 换热面积	m²	540.9	

图 4.1　板换前后压差测量结果

（4）水力平衡阀

在设计中平衡阀的选型经常过大，导致实际运行过程中阀门的调节能力和调节精度较低。目前，大部分高端项目的组合式空调机组或新风机组均使用了动态电动平衡调节阀。阀门选型时主要关注流量上限。

图 4.2 为某项目平衡阀的选型表，可以看出，平衡阀的最大阀门开度基本都在 80%以下，最低的阀门最大开度低至 37.5%。如果动态电动平衡阀厂家选型过大，则现场设定将会造成动态电动平衡调节阀可调范围降低、调节性能下降等问题。

序号	设备编号	服务区域	类型	盘管冷却工况					
				冷水量	一体阀最大流量	阀门最大开度	机组冷接口	实际冷接口	动态阀规格
				t/h					-
1	AHU-2F-01~02	办公大堂	组合式	31.1	50.0	62.1%	*DN*100	*DN*65/*DN*80	*DN*100
2	AHU-4-01	连廊	组合式	20.3	35.0	58.1%	*DN*100	*DN*65	*DN*80
3	AHU-4-02	四层中庭	组合式	14.4	24.5	58.8%	*DN*80	*DN*65	*DN*65
4	AHU-4-03	四层中庭到达区	组合式	18.4	35.0	37.5%	*DN*100	*DN*80	*DN*65
5	AHU-4-04	三层中庭	组合式	14.4	24.5	58.8%	*DN*80	*DN*65	*DN*65
6	AHU-4-05	多功能厅	组合式	12.9	24.5	52.6%	*DN*65	*DN*65	*DN*65
7	AHU-4-06	多功能厅	组合式	12.9	24.5	52.6%	*DN*65	*DN*65	*DN*65

图 4.2　某项目平衡阀选型表

（5）自力式压差控制阀

自力式压差控制阀经常设置在风机盘管或散热器的水平支管回水管，用以维持该环路的资用压头。设计时一般估算一个环路压差，调试人员则按照设计压差直接设定圈数。实际运行中经常发现实际环路压差较小，小于压差控制阀的调节范围，导致阀门失效。因此，当环路压差过小时，不建议水平支管使用自力式压差控制阀，可多个支管的干管上使用一个。如该支路调节精度要求较高，可在进水管安装静态平衡阀，通过调节静态平衡阀增加环路压差达到压差控制阀调节范围。

图 4.3 是某变风量系统 VAVbox 热水支路水平动态压差阀，管段及阀门均为 *DN*50。

设计计算的环路压差为 50Pa，厂家选型的阀门可调压力范围为 30Pa～80Pa。在水平衡调试过程中发现，由于末端流量小、管段管径大，实际该支路压差仅为 15Pa，小于阀门可调范围，因此阀门调节能力失效。后与厂家沟通后，可在进水管安装静态平衡阀，通过测压管将静态平衡阀含在控制环路内，将静态平衡阀关小、人为增大环路阻力，使环路压差增大到 30Pa 以上。

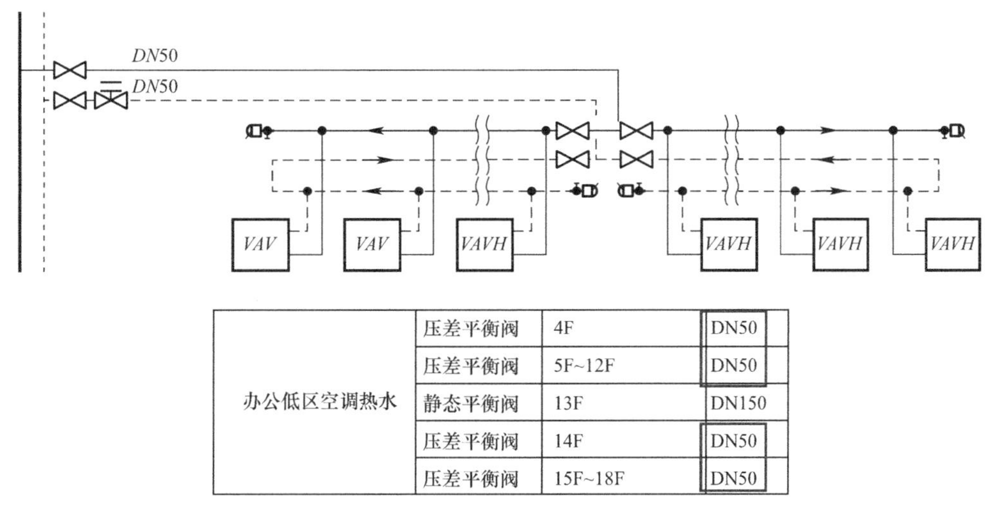

办公低区空调热水	压差平衡阀	4F	DN50
	压差平衡阀	5F~12F	DN50
	静态平衡阀	13F	DN150
	压差平衡阀	14F	DN50
	压差平衡阀	15F~18F	DN50

图 4.3　某变风量系统 VAVbox 热水支路水平动态压差阀

以上补救方式虽然能够解决阀门失效的问题，但会使管道阻力增大，增加了水泵能耗。因此在设计选型时，需详细计算环路阻力，选择合适的阀门。虽然在进水管设静态平衡阀会增大系统阻力，仍建议在使用压差阀时配备静态平衡阀。因为静态平衡阀不仅均有测流孔、可方便测试，而且可用静态平衡阀调节管路压差、匹配压差阀。目前的静态平衡阀全开时阻力较小，对能耗的影响不大。

4.1.2　工程施工安装及验收要点

（1）供暖散热器

1）相关标准

实际工程中，供暖散热器在招标采购、工程施工安装和验收时，可依据的标准见表 4.1。

供暖散热器招标采购、工程施工安装及验收相关标准　　表 4.1

序号	标准编号	标准名称
1	GB 50242	《建筑给水排水及采暖工程施工质量验收规范》
2	GB 50411	《建筑节能工程施工质量验收标准》
3	JGJ/T 260	《采暖通风与空气调节工程检测技术规程》
4	GB/T 13754	《供暖散热器散热量测定方法》
5	GB/T 19913	《铸铁供暖散热器》
6	GB/T 29039	《钢制采暖散热器》

续表

序号	标准编号	标准名称
7	GB/T 34017	《复合型供暖散热器》
8	GB/T 31542	《钢铝复合散热器》
9	JG/T 2	《钢制板型散热器》
10	JG/T 3	《采暖散热器　灰铸铁柱型散热器》
11	JG/T 4	《采暖散热器　灰铸铁翼型散热器》
12	JG/T 143	《铝制柱翼型散热器》
13	JG/T 148	《钢管散热器》
14	JG/T 220	《铜铝复合柱翼型散热器》
15	JG/T 221	《铜管对流散热器》
16	JG/T 232	《卫浴型散热器》
17	JG/T 293	《压铸铝合金散热器》
18	JG/T 3012.2	《采暖散热器　钢制翅片管对流散热器》
19	JG/T 3047	《采暖散热器　灰铸铁柱翼型散热器》

2）招标采购要求

招标时，在招标文件的技术文件部分应对供暖散热器产品质量标准、包装、交货、集成安装、调试、验收以及售后等内容分别提出要求，投标方需对相应内容进行响应，招标文件中明确技术要求。

供暖散热器产品质量要求包含以下内容：产品的介绍、研发能力、技术能力、生产规模、供货能力、生产材料等情况说明，同时提供关于产品的质量、安全性及抽检合格率等方面的说明及承诺。产品生产基地，所用原材料、配件的规格型号及产地；若为进口产品，还需提供产品国内授权销售委托书、原产地证明及报关单等资料。按照产品执行的国家及行业标准中相关条款，需对产品特点、型号、类型特征（结构形式、进出水口位置、安装形式等）和性能参数（材质及壁厚、外形尺寸、中心距、散热量、金属热强度、工作压力等）提出要求，国外产品应写明国内销售和国外销售产品的质量及标准差异等。产品说明书、获奖证明及专利情况。产品质量认证书和相关检测报告（包括但不限于质量合格证、检验报告）。

3）施工安装基本规定和要求

供暖散热器的施工与安装应符合《建筑给水排水及采暖工程施工质量验收规范》GB 50242 的规定。散热器安装前应进行开箱检查，并应包括以下内容：散热器开箱后应按照设备装箱单对零件、部件、配套件和随机文件等技术文件进行清点；散热器在安装前，不可卸下进出口胶帽或堵帽。保护内、外螺纹的完整性，保证安装质量；在散热器安装工作完成之前或同一工程的其他装饰、装修工作未完成时，不要拆散热器上的包装膜，以免散热器表面被损坏；散热器安装布置时应避免与家具、电气插座、配电箱位置冲突；散热器背面与装饰后的墙内表面安装距离，应符合设计或产品说明书要求，当设计无要求时，应距离 30mm；安装连接的进出水管口要与散热器的上下进出水口成轴线平行状态，长短应一致，避免连接处的距离过远或硬拉、硬上。为防止涂层脱落，安装时最好用开口扳手，严禁用管钳；需要现场组装的散热器，应按《建筑给水排水及采暖工程施工质量验收规范》GB 50242 的要求，逐一进行水压试验后安装。整组出厂的散热器在安装之前应做水压试验，当试验压力设计无要求时，应为产品标注工作压力的 1.5 倍。

① 一般安装要求

一般沿外墙，特别是在窗下布置，也可以靠内墙布置。从装饰效果出发，也可选择高窄的安装于侧墙的散热器。《供热工程》中对散热器在室内的平面布置和空气循环进行了分析，如图 4.4、图 4.5 所示。散热器布置在外墙窗下，可提高外墙和外窗下部的温度，阻止渗入室内的空气形成下降的冷气流，房间贴地面处的空气温度较高，减少对人体的冷辐射，人体所在工作区感觉良好（图 4.4a）。图 4.5 为散热器布置在不同位置时室内空气循环示意图，图 4.5a 和图 4.5b 方案不仅提高房间的热舒适性，而且散热器可少占用室内使用面积。但散热器背面的墙体温度最高，增加热损失。靠内墙布置的优点是某些场合下可减少管路系统的长度和节省管材。散热器背面的热损失可有效利用。其缺点是沿房间地面流动的空气温度较低（图 4.5c），降低舒适度，不仅占用室内使用面积、影响家具及其他设施的布置，而且长期裸置散热器上升气流中所含微尘附着于散热器所在处上方墙面，影响美观。

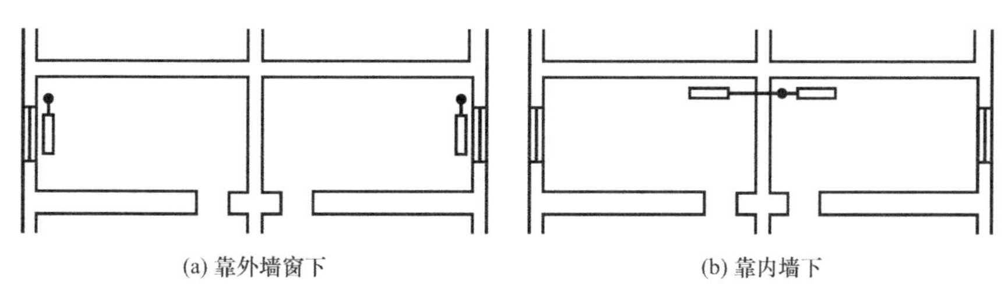

图 4.4　散热器在室内的平面布置示意图

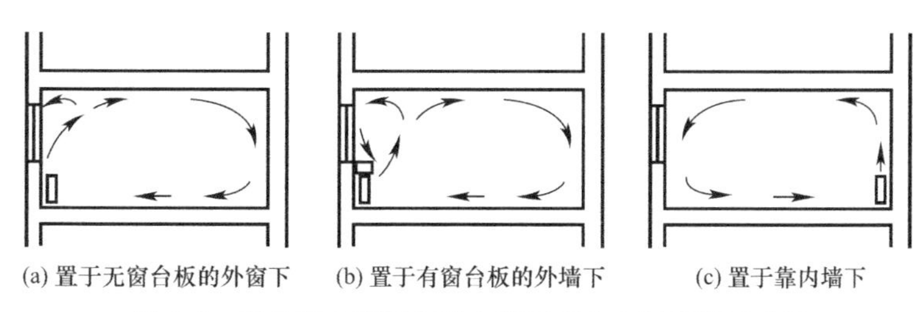

图 4.5　散热器在不同布置方案下室内空气循环示意图

散热器的长、宽、高不仅要适应所在位置的建筑结构尺寸，而且在散热器的两侧要留出连接和拆卸接管部件的余地。在窗下布置时，窗台板下的高度不仅要大于散热器的高度，而且要预留安装时下落就位和拆卸散热器时上抬的空间。

主要房间尽量不要与辅助房间的散热器串联和共用立管，以免后者维修时影响主要房间供暖。垂直式系统中同一房间的两组散热器可以串联，但串联管的直径应与散热器接口直径相同。

② 卫生间安装

卫生间尺寸狭窄，散热器安装受限较大。散热器布置应与建筑、电气、给水排水等各专业密切配合，避免与洁具、阀门、电器插座位置冲突。当采用卫浴型散热器时，由于卫浴型散热器形式多样，选择时需要注意以下几点：背篓式、环柱式等形式需要较大的空间，不宜在门后安装；可在浴盆接管对面、坐便器水箱上部安装，距浴盆及水箱尺寸宜为200mm～300mm；各种散热器不建议在洗面盆下安装，此处常被住户装修成橱柜，无法散热，且各种上下水管道较多，相互影响操作与检修；当散热器在座便器侧面安装时，散热器外边缘与坐便器中心距离不应小于450mm。

③ 厨房安装

厨房布置散热器须注意尽量远离冰箱及天然气管道，条件受限时，距离不宜小于200mm。散热器不宜布置在洗菜盆下方。

④ 楼梯间安装

因热气流自然上升，楼梯间的散热器应尽量布置在其底层及下部各层。两道外门之间不能布置散热器，楼梯间底层散热器应远离外门，以防冻害。

散热器可以明装或暗装。明装时易于清除灰尘，安装简便，有利散热。大多数情况下加罩暗装后散热器的散热量减少，为此，装饰罩的正表面应有合理的、足够的气流通道以减少其影响。装饰罩不仅本身要便于安装和摘取，而且要便于维修时拆装散热器。暗装散热器设温控阀时，应采用外置式温度传感器。对房间装饰要求较高的民用、公用建筑或幼托机构和老年住所等要防止烫伤和磕碰的场所可加装饰罩进行暗装。

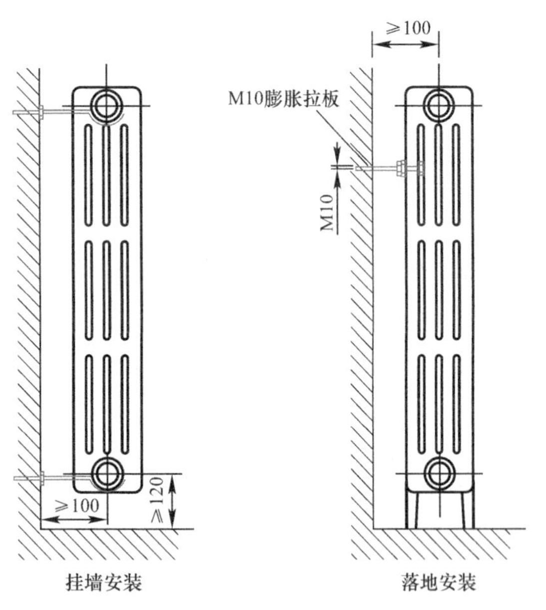

图 4.6　挂墙安装和落地安装示意图

当产品本身比较重，或者安装位置墙体为空心墙或保温墙等，不适合壁挂式安装，应采用支撑腿落地安装，再用支架加固。比如铸铁散热器因产品本身比较重，宜选择落地式安装。如果一定要挂墙式安装，则墙体应满足承重要求。挂墙安装和落地安装示意如图 4.6 所示。挂墙式固定安装需要注意的是，用膨胀螺栓固定支架时，膨胀螺栓一定要打在实体墙上。安装挂钩及固定配件时，应注意结构合理、结实耐用、安全可靠。

散热器支架、托架安装时，位置应准确，埋设牢固。挂钩位置应画线定位，打孔要准确，以确保散热器受力均匀，悬挂牢固；散热器支架、托架数量，应符合设计或产品说明书要求，当无设计要求时，应符合表 4.2 的规定。

与散热器连接的塑料管和金属管件、阀门等连接应使用专用管件连接。法兰宜采用板式平焊钢制法兰。调节阀的型号、规格、公称压力及安装位置应符合设计要求。

每组散热器安装时需要安装锁闭阀，保证每组散热器均可独立进行维修而不影响系统中其他散热器；安装阀门连接件时，用专用扳手把阀门连接件安装在散热器进、出水口上。

散热器支架、托架数量　　表 4.2

散热器形式	安装方法	每组片数	上部托钩或卡架数	下部托钩或卡架数	合计
柱型柱翼型	挂墙	3～8	1	2	3
		9～12	1	3	4
		13～16	2	4	6
		17～20	2	5	7
		21～25	2	6	8
柱型柱翼型	带足落地	3～8	1	—	1
		8～12	1	—	1
		13～16	2	—	2
		17～20	2	—	2
		21～25	2	—	2

在安装放气阀时，应放正放气阀，用手向里旋进。然后用扳手轻轻用力上紧，但用力需适度，以防止放气阀外螺纹掉扣，严禁用力过猛，造成工件损伤，如配件有损伤不可再用，需立即更换。但更换配件必须是本厂随产品附带的配套产品配件，不可随意采用其他的配件，防止造成因配件质量问题，造成不应有的损失。

4）验收要点

散热器的验收应符合《建筑给水排水及采暖工程施工质量验收规范》GB 50242、《建筑节能工程施工质量验收标准》GB 50411 和《采暖通风与空气调节工程检测技术规程》JGJ/T 260 的有关规定。

供暖散热器的施工验收查验装箱清单、设备说明书、产品质量合格证书和性能检测报告等随机文件，进口设备还应具有商检合格的证明文件，并根据工程实际情况形成书面验收文件，主要包括以下内容：散热器外观应无损伤，散热器的零部件、材料、加工件和成品的出厂合格证、检验记录或试验资料；散热器安装位置、背部距墙尺寸、水平、挂钩数量等实测检查记录；现场组装的产品检验记录和水压试验记录；设计修改的有关文件；竣工图；试运行各项实测检查记录；质量问题及其处理的有关文件和记录等相关资料。

（2）热水辐射供暖装置

1）相关标准

实际工程中，热水辐射供暖装置在招标采购、工程施工安装和验收时，可依据的标准见表 4.3。

热水辐射供暖装置招标采购、工程施工安装及验收相关标准　　表 4.3

序号	标准编号	标准名称
1	JGJ 142	《辐射供暖供冷技术规程》
2	JGJ/T 260	《采暖通风与空气调节工程检测技术规程》
3	GB/T 29045	《预制轻薄型热水辐射供暖板》
4	JG/T 403	《辐射供冷及供暖装置热性能测试方法》
5	JG/T 409	《供冷供暖用辐射板换热器》

2）招标采购要求

实际工程中，热水辐射供暖装置等部件招标采购时，采购的产品应按《预制轻薄型热水辐射供暖板》GB/T 29045、《辐射供暖供冷技术规程》JGJ 142 及《供冷供暖用辐射板换热器》JG/T 409 进行生产，应给出室内设计温度、进出口水温度、辐射供暖表面温度、有效供热量及热损失比例、工作压力、水流阻力等技术参数。

绝热保温材料应采用导热系数小，具有足够承载能力的材料，不得散发异味及可能危害健康的挥发物；绝热保温材料性能应符合《预制轻薄型热水辐射供暖板》GB/T 29045、《辐射供冷及供暖装置热性能测试方法》JG/T 403 及《辐射供暖供冷技术规程》JGJ 142 的要求。

填充式热水辐射供暖装置的预制模块保温板可以不设均热层，但若设有均热层应耐砂浆腐蚀；预制式热水辐射供暖装置的预制模块保温板应设均热层，并满足《预制轻薄型热水辐射供暖板》GB/T 29045、《辐射供冷及供暖装置热性能测试方法》JG/T 403 及《辐射供暖供冷技术规程》JGJ 142 的要求。

加热管应满足设计使用寿命、施工和环保性能要求，工作压力不应小于 0.4MPa，宜使用带阻氧层的管材；加热管材料性能应符合标准《预制轻薄型热水辐射供暖板》GB/T 29045、《辐射供冷及供暖装置热性能测试方法》JG/T 403 及《辐射供暖供冷技术规程》JGJ 142 的要求。

3）施工安装基本规定和要求

热水辐射供暖装置的施工安装应考虑热水辐射供暖装置的铺装结构和安装位置。

施工安装过程中，加热管敷设区域严禁穿凿、穿孔或进行射钉作业。施工人员不得在施工过程中对加热管造成损伤。墙面和顶面施工安装前应与装修单位及时沟通协调，检查灯位、开关等需要预留的空间是否做好预留及标识。安装后应有标记，提示避免家具等的遮挡和后期的随意开孔。

预制式热水辐射供暖装置进行调平地面设计时，可采用防潮阻燃的可调节龙骨和玻镁板组合固定，施工流程如图 4.7 所示。可调节龙骨宽 50mm 厚 35mm，中心距 300mm，欧标玻镁板厚度 12mm；竣工基准厚度 48mm，可调节高度 0mm～25mm，地面抗压强度大于或等于 1.6t/m²，顺平地面对角高低差小于或等于 20mm。

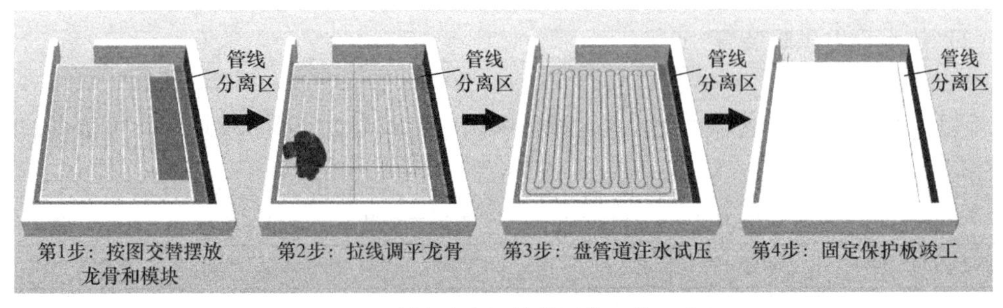

图 4.7　预制式热水辐射供暖装置施工流程

管线分离区设计时管线分离沿墙边预留设计，可消除管道交叉隐患，沿墙边采用沟槽型木楞骨，方便布线和固定保护板，如图 4.8 所示。根据水电线管数量，预留 600mm 或 300mm 的架空空间，管线分离区的均热板单独固定，方便维修打开。

预制保温板模块铺设应平整，模块间相互结合应紧密无明显缝隙，接缝应粘结平顺，宜采用铝箔胶带粘结。地面平整度应该达到铺设地板要求，每 2m 内的误差不应大于

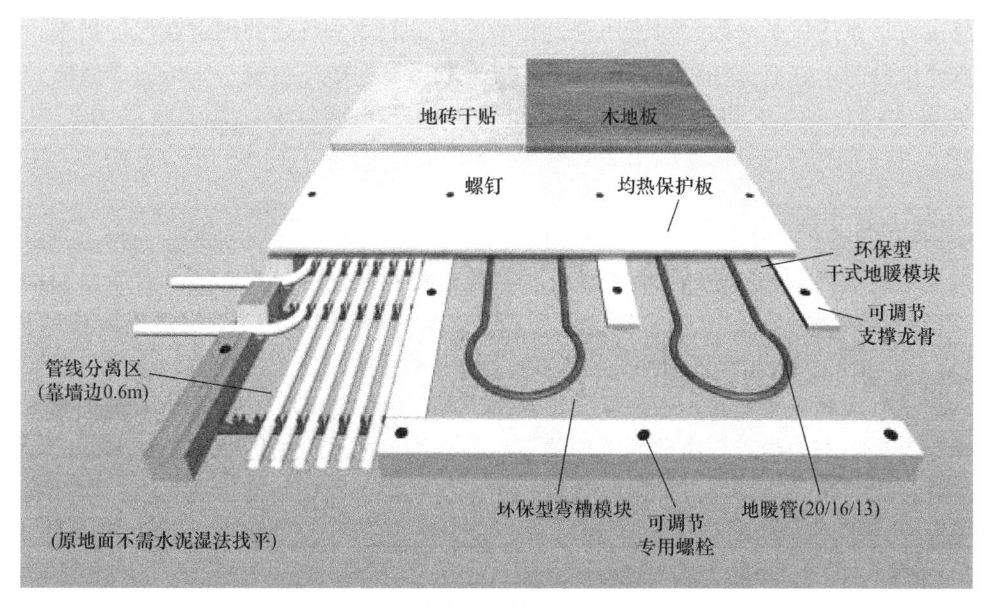

图 4.8　预制式热水辐射供暖装置管线分离设计

3mm。毛细管网抹灰安装时，施工环境温度不宜低于 10℃，施工过程及现场安装如图 4.9、图 4.10 所示。

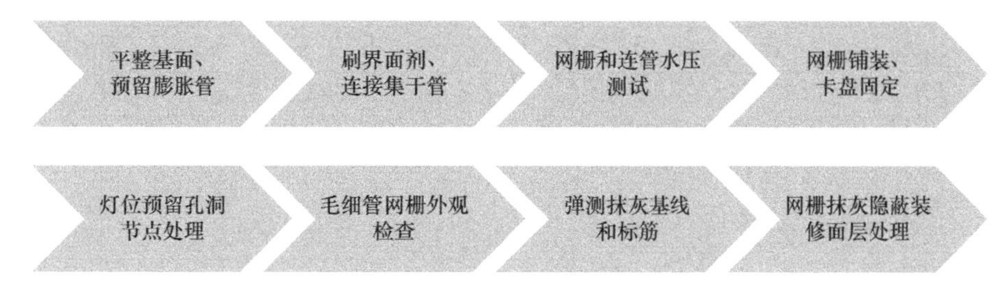

图 4.9　毛细管网抹灰安装施工过程

图 4.10　毛细管网现场安装

热水辐射供暖装置安装完毕，外观检查合格后，应按照《采暖通风与空气调节工程检测技术规程》JGJ/T 260 的有关规定进行冲洗和水压试验，水压试验程序应符合以下规定：水压试验应在系统冲洗之后进行；系统冲洗应对分水器、集水器以外主供、回水管道冲洗合格后，再进行室内供暖水系统的冲洗；水压试验应以每组分水器、集水器为单位，逐回路进行；水压试验之前，对试压管道和构件应采取安全有效的固定和保护措施；冬季进行水压试验时，在有冻结可能的情况下，应采取可靠的防冻措施；试压完成后应及时将管内的水吹净、吹干；试验压力应为工作压力的 1.5 倍以上，其试验压力不应小于 0.6MPa。检验方法：在试验压力下，稳压 1h，其压力降不应大于 0.05MPa，且不渗不漏。

4）验收要点

热水辐射供暖装置所使用的加热管、绝热保温材料及均热层等必须具有质量合格证明文件，应符合《预制轻薄型热水辐射供暖板》GB/T 29045、《辐射供暖供冷技术规程》JGJ 142 及《供冷供暖用辐射板换热器》JG/T 409 的相关规定。加热管、绝热保温安装完毕，填充层（混凝土填充式）或面层（预制模块保温板）施工前，应按隐蔽工程要求，由工程承包方提出书面报告，由监理工程师组织各有关人员进行中间验收。绝热层、保温板及加热管施工技术要求及允许偏差应符合表 4.4 的规定，原始地面、填充层、面层施工技术要求及允许偏差应符合表 4.5 的规定。

绝热层、保温板、加热管施工技术要求及允许偏差 **表 4.4**

序号	项目		条件	技术要求	允许偏差(mm)
1	绝热层	聚苯板类	结合	紧密	—
			厚度	按设计要求	+10mm
		发泡水泥	厚度	按设计要求	±5mm
2	预制模块保温板	保温板	连接	紧密	—
		均热层（如有）	厚度	应≥0.1mm	—
3	加热管	塑料及铝塑管	间距	按设计要求	—
			弯曲半径	宜≥6，应≤11 倍管外径	−5mm
		铜管	间距	按设计要求	—
			弯曲半径	宜≥5，应≤11 倍管外径	−5mm

原始地面、填充层、面层施工技术要求及允许偏差 **表 4.5**

序号	项目	条件		技术要求	允许偏差(mm)
1	原始地面	铺设绝热层或保温板、供暖板前		平整	—
2	填充层	豆石混凝土	标号，最小厚度	C15，宜 50mm	平整度±5
		水泥砂浆	标号，最小厚度	M10，宜 40mm	平整度±5
		面积大于 $30m^2$ 或长度大于 6m		留 8mm 伸缩缝	+2
		与墙、柱等垂直部件		留 10mm 伸缩缝	+2
3	面层	与墙、柱等垂直部件	瓷砖、石材地面	留 10mm 伸缩缝	+2
			木地板地面	留≥14mm 伸缩缝	+2

注：原始地面允许偏差应满足相应土建施工标准。

（3）电供暖产品

1）相关标准

实际工程中，电供暖产品在招标采购、工程施工安装和验收时，可依据的标准见表 4.6。

电供暖产品招标采购、工程施工安装及验收相关标准　　表 4.6

序号	标准编号	标准名称
1	GB/T 7287	《红外辐射加热器试验方法》
2	GB/T 39288	《蓄热型电加热装置》
3	JG/T 236	《建筑用电供暖散热器》
4	JG/T 286	《低温辐射电热膜》

2）招标采购要求

电供暖产品招标采购时，在招标文件的技术文件部分应对电供暖产品质量标准、包装、交货、集成安装、调试、验收以及售后等内容分别提出要求，投标方需对相应内容进行响应，招标文件的合同条款中技术要求。采购的产品应按《蓄热型电加热装置》GB/T 39288、《建筑用电供暖散热器》JG/T 236、《红外辐射加热器试验方法》GB/T 7287、《低温辐射电热膜》JG/T 286 或企业标准进行生产，电供暖产品的核心部件还应符合相应的部件标准要求。

3）施工安装基本规定和要求

电供暖产品施工安装前应具备齐全的设计施工技术文件，施工单位应具有相应的施工资质，施工人员应经过相应的技术培训且持证上岗，安装材料应保证已检验合格。产品和材料在搬运过程中应轻拿轻放，不得破坏质量，在施工现场的存放环境应符合相关储存要求。带独立电供暖热源供暖方式的安装应满足《建筑给水排水及采暖工程施工质量验收规范》GB 50242、《通风与空调工程施工规范》GB 50738、《蓄能空调工程技术标准》JGJ 158 等相关标准的要求。辐射电供暖产品的安装应满足《辐射供暖供冷技术规程》JGJ 142、《低温辐射电热膜供暖系统应用技术规程》JGJ 319 等相关标准的要求。

4）验收要点

电供暖产品的验收包括产品和材料验收、施工质量验收和整体竣工验收三个阶段。供暖系统的验收应满足《建筑给水排水及采暖工程施工质量验收规范》GB 50242、《通风与空调工程施工规范》GB 50738 等相关标准的要求。电供暖电气系统的验收应满足《建筑电气工程施工质量验收规范》GB 50303、《电气装置安装工程　低压电器施工及验收规范》GB 50254 等相关标准的要求。

4.2　通风产品

4.2.1　工程施工安装及验收常见问题

施工过程中质量控制是保证设备和系统性能满足要求的前提条件，实际工程中由于分包多，工人技术水平参差不齐等原因，经常会因质量控制不到位导致出现施工缺陷，影响系统的实际运行效果。常见的施工安装及验收问题如下。

（1）通风管道

1）柔性短管

柔性短管在安装过程中经常存在以下问题：一是风管过长。柔性短管表面粗糙，因此风管阻力大，压降过大。同时风管过长容易出现软塌，增加局部阻力，如图 4.11 所示。二是软管弯折，严重影响送风，如图 4.12 所示，且软管破损或连接处未用卡箍箍紧，造成脱落。

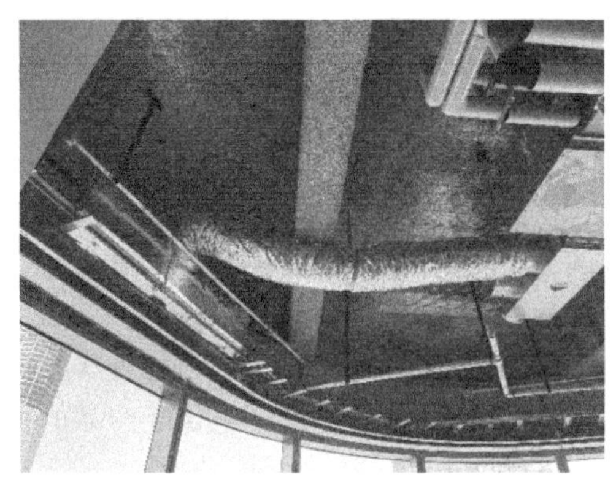

图 4.11　风管过长

图 4.12　软管弯折

2）通风管道中关键构件问题

在通风管道中的三通、弯头、变径等关键构件经常存在的问题有：一是设计时按照手册上通风空调管道系统局部阻力构件的局部阻力系数进行计算，但是与实际通风空调系统工程中阻力不符，系统阻力不能平衡；二是通风空调管道系统弯头、三通、四通、变径等局部阻力构件多，各局部阻力构件之间距离太短，造成通风管道内涡流严重，气流分布不均，相互之间影响大；三是各种弯头、三通件局部阻力较大，诱发了气动噪声污染，引发风机喘振，增加系统的能耗。

3）风管漏风

通风空调系统风管的严密性关系到运行能耗和室内空气品质，但在实际工程常存在着由于材质、制作、安装等原因造成的风管漏风。风管漏风的原因主要有：一是矩形风管由于咬口形式选用不当造成四角咬口处开裂，或者运输、振动以及安装时风管各方向受力不均匀而造成咬口开裂。二是风管无法兰连接不严。矩形风管钢板厚度薄，矩形断面尺寸过大，无法兰连接处强度低；圆形风管两风管直径误差较大；接口抱箍松动，接口处密封垫料对接不严密；采用插入式连接，对口连接短管与风管间隙过大。三是风管采用法兰连接时由于法兰垫片材质和厚度不符合要求造成接口处漏风。

4）风管保温不当产生结露

风管的保温关系到通风空调系统的实际运行能耗和寿命。在风管施工中，存在着保温材料的密度、导热系数等性能和厚度不符合设计要求、支架保温隔冷减振措施不到位等问题，导致风管在实际运行时产生结露，降低通风空调系统寿命。风管保温不当造成的凝露现象如图 4.13 所示。

5）排气道漏风

住宅厨卫排气道由于制作原材料和工艺不符合要求导致排气道成品质量差，另外施工中存在排气道上下层间连接不严密、各层支管与排气道连接不严密等问题，造成排气道系统在使用中存在着串烟串味等问题，严重影响人们的生活品质，如图 4.14 所示。

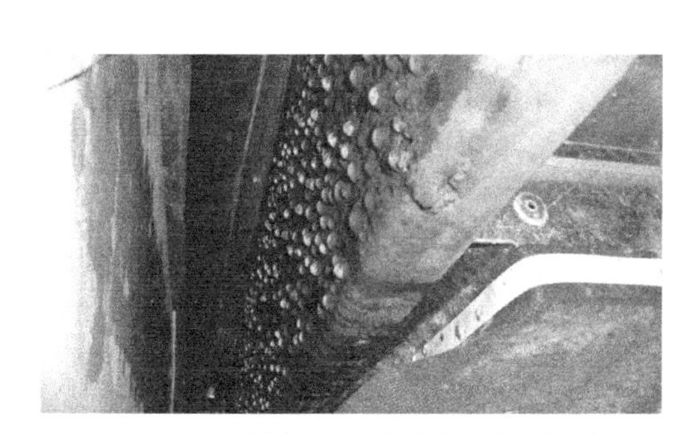

图 4.13　风管保温不当造成的凝露现象

图 4.14　排气道主体及止回阀漏气点

（2）通风空调风口

1）气流短路

在一些精准项目上，为了美观，将送、回风口设置距离太近，导致气流短路。图 4.15 中送风口采用的是高诱导的热芯低温风口，射程较长，回风口布置在送风口射程范围内，导致气流短路。因此，在施工过程中，精装需和空调专业配合设置风口位置，以免发生此类现象。

图 4.15　气流短路

气流组织应根据空调区的温湿度参数、允许风速、噪声标准、空气质量、温度梯度以及空气分布特性指标（ADPI）等要求，结合内部装修、工艺或家具布置等确定；复杂空间空调区的气流组织设计，宜采用计算流体动力学（CFD）数值模拟计算。为避免气流短路等问题，在施工前设计者应与施工方充分交流设计方案、设计细节和施工要点，确保气流组织的正确实施。

2）吹风感

高诱导风口在射流和贴附的作用下，能产生强烈的空气诱导和混风效果，但如果风口与吊顶面脱离（图 4.16），导致送出的气流在运行方向上遇到遮挡物或障碍物，气流无法持续贴附并诱导，可能造成室内气流组织缺陷甚至对人体产生一定的吹风感，影响人体舒适度。因此，风口整体需保持水平安装（图 4.17、图 4.18），并与吊顶装饰面完全贴合。

图 4.16 风口与吊顶面脱离

图 4.17 风口与吊顶面完全贴合

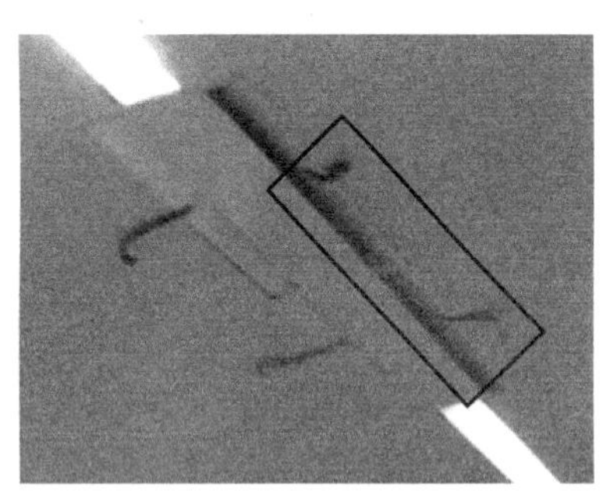

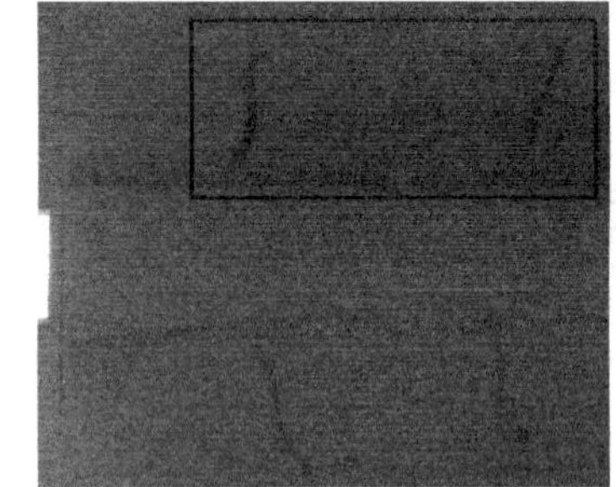

图 4.18 风口调整前后

3）风口噪声

排风口在施工过程中，为了配合结构或造型或外立面美观的需要，而刻意地缩小排风口面积，会导致噪声的产生。此外，风口本身质量差、风口安装不稳定、固定螺栓松动等，会导致气流高速通过时，风口晃动而产生噪声。

（3）定风量阀

机械式定风量阀的运行无须外部供电，它依靠一块灵活的阀片在空气动力的作用下，能将风量在整个压差范围内恒定在设定值上，如图 4.19 所示。气流流动产生动力，这一作用力再经由定风量阀内的自动充气气囊放大，作用于阀片使其朝关闭方向运动，气囊还具有缓冲减震的作用。同时，由弹簧片和凸轮组成的机械装置驱使阀片向相反方向运动，从而保证风管压力变化时风量恒定在的误差内。定风量（CAV）是一种被动式的控制方法，它使用手动风量调节阀，通过简单的送风和排风平衡，送风比排风少（或多）一定的量（余风量），来达到

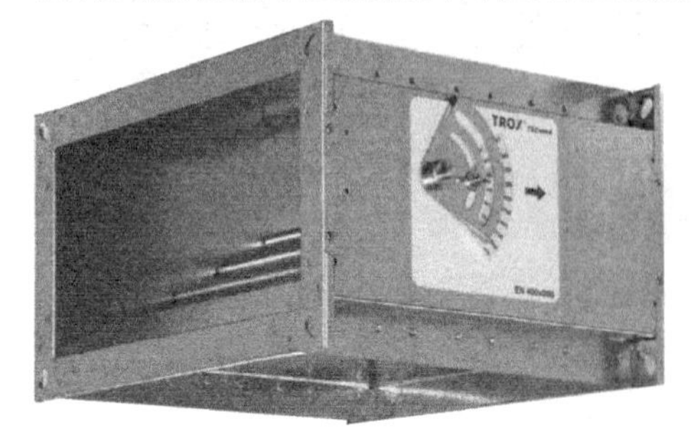

图 4.19 机械式定风量阀

所期望的压差。

在施工安装过程中，经常发现的问题有：气囊被刺破，导致阀门失效；阀叶两端被胶封住，无法调节；阀门安装反向，气流方向与箭头方向相反。以上问题均会影响阀门调节性能，在安装时需重点关注。

4.2.2　工程施工安装及验收要点

（1）通风机

通风机均由叶轮、机壳、底座等组成，风机的安装包括机身的安装，底座的安装。

1）相关标准

实际工程中，通风机在招标采购、工程施工安装及验收时，可依据的标准见表4.7。

通风机招标采购、工程施工安装及验收相关标准　　表4.7

序号	标准编号	标准名称
1	GB 50243	《通风与空调工程施工质量验收规范》
2	GB 50275	《风机、压缩机、泵安装工程施工及验收规范》
3	GB 50411	《建筑节能工程施工质量验收标准》
4	GB 50738	《通风与空调工程施工规范》
5	GB 10080	《空调用通风机安全要求》
6	JB/T 6411	《暖通空调用轴流通风机》
7	JB/T 7221	《暖通空调用离心通风机》
8	JB/T 8689	《通风机振动检测及其限值》
9	JB/T 8690	《通风机　噪声限值》
10	JB/T 8932	《风机箱》
11	JB/T 9068	《前向多翼离心通风机》
12	JB/T 10562	《一般用途轴流通风机　技术条件》
13	JB/T 10563	《一般用途离心通风机　技术条件》
14	JG/T 259	《射流诱导机组》
15	JG/T 391	《通风器》

2）招标采购要求

实际工程中，通风机招标采购时，采购的通风机产品性能应符合相对应产品的国家标准和行业标准要求，如《射流诱导机组》JG/T 259、《通风器》JG/T 391、《一般用途轴流通风机　技术条件》JB/T 10562、《一般用途离心通风机　技术条件》JB/T 10563、《暖通空调用轴流通风机》JB/T 6411、《暖通空调用离心通风机》JB/T 7221、《前向多翼离心通风机》JB/T 9068、《风机箱》JB/T 8932等。产品的安全性能应符合《空调用通风机安全要求》GB 10080的要求。产品的噪声、振动应符合《通风机　噪声限值》JB/T 8690、《通风机振动检测及其限值》JB/T 8689的要求。

投标方应提供详细的选型计算书；产品性能指标的定义、试验环境条件要求应与国家标准或行业标准一致。投标人应提供投标设备所采用的设计、制造、试验、测试、验收、安全、电器、控制等相关标准作为投标附件。

每台通风机应设永久性固定的钢印名称标签，标签上标明设备的完整型号和编号、所在位置和设计内部编号、制造商名称、生产日期、设计运行条件、设计风压和风量、转速、电气要求、设备的其他有关的技术数据等，材质使用不锈钢板，用螺钉把标签固定在机子的外侧醒目位置。应提交由原厂所编印的每台风机的特性曲线，显示有关风机的总负荷功能、风量与风压、噪声、风机功率、风机尺寸图、风机运行曲线图等技术参数资料。

3）施工安装基本规定和要求

通风机的安装可按照图 4.20 所示工序进行。

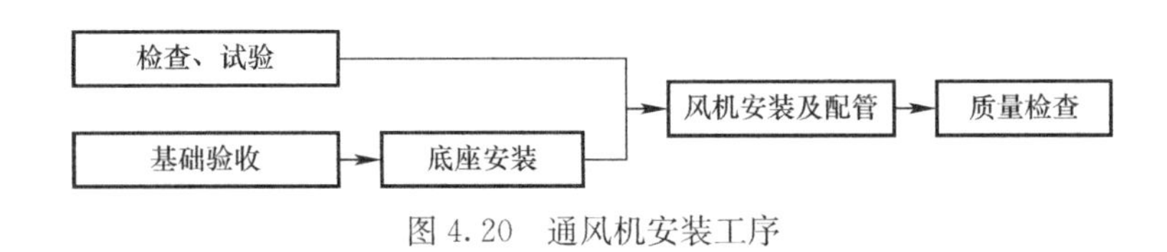

图 4.20　通风机安装工序

通风机安装前应对其进行开箱检查，按照设备装箱单对通风机的零件、部件、配套件和随机文件等技术文件进行清点；按照设计图纸核对叶轮、机壳和其他部位的主要安装尺寸；按工程设计要求，核对通风机型号、输送介质、进出口方向和压力；检查风机外露部分各加工面的锈蚀情况；检查叶轮和轴径、齿轮等主要零件、部件应无明显的碰伤、变形；检查通风机的防锈包装，应完好无损，且不应有尘土和杂物进入。

通风机进场后应对风量、风压、功率及其单位风量耗功率采用全数核查的方法对技术资料和性能检测报告与实物核对。通风机落地安装，应固定在隔振底座上，底座尺寸应与基础大小匹配，中心线一致；隔振底座与基础之间应按设计要求设置减振装置；基础表面应无蜂窝、裂纹、麻面、露筋；基础表面应水平。风机吊装时，吊架及减振装置应符合设计及产品技术文件的要求。通风机与风管连接时，应采用柔性短管连接，风机的进出风管、阀件应设置独立的支、吊架。通风机转动装置的外露部位以及直通大气的进、出风口，必须装设防护罩、防护网或采取其他安全防护措施。

对于离心通风机安装时，轴承箱与底座应紧密结合；整体安装轴承箱的安装水平，应在轴承箱中分面上进行检测，其纵向安装水平亦可在主轴上进行检测，纵、横向安装水平偏差均不应大于 0.10/1000；左、右分开式应注意轴承箱的纵、横向安装水平，以及轴承孔对主轴轴线在水平面的对称度。具有滑动轴承的离心通风机，其轴瓦与轴颈的接触弧度及轴向接触长度、轴承间隙和压盖过盈量，应符合随机技术文件的规定；当不符合规定时，应进行修刮和调整。离心通风机机壳组装时，应以转子轴线为基准，找正机壳的位置；机壳进风口或密封圈与叶轮进口圈的轴向重叠长度和径向间隙，应调整到随机技术文件规定的范围内，并应使机壳后侧板轴孔与主轴同轴，并不得碰刮；无规定时，轴向重叠长度应为叶轮外径的 8‰～12‰；径向间隙沿圆周应均匀，其单侧间隙值应为叶轮外径的 1.5‰～4‰。离心通风机机壳中心孔与轴应保持同轴，压力小于 3kPa 的通风机，孔径和轴径的差值不应大于表 4.8 的规定值，且不应小于 2.5mm；压力大于 3kPa 的风机，在机壳中心孔的外侧应设置密封装置。

机壳中心孔径与轴径的差值　　　　表4.8

机号	差值(mm)
No2～No6.3	4
No6.4～No12.5	8
>No12.5	12

整体出厂的轴流通风机安装时，机组的安装水平和铅垂度应在底座和机壳上进行检测，其安装水平偏差和铅垂度偏差均不应大于1/1000；通风机的安装面应平整，与基础或平台应接触良好；直联型风机的电动机轴心与机壳中心应保持一致；电动机支座下的调整垫片不应超过两层。

解体出厂的轴流风机安装时，通风机的安装水平应在基础或支座上风机的底座和轴承座上纵、横向进行检测，其偏差均不应大于1/1000；转子轴线与机壳轴线的同轴度不应大于$\phi 2$；导流叶片、转子叶片安装角度与名义值的允许偏差为±2°；叶轮与机壳的径向间隙应均匀；叶轮与机壳的径向间隙应为叶轮直径的1.5‰～3.5‰。

4）验收要点

通风机的施工验收应先查验装箱清单、设备说明书、产品质量合格证书和性能检测报告等随机文件，进口设备还应具有商检合格的证明文件等资料。查验完成后根据工程实际情况形成以下书面验收文件：通风机（零件、部件）、材料、加工件和成品的出厂合格证、检验记录或试验资料；通风机安装水平、间隙等实测检查记录；设计施工修改的有关文件；试运转各项实测检查记录；质量问题及其处理的有关文件和记录；其他有关资料。

通风机安装后应采用观察检查的方法，对安装的位置及进出口方向进行全数检查，与风管的连接处应严密、可靠。通风机安装允许偏差应符合表4.9的规定，叶轮转子与机壳的组装位置应正确。叶轮进风口插入风机机壳进风口或密封圈的深度，应符合设备技术文件要求或应为叶轮直径的1/100。

通风机安装允许偏差　　　　表4.9

项次	项目		允许偏差	检验方法
1	中心线的平面位移		10mm	经纬仪或拉线和尺量检查
2	标高		±10mm	水准仪或水平仪、直尺、拉线和尺量检查
3	皮带轮轮宽中心平面偏移		1mm	在主、从动皮带轮端面拉线和尺测量
4	传动轴水平度		纵向0.2‰ 横向0.3‰	在轴或皮带轮0°和180°的两个位置上，用水平仪检查
5	联轴器	两轴芯径向位移	0.05mm	采用百分表圆周法或塞尺四点法检查验证

减振器的安装位置应正确，各组或各个减振器承受荷载的压缩量应均匀一致，偏差应小于2mm。通风机的减振钢支、吊架，结构形式和外形尺寸应符合设计或设备技术文件的要求。

通风系统安装完毕应进行通风机设备的单机试运转和调试。通风机叶轮旋转方向应正确、运转应平稳、应无异常振动与声响，电机运行功率应符合设备技术文件要求。在额定转速下连续运转2h后，滑动轴承外壳最高温度不得大于70℃，滚动轴承不得大于80℃。

通风系统安装完成后应进行系统的风量平衡调试，系统总风量调试结果与设计风量的允许偏差应为−5%～10%，风口的风量与设计风量的允许偏差应为15%。

（2）通风管道

通风管道的安装是通风空调工程的重要组成部分，其安装的质量直接影响空调系统的性能。通风管道的加工工艺比较成熟，但规范通风管道的制作和安装问题，对减少空调系统送风量不足、能源浪费等问题非常重要。

1）相关标准

实际工程中，通风管道在招标采购、工程施工安装及验收时，可依据的标准见表4.10。

通风管道招标采购、工程施工安装及验收相关标准　　　　表4.10

序号	标准编号	标准名称
1	GB 50243	《通风与空调工程施工质量验收规范》
2	GB 50411	《建筑节能工程施工质量验收标准》
3	GB 50738	《通风与空调工程施工规范》
4	JGJ/T 141	《通风管道技术规程》
5	JGJ/T 309	《建筑通风效果测试与评价标准》
6	JG/T 194	《住宅厨房和卫生间排烟（气）道制品》
7	JG/T 258	《非金属及复合风管》

2）招标采购要求

招标时招标方应明确招标的通风管道所用的材质、规格和数量要求，投标方应给出通风管道所用的材质、厚度、材料性能、通风性能等指标。风管采购的材质、规格、制作、漏风量和强度等性能应符合《通风管道技术规程》JGJ/T 141和《非金属及复合风管》JG/T 258的规定。排气道的规格尺寸、垂直承载力、耐软物撞击和耐火性能应符合《住宅厨房和卫生间排烟（气）道制品》JG/T 194的规定。

3）施工安装基本规定和要求

① 风管安装

风管安装前，安装方案、采用的技术标准和质量控制措施文件应齐全；风管的安装坐标、走向及施工部位环境应满足设计和作业要求。

风管穿过需要密闭的防火、防爆的楼板或墙体时，应设壁厚不小于1.6mm的钢制预埋管或防护套管，风管与防护套管之间应采用不燃且对人体无害的柔性材料封堵。

风管安装过程中连接接口距墙面、楼板的距离不应影响操作。风管采用法兰连接时，其螺母应在同一侧；法兰垫片不应凸入风管内壁，也不应凸出法兰外。风管内严谨穿越和敷设各种管线。

风管连接的密封材料应根据输送介质温度选用，并应符合该风管系统功能的要求，其防火性能应符合设计要求，密封垫料应安装牢固，密封胶应涂抹平整、饱满，密封垫料的位置应正确，密封垫料不应凸入管内或脱落。

风管的连接质量对于风管气密性能否达到要求起着重要的作用，风管连接应牢固、严密。对于金属矩形风管连接宜采用角钢法兰连接、薄钢板法兰连接、C形或S形插条法兰连接、立咬口等形式；金属圆形风管宜采用角钢法兰连接、芯管连接。非金属风管可采用法兰连接，复合风管连接宜采用承插阶梯粘接、插件连接或法兰连接，复合风管预制的长度不宜超过 2800mm。

② 排气道的安装

排气道应按管体上标识的层号、气流方向和图纸设计的风口方向进行安装。安装前，应从上面吊挂垂直中心线，弹出中心线，并在楼板和墙面上弹出两条正交的中心线，做好标记。

有地下室时，首层楼板采用 C20 混凝土做基础，依据测量中心线标记安装排气道，校正中心线后固定，排气道中心线与预留洞中心线偏差不大于 5mm。用靠尺校正排气道的垂直位置，偏差不大于 5mm。当混凝土基础强度达到设计强度的 50%后，才能进行第二层管道的安装。

上一层排气道安装时，应在上、下两根排气道管体接缝处涂抹水泥砂浆，排气道对准中心线，上、下排气道中心线偏差不大于 5mm，垂直偏差不大于 5mm。排气道与楼板预留孔洞之间的缝隙应用具有耐火性能的 C20 混凝土填实。排气道与墙面的缝隙，应用耐火水泥砂浆填实。根据设计要求在相应楼层安装承托件，承托件与排气道之间的缝隙应进行密封处理。

4）验收要点

风管系统安装完毕后，应按系统类别要求进行施工质量外观检验。合格后，应进行风管系统的严密性检验。风管的严密性测试应分为观感质量检验与漏风量检测。观感质量检验可应用于微压风管，也可作为其他压力风管工艺质量的检验，结构严密与无明显穿透的缝隙和孔洞应为合格。漏风量检测应为在规定工作压力下，对风管系统漏风量的测定和验证，漏风量不大于规定值应为合格。系统风管漏风量的检测，应以总管和干管为主，宜采用分段检测，汇总综合分析的方法。检验样本风管宜为 3 节及以上组成，且总表面积不应少于 $15m^2$。

每层排气道安装后应对安装质量进行检查，安装允许偏差应符合表 4.11 的规定。

排气道管体安装允许偏差　　**表 4.11**

项次	项目	允许偏差(mm)	检验方法
1	中心线	−5～5	用经纬仪进行校对
2	平整度	0～10	用靠尺和塞尺检查
3	垂直度	0～5	用靠尺线坠检查
4	上下层错位	−5～5	吊线钢尺检查

排气道安装完成后应按照 JGJ/T 309《建筑通风效果测试与评价标准》进行排气效果的检验，应符合以下规定：住宅厨房排气道每户排风量不应小于 $300m^3/h$、不大于 $500m^3/h$，且应防火、无倒灌。住宅卫生间排气道每户排风量不应小于 $80m^3/h$、不大于 $100m^3/h$，且应防火、无倒灌。

（3）通风部件

通风部件包括风量调节阀、通风空调风口等。风量调节阀和通风空调风口安装的优劣关系到空调系统送风量情况与用户的舒适性体验。

1）相关标准

实际工程中，通风部件在招标采购、工程施工安装及验收时，可依据的标准见表4.12。

通风部件招标采购、工程施工安装及验收相关标准　　表4.12

序号	标准编号	标准名称
1	GB 50243	《通风与空调工程施工质量验收规范》
2	GB 50738	《通风与空调工程施工规范》
3	JG/T 14	《通风空调风口》
4	JG/T 436	《建筑通风风量调节阀》

2）招标采购要求

实际工程中，风口、风阀等部件招标采购时，一般从产品的基本要求、外观要求、性能要求、材料要求几部分规定产品的技术条件。通风部件的性能应符合《通风空调风口》JG/T 14、《建筑通风风量调节阀》JG/T 436 的要求。通风空调风口的基本要求包括风口的安装调节高度、叶片的固定形式、风口散流圈的冲压要求等，带电动调节机构的风口还包括执行器的供电电压、功率、执行器的使用寿命的要求；外观要求包括风口装饰面的颜色应一致，无花斑现象；表面应无明显划痕，焊点应光滑牢固；性能要求包括尺寸偏差、机械性能、空气动力性能、噪声性能、抗凝露性能；材料要求包括对制作风口的型材、厚度的要求，此外还包括风口表面喷塑的要求。

风量调节阀的基本要求包括风阀的规格型号、连接机构、产地等要求；外观要求包括风阀外表面粘贴的各种标识和铭牌的要求；性能要求包括尺寸偏差、启动与运转、阀片漏风量、阀体漏风量、阀片相对变形量、最大工作压差、最大驱动扭矩、有效通风面积比、风阀耐温性、风量调节特性、阻力特性要求；材料要求包括阀体的材质、阀片的材质、密封件的材质要求。

3）施工安装基本规定和要求

① 通风空调风口

风口安装前应进行外观检查，风口的外观应符合《通风空调风口》JG/T 14 中的对外观的要求，并应符合以下规定：百叶风口叶片两端轴的中心应在同一直线上，叶片平直，与边框无碰擦；散流器的扩散环和调节环应同轴，轴向环片间距应分布均匀；孔板风口的孔口不应有毛刺，孔径一致，孔距均匀，并应符合设计要求；旋转式风口活动件应轻便灵活，与固定框接合严密，叶片角度调节范围应符合设计要求；球形风口内外球面间的配合应松紧适度、转动自如、定位后无松动。

风口安装前应进行机械性能检查。风口的活动零件应动作自如、阻尼均匀，无卡死和松动。导流片可调或可拆卸的风口，要求调节拆卸方便和可靠，定位后无松动。带温控元件的风口，要求动作可靠、不失灵。净化系统风口安装前应清扫干净，边框四周与建筑顶棚的接缝处应设密封垫料或密封胶，不应漏风。带高效过滤器的送风口，应采用可分别调节高度的吊杆。风口安装前应核查被安装风口的空气动力性能报告，确定检测报告内容包括但不限于在标准试验工况下不同颈部风速的风量、压力损失值和射程值等内容。

风口不应直接安装在主风管上，风口与主风管间应通过短管连接。风管与风口连接宜采用法兰连接，也可采用槽形或工形插接连接。风口安装时，风口与连接风管连接应严密、牢固，与装饰面应紧贴；条缝风口的安装，接缝处应衔接自然，无明显缝隙。同一房间的相同风口安装高度一致，排列应整齐，与装饰面应贴合严密。吊顶风口可直接固定在装饰龙骨上，当有特殊要求或风口较重时，应设置独立的支、吊架。明装无吊顶的风口，安装位置和标高偏差不应大于10mm。风口水平安装，水平度不大于3‰；风口垂直安装，其垂直度偏差不应大于2‰。安装散流器的吊顶上部应有足够的空间，以便安装风管和调节阀，散流器与支管的连接宜采用柔性风管，以便施工安装。

② 风量调节阀安装要求

风阀安装前应根据装箱清单逐个检查合格证、检测报告和使用说明文件等，逐个核查产品的型号、规格、材质、标识和控制方式是否符合设计文件的规定。风阀在安装之前应逐个检查其结构是否牢固、严密，进行开关操作试验，检查是否灵活可靠；对电（气）动风阀要逐个通电（气）试验并检测，对余压阀还要逐个试验其平衡度，做好试验记录。用于洁净通风系统的风阀安装前必须按要求清洁阀体内表面，达到相应的洁净标准后封闭两端，封装板在就位后方可去除。擦洗净化空调系统风阀内表面应采用不掉纤维的材料，擦洗干净后的风阀不得在没有做好墙面、地面、门窗的房间内存放，临时存放场所必须保持清洁。设于净化系统中效过滤器后的调节风阀叶片轴如有外露，则应对中效过滤器与阀间的缝隙进行密封处理，确保不泄漏。

阀门安装时方向应正确、便于操作，启闭灵活。斜插板风阀的阀板向上为拉启，水平安装时，阀板应顺气流方向插入。手动密闭阀安装时，阀门上标志的箭头方向应与受冲击波方向一致。输送介质温度超过80℃的风阀，除按设计要求做好保温隔热外，还应仔细核对伸缩补偿措施和防护措施。

4）验收要点

风口安装后应采用观察检查、手动操作和尺量检查的方法对风口的结构、风口叶片或扩散环、风口的外观颜色、风口的外观划痕、风口的调节机构、风口的喉部尺寸进行验收。风口的颈部尺寸允许偏差应符合表4.13规定。

风口颈部尺寸允许偏差　　　表4.13

圆形风口(mm)			
直径	≤250		＞250
允许偏差	−2～0		−3～0
矩形风口(mm)			
大边长	＜300	300～800	＞800
允许偏差	−1～0	−2～0	−3～0
对角线长度	＜300	300～500	＞500
对角线长度之差	0～1	0～2	0～3

风口或结构风口与风管的连接应严密牢固，不应存在可察觉的漏风点或部位，风口与装饰面贴合应紧密。

风阀应安装在便于操作及检修的部位。安装后，应核查手动或电动操作装置应灵活可靠，阀板关闭应严密。直径或长边尺寸大于或等于630mm的防火阀，应设独立支、吊架。

排烟阀（排烟口）及手控装置（包括钢索预埋套管）的位置应符合设计要求。钢索预埋套管弯管不应大于2个，且不得有死弯及瘪陷；安装完毕后应操控自如，无阻涩等现象。除尘系统吸入管段的调节阀，宜安装在垂直管段上。

风阀在安装完成后应采用观察检查、手动操作和尺量检查的方法对风阀进行核查，包括：风阀的活动机构、制动和定位装置、阀片的转轴和铰链的材料、调节手柄转轴或拉杆的结构、风阀阀体的密闭性、定风量阀的风量范围和精度，法兰允许偏差。其中法兰的允许偏差应符合表4.14的规定。

风阀法兰允许偏差 **表4.14**

圆形风口(mm)				
风阀长边尺寸 b 或直径 D	允许偏差			
	边长或直径偏差	矩形风阀端口对角线之差	法兰或端口端面平面度	圆形风阀法兰任意正交两直径之差
$b(D)\leqslant 320$	±2	±3	0～2	±2
$320<b(D)\leqslant 2000$	±3	±3	0～2	±2

4.3 空调产品

4.3.1 工程施工安装及验收常见问题

（1）因施工安装不当而造成冷凝水排除不畅

对于承担空气湿负荷的空调产品，如风机盘管机组、组合式空调机组等，在制冷工况运行时会产生冷凝水，如果安装时没有按照设计或产品技术文件要求保证冷凝水盘的坡度，可能会导致冷凝水排除不畅进而造成水患或滋生细菌影响空气品质等问题。

（2）因施工安装不当而造成吊顶辐射换热器结露

吊顶辐射板换热器仅承担空气的显热负荷，正常运行时其表面不应结露。若辐射板换热器的安装水平度不够，出现局部积气，不仅影响辐射板换热器的供冷供热能力，而且可能出现局部表面温度低于露点温度进而出现结露现象。另外，辐射板换热器的接头保温比较困难，接头处的冷凝风险加大，裸露在空气中的模块连接管及支管没有做保温，出现结露现象。

（3）安装过程中未对接口进行保护而造成脏堵

在进行风路、水路接管前，未对空调产品的风管或水管接口进行有效保护，造成灰尘、杂质等进入空调产品内部，附着在换热器表面或内部，从而造成脏堵且影响换热效果。

4.3.2 工程施工安装及验收要点

（1）风机盘管机组

1）相关标准

实际工程中，风机盘管机组在招标采购、工程施工安装及验收时，可依据的标准见表4.15。

风机盘管机组招标采购、工程施工安装及验收相关标准 **表4.15**

序号	标准编号	标准名称
1	GB 50243	《通风与空调工程施工质量验收规范》
2	GB 50411	《建筑节能工程施工质量验收标准》
3	GB 50738	《通风与空调工程施工规范》
4	GB 55015	《建筑节能与可再生能源利用通用规范》
5	JGJ/T 260	《采暖通风与空气调节工程检测技术规程》
6	GB/T 19232	《风机盘管机组》

2）招标采购要求

实际工程中，风机盘管机组招标采购时，采购的产品应按《风机盘管机组》GB/T 19232或企业标准进行生产。

机组的结构应满足以下要求：凝结水盘的长度和坡度应确保凝结水排除畅通、机组凝露滴入盘内；机组应在能有效排除盘管内滞留空气处设置放气装置；具有特殊功能（如抑菌、杀菌、净化等）的机组，其实现特殊功能的构件应满足国家有关规定和相关标准的要求；干式机组应配置凝结水盘；单供暖机组可不保温，可不配置凝结水盘。

机组的调节特性应满足以下要求：交流电机机组和永磁同步电机机组应能进行风量调节，设高、中、低三档风量调节时，三档风量宜按额定风量的1：0.75：0.5设置；永磁同步电机机组出厂未设置默认挡位的，应按最高挡位的风量进行考核。

机组的电源应为单相220V，频率50Hz。

机组的材料应满足以下要求：机组使用的材料不应出现锈蚀和霉变，并鼓励使用符合环保要求的新材料；机组的绝热材料应符合《建筑设计防火规范》GB 50016的规定，粘贴应平整牢固；机组主要部位的材料应按《风机盘管机组》GB/T 19232要求选用，并鼓励使用优于要求的优质材料；当机组采用冷轧钢板加工面板和零部件时，其内外表面应进行有效的防锈处理；当机组采用黑色金属加工的零配件时，应对表面进行热镀锌工艺处理和有效的防锈处理。

风机盘管机组的风量、出口静压、输入功率、供冷量、供热量、水阻、能效系数、噪声等性能应符合《风机盘管机组》GB/T 19232的要求及设计要求。

3）施工安装基本规定和要求

风机盘管机组进入施工现场时应进行开箱检查验收，并形成书面的验收记录。查验的内容包括机组的类型、规格、包装、外观、产品说明书、产品质量合格证、性能检测报告等。

在进场验收合格的基础上，须对风机盘管机组的供冷量、供热量、风量、水阻力、功率及噪声进行复验，复验应为见证取样检验，即施工单位取样人员在监理工程师的见证下，按照有关规定从施工现场随机抽样，送至具备相应资质的检测机构进行检验。复验检查数量：按结构形式进行抽检，同厂家的风机盘管机组数量在500台及以下时，抽检2台；每增加1000台时应增加抽检1台。同工程项目、同施工单位且同期施工的多个单位工程可合并计算。

风机盘管机组安装前应核对其规格型号是否符合设计要求，并对其外观进行检查，着重检查风机蜗壳是否有凹陷变形，因风机蜗壳在搬运过程中较易受损。同时宜进行单机三速试运转及水压检漏试验，保证待安装的机组可正常运转、盘管无渗漏。水压检漏试验的步骤：将被试机组进水口连接压力表、进水阀门和手动试压泵，出水口采用丝堵封堵；打开机组放气阀，开启进水阀门，向机组盘管内充水，待水充满盘管后，关闭放气阀；缓慢升压至工作压力，检查无渗漏后再升至工作压力的 1.5 倍，关闭进水阀门，稳压 2min，检查是否有渗漏、压力表示值是否下降。

风机盘管机组的典型安装示意如图 4.21 所示。

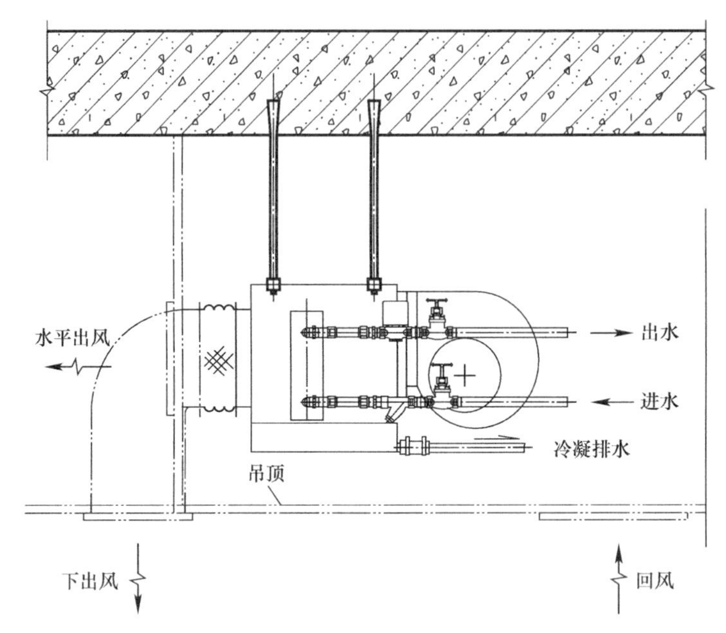

图 4.21　风机盘管机组典型安装示意图

机组应设置独立的支、吊架，支、吊架应符合《通风与空调工程施工规范》GB 50738 的规定。机组的安装位置应符合设计要求，固定牢靠且平正。

机组与进出风管连接时，均应设置柔性短管，且应保证连接严密、无缝隙。

机组水路配管应符合设计要求，典型进出水配管安装示意如图 4.22 所示。机组与进出水管道的连接，宜采用金属软管，软管连接应牢固，无扭曲和瘪管现象。冷凝水管与机组凝结水盘连接时，宜设置透明胶管，长度不宜大于 150mm，接口应连接牢固、严密，坡向正确，无扭曲和瘪管现象。进出水连接管及配件均应保温。

风机盘管机组典型电气接线如图 4.23 所示。机组的接线盒内通常有五个接线端子，分别是高速挡、中速挡、低速挡、零线和接地线，这五条电线通常采用红、蓝、黑、黄和黄绿双色加以区分。

机组安装完成后，应检查机组的规格、技术参数，并与设计图纸核对，机组的性能、技术参数应符合设计要求；机组的安装位置应正确，固定应牢固、平正，便于检修。

4）验收要点

风机盘管机组在验收前应进行单机试运转和调试。对于风机盘管机组来说，单机试运转主要考查机组的风机，机组中风机叶轮旋转方向应正确、运转平稳、无异常振动与声

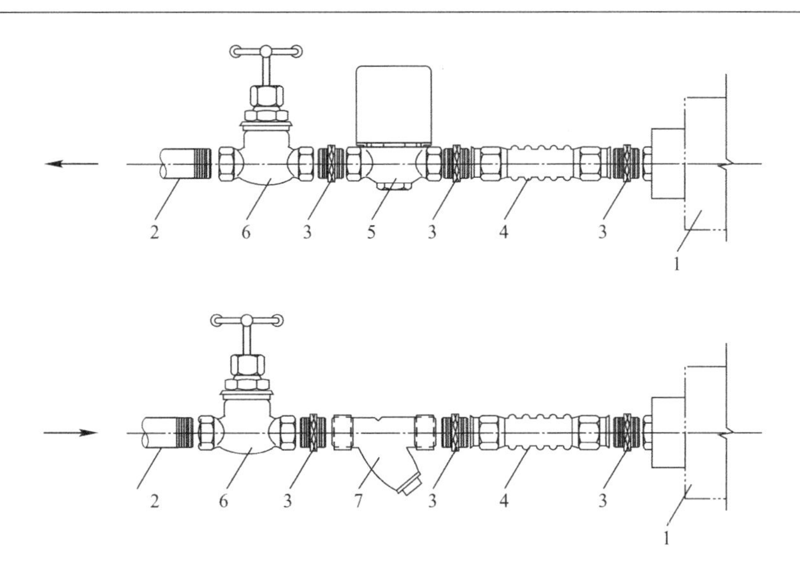

1—盘管；2—水管；3—内接头；4—软管；5—电动两通阀；6—截止阀；7—过滤器

图 4.22 典型进出水配管安装示意图

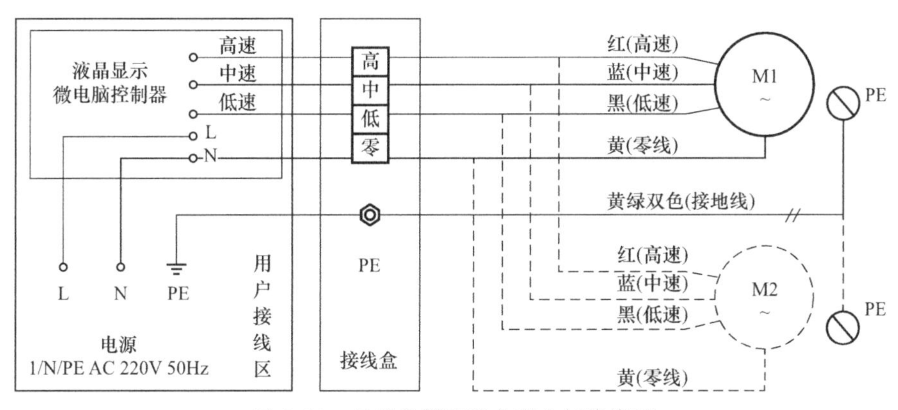

图 4.23 风机盘管机组典型电气接线图

响，电机功率符合设备技术文件的规定。机组在各挡转速下应能正常启动和运转；可连续调节转速的机组在额定转速和可调节转速范围内应能正常启动和运转。

竣工验收时，应提供风机盘管机组的进场验收记录、产品合格证、产品性能试验室检测报告、复验检验报告、安装检验记录、单机试运行记录等资料。

（2）热回收新风机组

1）相关标准

实际工程中，热回收新风机组在招标采购、工程施工安装及验收时，可依据的标准见表 4.16。

热回收新风机组招标采购、工程施工安装及验收相关标准　　表 4.16

序号	标准编号	标准名称
1	GB 50243	《通风与空调工程施工质量验收规范》
2	GB 50411	《建筑节能工程施工质量验收标准》

续表

序号	标准编号	标准名称
3	GB 50738	《通风与空调工程施工规范》
4	GB 55015	《建筑节能与可再生能源利用通用规范》
5	JGJ/T 260	《采暖通风与空气调节工程检测技术规程》
6	GB/T 21087	《热回收新风机组》

2）招标采购要求

实际工程中，热回收新风机组招标采购时，采购的产品应按《热回收新风机组》GB/T 21087 或企业标准进行生产。

热回收新风机组内部应整洁干净无杂物，其塑料件表面应平整、色泽均匀，不应有裂痕、气泡等，塑料件应耐老化，其钣金件、零配件等应有防锈措施；机组室外部分的金属外壳应作防锈处理，非金属材料应具有防老化性能；热回收芯体隔热保温材料应无毒、无异味，粘贴应平整、牢固。难燃型热回收芯体的防火特性应满足《建筑设计防火规范》GB 50016 的相关要求。机组的线路连接应整齐牢固，并应有可靠的接地，电线穿孔和接插头应采用绝缘套管或其他保护措施，壳体外露电线宜采用金属软管保护，电气控制元器件应动作灵敏、可靠。对于有检修门的热回收新风机组，其检修门应严密、灵活，人员能进入的检修通道门应内外均能开启。机组应确保热交换时凝结水排除畅通。机组若配置表面空气冷却器和加热器，其配置表面空气冷却器和加热器的应满足《空气冷却器与空气加热器》GB/T 14296 的相关要求。机组配置的空气过滤器应满足《空气过滤器》GB/T 14295 的相关要求，在热交换部件（换热芯体）排风侧迎风面应布置过滤效率不低于 C1 的空气过滤器，在新风侧迎风面应布置过滤效率不低于 Z1 的空气过滤器，过滤器应可以便捷的更换或清洗。抗菌型热回收芯体应满足《家用和类似用途电器的抗菌、除菌、净化功能　抗菌材料的特殊要求》GB 21551.2 的相关要求。机组宜设置节能运行控制器，在满足新风排风输配风量要求的条件下，可根据室内外空气状态、电机功耗等情况，通过调整风机转速、旁通新风排风等手段，实现热回收新风机组总体能耗降低。独立安装的热回收新风机组新风口和排风口宜配置保温密闭风阀。

热回收新风机组的风量、机外余压、输入功率、交换效率、能效系数、噪声等性能应符合《热回收新风机组》GB/T 21087 的要求及设计要求。

3）施工安装基本规定和要求

热回收新风机组进入施工现场时应进行开箱检查验收，并形成书面的验收记录。查验的内容包括机组的类型、规格、包装、外观、产品说明书、产品质量合格证、性能检测报告等。

热回收新风机组安装前应核对其规格型号、技术参数是否符合设计要求，并对其外观进行检查。机组应设置独立的支、吊架，支、吊架应符合《通风与空调工程施工规范》GB 50738 的规定。机组的安装位置应符合设计要求，固定牢靠且平正，并预留设备维护检修空间。识别热回收新风机组的 4 个风口——新风口（新风进口）、送风口（新风出口）、回风口（排风进口）、排风口（排风出口），保证接管正确；机组与进出风管连接均应设置柔性短管，且应保证连接严密、无缝隙。

热回收新风机组的典型安装示意如图 4.24 所示。

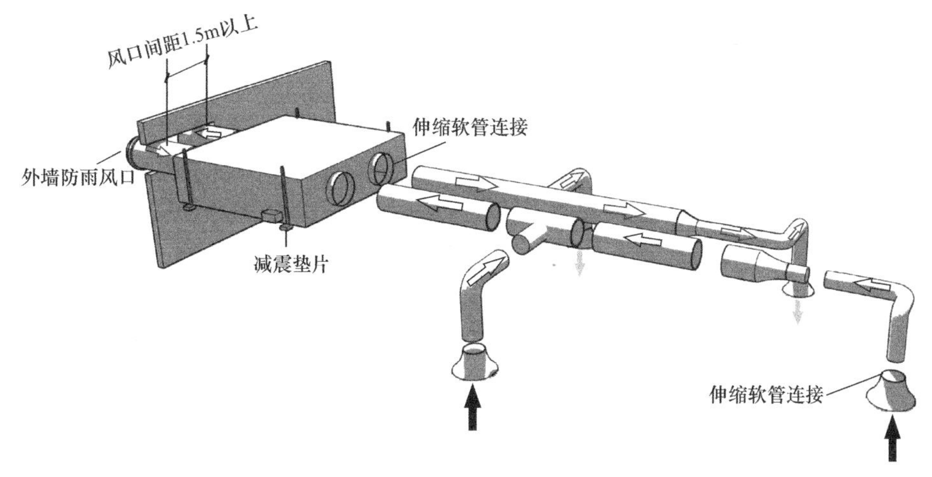

图 4.24　热回收新风机组典型安装示意图

机组安装完成后，应检查机组的规格、技术参数，并与设计图纸核对，机组的性能、技术参数应符合设计要求；机组的安装位置应正确，固定应牢固、平正，便于检修；机组的四个风口接管应正确，进出风管连接均应设置柔性短管，且应保证连接严密、无缝隙；对于转轮式热回收新风机组，转轮旋转方向应正确，运转应平稳，且不应有异常振动和声响。

4）验收要点

热回收新风机组在验收前应进行单机试运转和调试。对于热回收新风机组来说，单机试运转主要考查机组的风机，机组中风机叶轮旋转方向应正确、运转平稳、无异常振动与声响，电机功率符合设备技术文件的规定。机组在各挡转速下应能正常启动和运转；可连续调节转速的机组在额定转速和可调节转速范围内应能正常启动和运转。若机组带有节能运行控制器，还需要检查机组节能运行功能是否满足设计文件或产品技术文件的要求。

竣工验收时，应提供机组的进场验收记录、产品合格证、产品性能试验室检测报告、安装检验记录、单机试运转记录等资料。

（3）组合式空调机组

1）相关标准

实际工程中，组合式空调机组在招标采购、工程施工安装及验收时，可依据的标准见表 4.17。

组合式空调机组招标采购、工程施工安装及验收相关标准　　表 4.17

序号	标准编号	标准名称
1	GB 50243	《通风与空调工程施工质量验收规范》
2	GB 50411	《建筑节能工程施工质量验收标准》
3	GB 50738	《通风与空调工程施工规范》
4	GB 55015	《建筑节能与可再生能源利用通用规范》
5	JGJ/T 260	《采暖通风与空气调节工程检测技术规程》
6	GB/T 14294	《组合式空调机组》

2）招标采购要求

实际工程中，组合式空调机组招标采购时，采购的产品应按《组合式空调机组》GB/T 14294 或企业标准进行生产。

机组的结构应满足以下要求：机组箱体绝热层与壁板应结合牢固、密实，壁板绝热的热阻不小于 0.74(m^2·K)/W，箱体应有防冷桥措施；机组的检查门应严密、灵活、安全；室外机组箱体应有防渗雨、防冻措施；机组连接水管穿过箱体要绝热和密封；各功能段的箱体，在运输和启动、运行、停止后不应出现永久性凹凸变形；机组应设排水口，排放应畅通、无溢出和渗漏；机组的风机应有柔性接管，风机应设隔振装置；若有喷水段，喷水段应有观察窗、挡水板和水过滤装置；过滤段检修门应便于过滤器取出，并有足够的更换空间；机组横截面上的气流不应产生短路；必要时可留测孔和测试仪表接口，并设电压不超过 36V 的安全照明。

机组内配置的风机、冷热盘管、过滤器、加湿器、空气-空气热回收器等部件应符合国家有关标准的规定。机组采用黑色金属制作的构件表面应作除锈和防腐处理。

组合式空调机组的风量、机外静压、输入功率、供冷量、供热量、水阻、噪声等性能应符合《组合式空调机组》GB/T 14294 的要求及设计要求。

3）施工安装基本规定和要求

组合式空调机组进入施工现场时应进行开箱检查验收，检查各功能段的设置是否符合设计要求，并形成书面的验收记录。查验的内容包括机组的类型、规格、包装、外观、产品说明书、产品质量合格证、性能检测报告等。对于落地式安装的机组，在机组安装前应进行基础验收。基础表面应无蜂窝、裂纹、麻面、露筋；基础位置及尺寸应符合设计要求；当设计无要求时，基础高度不应小于 150mm，并应满足产品技术文件的要求，且能满足凝结水排放坡度的要求；基础旁应留有不小于机组宽度的空间。

组合式空调机组安装前，应检查各功能段的设置是否符合设计要求，外表及内部清洁干净，内部结构无损坏；手盘叶轮叶片应转动灵活、叶轮与机壳无摩擦；检修门应关闭严密。吊装机组的吊架及减振装置应符合设计及《通风与空调工程施工规范》GB 50738 的规定。需要在现场进行组装的机组，其现场组装应由供应商负责实施，组装完成后应进行漏风率现场试验，漏风率应符合《组合式空调机组》GB/T 14294 的要求。机组的水管与机组连接宜采用橡胶柔性接头，管道应设置独立的支、吊架；接管的最低点应设泄水阀，最高点应设放气阀；阀门、仪表应安装齐全，规格、位置应正确；凝结水水封应按设计要求进行设置。机组与风管的连接宜采用柔性短管，柔性短管的绝热性能应符合风管系统的要求；风阀开启方向应顺气流方向。

机组安装完成后，应检查机组的规格、功能段顺序、技术参数，并与设计图纸核对，机组的性能、技术参数应符合设计要求；机组的安装位置应正确，固定应牢固、平正，便于检修；机组应清扫干净，内部不应有杂物、垃圾和积尘；空气过滤器和空气热交换器翅片应清洁、完好；供回水管、凝结水水封、风管的安装应符合设计要求。机组的过滤网应在单机试运转完成后安装。

4）验收要点

组合式空调机组在验收前应进行单机试运转和调试。对于组合式空调机组来说，单机试运转主要考查机组的风机，机组中风机叶轮旋转方向应正确、运转平稳、无异常振动与声响，电机功率符合设备技术文件的规定。在额定转速下连续运行2h，滑动轴承外壳最高温度不得超过70℃，滚动轴承不得超过80℃。

竣工验收时，应提供机组的进场验收记录、产品合格证、产品性能试验室检测报告、安装检验记录、单机试运转记录等资料。

（4）水蒸发冷却空调机组

1）相关标准

实际工程中，水蒸发冷却空调机组在招标采购、工程施工安装及验收时，可依据的标准见表4.18。

水蒸发冷却空调机组招标采购、工程施工安装及验收相关标准　　表4.18

序号	标准编号	标准名称
1	GB 50243	《通风与空调工程施工质量验收规范》
2	GB 50411	《建筑节能工程施工质量验收标准》
3	GB 50738	《通风与空调工程施工规范》
4	GB 55015	《建筑节能与可再生能源利用通用规范》
5	JGJ/T 260	《采暖通风与空气调节工程检测技术规程》
6	JGJ 342	《蒸发冷却制冷系统工程技术规程》
7	GB/T 30192	《水蒸发冷却空调机组》

2）招标采购要求

实际工程中，水蒸发冷却空调机组招标采购时，采购的产品应按《水蒸发冷却空调机组》GB/T 30192或企业标准进行生产。

机组的结构应满足《组合式空调机组》GB/T 14294的规定。机组箱体采用的绝热、隔声材料，应无毒、无腐蚀、无异味和不易吸水；室外机组的箱体材料应做相应防腐处理，其他非金属材料应具有防雨、防老化的性能。机组的填料介质本身宜具有较好的亲水性和抑菌功能；填料介质应具备良好的韧性，不易脆碎、变形，应具有良好的拼装强度，无坍塌、散落的隐患；填料介质应可清洗、易维护、便于拆卸。机组进风口应设置效率不低于《空气过滤器》GB/T 14295中C2级的空气过滤器。机组应具备关机前通风干燥直接蒸发冷却器功能的控制接口；机组宜具备循环水水质指标监测功能，水质应满足《采暖空调系统水质》GB/T 29044的规定；机组应具备定时排水功能。机组线路的连接应整齐、牢固，电线穿孔和接插头应采用绝缘套管或其他保护措施；机组应有电气接线盒，室外机组应有防雨水措施，外露电线宜采用金属软管保护。

水蒸发冷却空调机组的风量、机外静压、输入功率、制冷量、能效比、耗水比、噪声等性能应符合《水蒸发冷却空调机组》GB/T 30192的要求及设计要求。

3）施工安装基本规定和要求

水蒸发冷却空调机组进入施工现场时应进行开箱检查验收，检查机组的组成结构是否符合设计要求，并形成书面的验收记录。查验的内容包括机组的类型、规格、包装、外观、产品说明书、产品质量合格证、性能检测报告等。

对于落地式安装的机组，在机组安装前应进行基础验收。基础表面应无蜂窝、裂纹、麻面、露筋；基础位置及尺寸应符合设计要求；当设计无要求时，基础高度不应小于

150mm，并应满足产品技术文件的要求，且能满足凝结水排放坡度的要求；基础旁应留有不小于机组宽度的空间。

水蒸发冷却空调机组的现场装配应符合以下规定：型号、规格、方向和技术参数应符合设计要求；基础标高应符合设计要求，允许误差应为±20mm；地脚螺栓与预埋件的连接或固定应牢固，各连接部件应采用热镀锌或不锈钢螺栓，且紧固力应均匀一致；各功能段的组装应符合设计规定的顺序和要求，且各功能段之间的连接应严密，整体应平直；机组的框架应具有耐腐蚀及防锈能力，且无扭曲、变形现象；应符合产品安装说明的规定；喷水管和喷嘴的排列、规格、填料等直接蒸发冷却器部件的安装位置、间距、角度及方向应符合产品安装说明的要求，且连接应牢固紧密；水箱及与水接触的材料应具有耐腐蚀性，且应无扭曲、变形和渗漏；间接换热器内部之间通道的密封应严密，不应出现串风及串水的现象；空气过滤器应清洁，安装应平整牢固，方向正确，过滤器与框架、框架与围护结构之间应严密且无穿透缝；机组表冷式换热器、加热器及管路应在最高点处及所有可能积聚空气的高点处设置排气阀，在最低点处应设置排水点及排水阀；现场组装的机组安装完毕应做漏风量检测，漏风量应符合《组合式空调机组》GB/T 14294 的有关规定。

管道与设备连接应在设备安装完毕后进行，水泵、水蒸发冷却空调机组的连接管宜为柔性接管，与柔性短管连接的管道应设置独立支架。管道系统安装完毕且外观检查合格后，应按设计要求进行水压试验。

4）验收要点

水蒸发冷却空调机组验收前应进行试运行和调试。设备单机试运转及调试应符合以下规定：机组中风机叶轮旋转方向应正确、运转平稳、无异常振动与声响，电机功率符合设备技术文件的规定。在额定转速下连续运行 2h，滑动轴承外壳最高温度不得超过 70℃，滚动轴承不得超过 80℃；机组中水泵叶轮旋转方向应正确，无异常振动与声响，紧固连接件无松动，电机功率符合设备技术文件的规定，在额定转速下连续运行 2h，滑动轴承外壳最高温度不得超过 70℃，滚动轴承不得超过 75℃；机组试运行不应小于 2h，运行应稳定、无异常振动，噪声应符合设备技术文件的规定；机组补水、泄水、排污水阀的操作应灵活、可靠，信号输出应正确；机组应无明显的带水、溅水现象，喷嘴应能将水均不且无堵塞。

竣工验收时，应提供机组的进场验收记录、产品合格证、产品性能试验室检测报告、安装检验记录、单机试运转记录等资料。

（5）热泵型新风环境控制一体机

1）相关标准

实际工程中，环控机在招标采购、工程施工安装及验收时，可依据的标准见表 4.19。

环控机招标采购、工程施工安装及验收相关标准 **表 4.19**

序号	标准编号	标准名称
1	GB 50243	《通风与空调工程施工质量验收规范》
2	GB 50366	《地源热泵系统工程技术规范》
3	GB 50411	《建筑节能工程施工质量验收标准》

续表

序号	标准编号	标准名称
4	GB 50738	《通风与空调工程施工规范》
5	GB/T 51350	《近零能耗建筑技术标准》
6	GB 55015	《建筑节能与可再生能源利用通用规范》
7	JGJ/T 260	《采暖通风与空气调节工程检测技术规程》
8	GB/T 40438	《热泵型新风环境控制一体机》

2）招标采购要求

实际工程中，环控机招标采购时，采购的产品应按《热泵型新风环境控制一体机》GB/T 40438或企业标准进行生产。

环控机的室外机外壳的强度和刚度应满足技术文件的要求，其金属部分应采用防锈材质或做防锈处理，其他非金属材料应具有耐老化性能，室外机箱体应具有防渗雨、防冻措施。环控机的室内机箱体应牢固，保温层与壁板应结合密实，应具有阻燃性，且无毒、无异味；应有相应措施确保冷凝水排出畅通；风机应有隔振措施；热回收、净化功能段应设置检修门；阀门应保证密闭性。环控机的送风机、循环风机和排风机宜采用变速风机；环控机配置的空气过滤器应符合《空气过滤器》GB/T 14295的相关要求，送风口处过滤器效率级别不应低于GZ级，新风口和回风口处过滤器效率级别不应低于C4级；应用于严寒和寒冷地区时，新风入口应设置防冻保护装置；环控机应具备可根据反馈参数调整运行工况的运行控制器，且电气控制元器件应动作灵敏、可靠。

环控机的风量、机外余压、输入功率、热回收效率、制冷（热）量、制冷（热）消耗功率、新风净化效率、噪声等性能应符合《热泵型新风环境控制一体机》GB/T 40438的要求及设计要求。

3）施工安装基本规定和要求

环控机是兼具冷热供应和新风净化功能的电气化终端装置，其安装应符合现行国家标准中对暖通空调及通风工程施工安装的要求。

环控机进入施工现场时应进行开箱检查验收，并形成书面的验收记录。查验的内容包括机组的类型、规格、包装、外观、产品说明书、产品质量合格证、性能检测报告等。

环控机安装前应核对其规格型号是否符合设计要求，并对其外观进行检查，确认外形尺寸与设计一致。安装遵循：设备检查、底座或支吊架及减振装置安装、设备安装、配管安装、质量检查的工序。要做到设备安装位置符合设计要求，安装牢固、平整；进出口风管连接时，均应设置柔性短管；冷凝水管与凝结水盘连接时，接口应连接牢固、严密，坡向正确，无扭曲和瘪管现象，保证排放顺畅。制冷剂管道应采用铜管，以锥形锁母连接，连接应牢固并采用保温套管保护；电路连接应整齐牢固，并应可靠接地，电线穿孔和接插头应采用绝缘套管或其他绝缘保护措施。

室外侧低位热源换热部分安装，按照《通风与空调工程施工规范》GB 50738及《通风与空调工程施工质量验收规范》GB 50243中热泵机组安装及配管连接的规定，水（地）源热泵的地源侧换热器安装，按照相应国家工程规范《地源热泵系统工程技术规范》

GB 50366 的规定。

机组安装完成后，应检查机组的规格、技术参数，并与设计图纸核对，机组的性能、技术参数应符合设计要求；机组的安装位置应正确，固定应牢固、平正，便于检修。

4）验收要点

环控机作为一种新型能源环境产品，是近几年在市场上逐步应用推广的，在现行的国家施工验收规范中，尚无明确针对此类产品的条文规定，因此，应按照可提供同类功能的通风空调产品进行验收。

环控机验收前应进行试运行和调试。主要检查机组在新风模式、制冷（热）模式、内循环模式下功能是否正常，风量是否满足设计要求。

竣工验收时，应提供环控机的进场验收记录、产品合格证、产品性能试验室检测报告、安装检验记录、单机试运转记录等资料。

（6）吊顶辐射板换热器

1）相关标准

实际工程中，吊顶辐射板换热器在招标采购、工程施工安装及验收时，可依据的标准见表 4.20。

吊顶辐射板换热器招标采购、工程施工安装及验收相关标准　　表 4.20

序号	标准编号	标准名称
1	GB 50242	《建筑给水排水及采暖工程施工质量验收规范》
2	JGJ 142	《辐射供暖供冷技术规程》
3	JGJ/T 260	《采暖通风与空气调节工程检测技术规程》
4	JB/T 12842	《空调系统用辐射换热器》
5	JG/T 403	《辐射供冷及供暖装置热性能测试方法》
6	JG/T 409	《供冷供暖用辐射板换热器》

2）招标采购要求

实际工程中，吊顶辐射板换热器招标采购时，采购的产品应按《供冷供暖用辐射板换热器》JG/T 409、《空调系统用辐射换热器》JB/T 12842 或企业标准进行生产，应给出辐射面板和换热管的材质、厚度等要求。

绝热板应采用导热系数小的材料，不得散发异味及可能危害健康的挥发物，防火等级应符合国家现行相关标准的要求。绝热板上设置均热板时宜采用全铺方式，厚度不宜小于 0.2mm。模块绝热板的沟槽尺寸应与设置的均热板沟槽外径相吻合。

辐射板换热器应无裂纹和严重的变形，表面喷涂层应均匀、色调一致，无明显刮伤、锈斑、气泡和剥落；辐射板换热器和所用连接件均应设置有效的防结露措施；辐射板换热器所用接头、配件可多次拆卸；辐射板换热器的塑料管应采用阻氧管材。

吊顶辐射板换热器的供冷量、辐射板表面温度、辐射板热阻、辐射板表面发射率、工作压力、水流阻力等性能应符合《辐射供冷及供暖装置热性能测试方法》JG/T 403、《供冷供暖用辐射板换热器》JG/T 409 或《空调系统用辐射换热器》JB/T 12842 的要求及设计要求。

3）施工安装基本规定和要求

吊顶辐射板换热器进入施工现场时应进行开箱检查验收，并形成书面的验收记录。查验的内容包括产品的类型、规格、包装、外观、产品说明书、产品质量合格证、性能检测报告等。

在进场验收合格的基础上，应对吊顶辐射板换热器的耐压密封性、热性能、水流阻力、防结露性能、热损失比例及表面辐射性能进行复验。由工程的施工单位会同监理单位取样，送有见证检验资质机构进行检验，检验数量为每个规格抽检一个。检验方法应符合《辐射供冷及供暖装置热性能测试方法》JG/T 403、《供冷供暖用辐射板换热器》JG/T 409的有关规定。

吊顶辐射板换热器模块施工安装前应与装修单位及时沟通协调，检查灯位、风口、检修口等需要预留的空间是否做好预留及标识。安装后应有标记，提示避免家具等的遮挡和后期的随意开孔。

吊顶龙骨的安装包括：①激光找平、②在周边做标识、③确定吊点位置、④主龙骨找平和⑤⑥副龙骨组装，如图4.25所示。

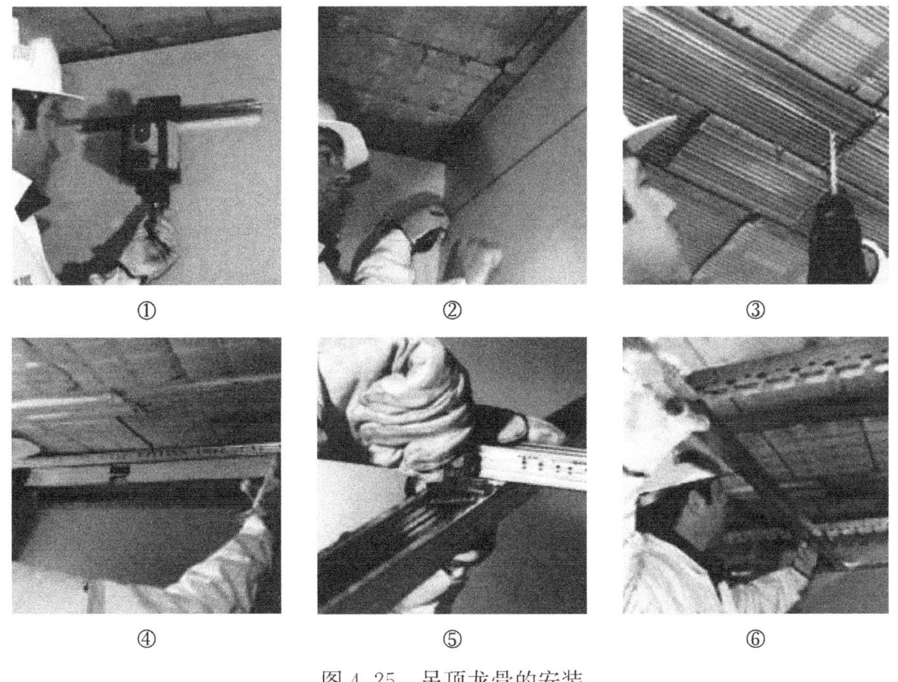

图4.25　吊顶龙骨的安装

金属板式吊顶辐射板换热器模块的安装过程：①将吊顶辐射板换热器模块放于T形龙骨结构之上；②每个辐射板模块的接口必须相邻摆放；③插入连接软管，插入时用另一只手从下方顶住；④连接软管必须独立地在吊顶空间内放置，且不允许有折弯，如图4.26所示。

非金属板式吊顶辐射板换热器模块施工安装时，可将相同规格的标准模块拼接安装。当标准模块的尺寸不能满足要求时，可用工具刀裁下所需尺寸的模块对齐安装。裸露在空气中的模块连接管及支管应做外保温。

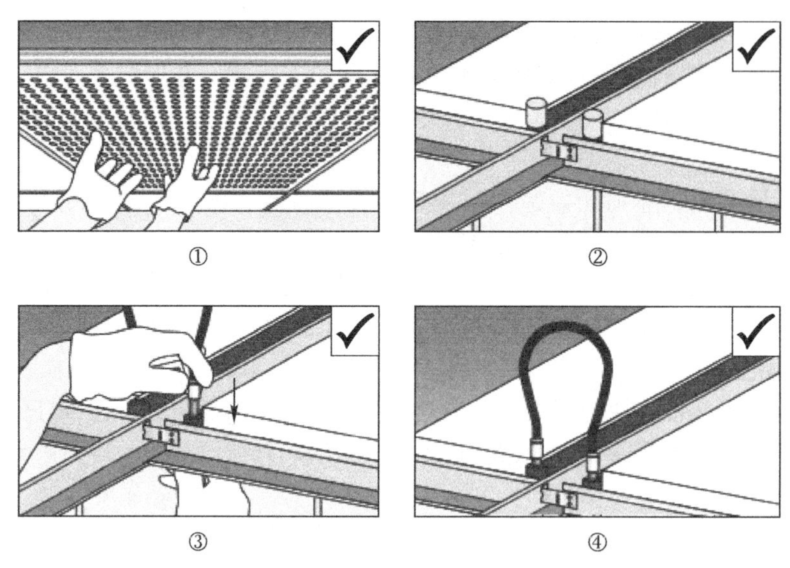

图 4.26　金属板式吊顶辐射板换热器模块的安装过程

非金属板式吊顶辐射板换热器模块临时固定时，就位及固定过程中辐射板应尽量保持平整，如图 4.27 所示，扭曲变形角度不得超过 2°，否则非金属板及内部结构可能遭到破坏。将自攻螺钉从板面钉入直至伸入龙骨，且钉头面平齐板面。

图 4.27　非金属板式吊顶辐射板换热器模块临时固定

吊顶辐射板换热器模块安装完毕，外观检查合格后，应按照《采暖通风与空气调节工程检测技术规程》JGJ/T 260 的有关规定进行冲洗和水压试验，水压试验程序应符合以下规定：水压试验应在系统冲洗之后进行；系统冲洗应对分水器、集水器以外主供、回水管道冲洗合格后，再进行室内供暖水系统的冲洗；水压试验应以每组分水器、集水器为单位，逐回路进行；水压试验之前，对试压管道和构件应采取安全有效的固定和保护措施；冬季进行水压试验时，在有冻结可能的情况下，应采取可靠的防冻措施，试压完成后应及时将管内的水吹净、吹干；试验压力应为工作压力的 1.5 倍以上，其试验压力不应小于 0.6MPa。检验方法：在试验压力下，稳压 1h，其压力降不应大于 0.05MPa，且不渗不漏。

4）验收要点

吊顶辐射板换热器所使用的换热管、绝热材料、均热层及面板等应具有质量合格证明文件，并符合《供冷供暖用辐射板换热器》JG/T 409 及《空调系统用辐射换热器》JB/T 12842 的相关规定。

吊顶辐射板换热器的施工安装可参考国家建筑标准设计图集《辐射供冷末端施工安装》12SK407 的相关要求。金属板吊顶模块宜选用多孔金属板制作，安装前需密切配合顶棚设计方案。主、副龙骨选材及龙骨间距应满足金属吊顶模块的做法和吊顶荷载要求。金属板吊顶模块重量超过 10kg/m² 时，安装时应保证龙骨规格大于 60/27mm。

非金属板吊顶模块安装前需密切配合顶棚设计方案，安装时吊顶需要考虑承载。主龙骨间距建议在 30cm～60cm 之间，水平允许偏差为±2mm。根据设计图纸将辐射板连接主管装好，注意主管与辐射板连接处接头的距离，误差控制在±1mm。吊顶模块安装后应有标记，模块安装应平整，模块间相互结合应紧密无明显缝隙，接缝应粘结平顺。裸露在空气中的模块连接管及支管应做外保温。

辐射供冷系统验收前应进行调试。初始供冷调试应在新风系统调试后进行，水温变化应平缓。供冷系统的供水温度应控制在高于室内空气露点温度 2℃以上，逐渐降低直至达到设计供水温度，并保持该温度运行不少于 24h。在设计供水温度下应对每组分水器、集水器连接的供冷管逐路进行调节，直至达到设计要求。

辐射供冷系统调试完成后，应按《辐射供暖供冷技术规程》JGJ 142 的规定对吊顶辐射板换热器的表面平均温度、室内空气温度、供回水温度进行测试，供水温度应保证供冷表面温度高于室内空气露点温度 1℃～2℃，供回水温差不宜大于 5℃且不应小于 2℃，吊顶辐射板换热器表面平均温度不宜低于 17℃。

竣工验收时，应提供吊顶辐射板换热器的进场验收记录、产品合格证、产品性能试验室检测报告、安装检验记录、调试记录等资料。

第 5 章　工程调适运维要点

目前，大部分建筑都存在着运行能耗高、维护费用大、寿命短的问题。前文已详述暖通空调各类产品在性能、设计及施工方面的要点。但在实际项目中，仅关注以上要点还不足以规避所有问题，要实现设备正常、高效运行，还需开展工程调适运维。

5.1　工程调适运维在产品应用中的问题

暖通空调系统是由众多产品通过风管、水管及其附件相连接，借助于自控设备实现动态调节的系统。通过大量的调研可知，暖通空调产品运行过程中出现的问题，不仅仅是产品本身的问题，更多的是对产品的系统性、动态性认识不足造成的。在实际的工程项目中，设备实际性能受设计的合理性、安装的规范性、设备的匹配性和系统的协同性等多种因素的影响。设备出厂时的名义性能达到设计要求，并不能代表设备安装到现场后的实际性能可以满足设计及使用要求，因此需要对设备安装到现场后的实际性能进行测试和验证。目前存在的主要问题如下。

（1）暖通空调系统各设备之间衔接缺位

暖通空调系统是以上述各类设备形成的相互关联、相互耦合的整体，整体效果的实现依赖于各设备高度融合、统一，任何一个环节的缺陷都可能对系统性能和使用效果产生影响。例如，暖通空调各类产品在性能、设计及施工方面均无问题，但在项目中由于风管、水管或其他附属设施的问题，会导致产品无法实现原先设想的效果。如果没有在工程建设的全过程中进行监督、管理、测试，很容易出现产品无法正常使用或低效使用的情况。

（2）侧重于合规性、缺乏对实际性能以及动态特性的关注

在设计阶段，设计人员主要按标准和规范规定的标准工况进行设备选型和系统设计，难以充分考虑系统在不同运行工况下的动态特性。暖通空调系统受室外气候和运行使用情况的影响较大，设备和系统大部分时间在部分负荷工况下运行。因此，在产品设计、施工及使用的全过程中，均需充分考虑系统的动态调节性能，合理地进行设备选型和系统设计，并针对不同的运行工况制定科学合理的运行控制策略。在建设过程中，需对各类工况进行测试、调试，确保暖通空调产品的使用满足动态需求。

（3）未有效实施系统的联合运行调适和效果验证

前文已从产品角度规避了大量问题，但暖通空调系统是由各项产品组成的完整系统，需要各类产品动态配合最终实现室内效果和节能。例如，风机的正常运行不仅仅是风机本身工作正常，还需要兼顾末端风阀的调节；组合式空调机组的出风温度及风量还需考虑末端风口的类型及布置的合理性。对于大型民用建筑项目，空调系统设备众多，系统复杂且设备和系统之间的耦合性强，任何设备性能和安装缺陷都可能导致系统性能下降和功能缺失，因此在系统投入运行之前，应进行系统的联合运行调适和效果验证。

科学合理的调适方法是保证调适效果的前提和基础。设备性能调适主要在设备和系统施工安装阶段实施，调适的目标是保证设备实际性能和控制功能达到设计要求，系统安全可靠运行。制定标准化的调适流程和方法，可有效提高调适的效率，提升调适的质量。

（4）重设计轻运行导致设备不能高效运行，无法实现设计意图

设计与运行管理都是实现建筑运行正常、能源系统节能的重要环节，运行管理作为实现节能的终端环节，尤其重要。由于国内工程的施工过程管理、验收规范还不够具体和完善，同时，设计、施工、运行管理环节相互脱节，造成应用过程中很多系统不能够高效运行，能源浪费严重。传统的设施设备运行管理侧重于设备的正常运行，包含日常维护保养和故障时维修处理，具有“维持”的特点，未充分体现设计意图及产品的性能，容易造成能源的浪费，设施设备的运行管理理念需要从安全有效运行向节能高效运行转变，设施设备的绿色运行管理即在传统管理的基础上，更加注重采用资源节约的运行管理策略。

5.2　国内外调适发展

5.2.1　国外调适体系

（1）概念内涵

建筑行业中的调适（Commissioning）源于欧美发达国家，属于北美建筑行业成熟的管理和技术体系。建筑调适主要通过对设计、施工、验收和运行维护阶段的全过程监督和管理，保证系统投入运行后的实际运行效果满足设计和用户的使用要求，系统实现安全、可靠、高效的运行，避免由于设计缺陷、施工质量和设备性能问题，影响建筑的正常使用，甚至造成系统的重大故障。建筑调适作为一种建筑工程质量保证体系，包括调试和优化两重内涵，是保证建筑系统实现安全、可靠和优化运行的重要手段。

建筑调适一般始于方案设计阶段，贯穿图纸设计、施工安装、单机试运转、性能测试、运行维护和培训各个阶段，确保设备和系统在建筑整个使用过程中能够实现设计功能和高效运行。

不同的标准对建筑调适的含义有不同的解释和定义，ASHRAE 将其定义为：以质量为向导，完成、验证和记录有关设备和系统的安装性能和质量，使其满足标准和规范要求的一种工作程序和方法，或定义为：一种使得建筑各个系统在方案设计、图纸设计、安装、单机试运转、性能测试、运行和维护的整个过程中，确保能够实现设计意图和满足业主使用要求的工作程序和方法。我国《建筑节能基本术语标准》GB/T 51140—2015 中给出建筑“用能系统调适”的定义为：通过在设计、施工、验收和运行维护阶段的全过程监督和管理，保证建筑能够按照设计和用户要求，实现安全、高效的运行和控制的工作程序和方法。总体来说，调适内涵可以归纳为以下四点：调适是一种过程控制的程序和方法；调适的目标是对质量和性能的控制；调适的目的是实现跨系统、跨平台的协调与协同，以共同实现建筑的功能；调适的重点从设备扩充到系统及各个系统之间。

建筑调适按建筑不同时期可分为新建建筑调适和既有建筑调适。其中新建建筑调适侧重于对设备和系统性能以及控制功能的测试和验证，通过测试和验证确保系统投入使用后的正常运行。既有建筑调适侧重于对现有设备和系统运行缺陷的诊断和评估，并根据诊断

和评估结果提出改善性能的建议，实现系统高效运行。

新建建筑调适按调适的对象可分为特定系统调适和整体建筑调适。特定系统调适是最常见的新建建筑的调适类型，在这个工作过程中，建筑的某些特定系统（如常见的暖通空调系统）将通过调适过程，记录设备及其所有子系统和配件的方案、设计、安装、测试、执行以及维护是否能达到业主项目需求。整体建筑调适主要是关注所有建筑系统的整体运行情况，如建筑外围护结构、暖通空调系统、变配电系统、火警消防系统、安保系统、通信系统、管道系统等。它一般是在项目的早期阶段（比如方案设计阶段）就开始，一直持续到建造完工并且至少持续到移交使用一年后。

既有建筑调适可分为三种类型：一般既有建筑调适、周期性调适和连续调适。一般既有建筑调适是指对于没有进行过调适的既有建筑进行调适的过程。在这个过程中，通过对目前建筑各个系统进行详细的诊断、评估、提升，解决系统存在的问题，降低建筑能耗，提高整个建筑运行水平，主要关注运行维护中的问题，并通过简单有效的措施来解决问题。周期性调适是指对已经做过调适的工程进行周期性调适。在这个过程中，需要对目前的建筑问题进行详细的诊断。这一诊断结果将会被用来调整和完善建筑系统而且提高整个建筑运行状况。它与一般既有建筑调适的区别在于既有建筑是否进行有计划的周期性调适。连续调适也称为基于监控系统的调适，是由美国得克萨斯州 A&M 大学能源系统实验室的工程师首先提出的，用以描述通过持续测量能源使用和环境数据的过程，以改善建筑物的运行。连续调适除了使用标准的调适实践外，还使用楼控系统和相应软件为建筑物内的系统提供实时运行数据。与传统的调适相比，这种方法能实现更好的节能效果。连续调适是一个持续的过程，可以通过对从基准到运行数据的持续监控来评估建筑的能源绩效。这是解决运行优化问题，提高室内舒适度，优化商业建筑性能的有效方法。此方法专注于系统控制和优化，因此可以在项目的整个生命周期中持续实现节能。

（2）发展历程

调适的概念起源于舰艇制造业，是指舰艇在建造完成至服役前，需要经过全面调适，以确保船舶的系统和设备功能符合设计要求，并且所有的操作和维护人员已经过严格训练。在 20 世纪 70 年代和 80 年代的能源危机中，调适作为建筑工程质量保证体系和节能措施，开始被应用于建筑施工质量保证过程中，并在 70 年代的能源危机中获得了巨大的发展。

第一个调适工程项目是 1981 年迪士尼位于美国佛罗里达州的未来世界主题公园，在该项目的设计、施工以及试运行阶段均采用了建筑调适的概念。伴随着建筑技术的快速发展，传统的机电系统的建造和运行管理方式已经无法满足需求，越来越多的业主和住户对新建筑的建造水平、舒适性和节能效果表达出不满。在这样的背景下，1984 年，美国威斯康星大学麦迪逊分校开设了有关建筑调适的课程。同年，ASHRAE 成立了暖通空调系统调适指南委员会，成为建筑调适的里程碑，标志着调适的概念被正式引入到建筑行业。1988 年，该委员会发布了 ASHRAE 第一版的暖通空调系统调适指南，由此开始了建筑调适的高速发展阶段。1989 年，ASHRAE 首次在其年会上专门开辟了建筑调适的讨论专题。同年，美国马里兰州蒙哥马利郡将这一调适指南整合到了政府的建设质量控制体系中。1993 年，第一届建筑调适年会在美国成功举办。同年，美国环境平衡协会（NEBB）建立了美国第一个建筑调适服务商的资质认证体系。从 1993 年开始，越来越多的政府及民间组织开始将建筑调适付诸实践，制定并发布了一系列的行业规范以及技术导则。1994年，美国政府行政命令要求所有的联邦机构必须针对所管理的建筑制定相应的建筑调适计划。美国加州洛杉矶水资源与电力局（LADWP）推出了建筑调适项目。美国加州萨克拉门托市公用事业电力公司（SMUD）对实施建筑调适的业主给予财政上的补贴。1995年，美国联邦政府机关事务管理局（GSA）根据行政命令的要求，制定并发布了其第一版建筑调适导则，并且基于此导则，在其设施运营部开始推广建筑调适。1996年，ASHRAE发布了第二版的暖通系统调适指南。1998年，美国绿色建筑委员会（USGBC）在其绿色建筑评价体系LEED中，作为先决条件项加入了建筑调适，成为推动建筑调适发展的重要里程碑。同年，美国建筑调适协会（BCA）作为一个国际性的非营利组织应运而生，其宗旨是引导整个建筑调适产业的发展，推动建筑调适技术、培训、资质认证以及评价体系的整体发展，对规范整个行业起到了关键的作用。

进入21世纪，建筑调适开启了全面发展的阶段，其标志是外延范畴的扩大和既有建筑调适的快速发展。政府推动力度空前，美国能源部要求所有联邦部门的新建建筑和主要改建项目必须对暖通空调系统及其控制系统进行调适；美国联邦政府机关事务管理局更是规定其管辖的所有新建建筑与改建项目必须进行全过程建筑调适。在州以及地方政府的层面，部分州和市政府将建筑调适纳入到了地方的建筑节能标准中，作为强制性要求，例如在加州，纽约市政府要求4600m^2以上的公共建筑必须每10年做一次既有建筑调适。在此阶段，建筑调适的技术标准与导则不断完善，建筑调适的对象也逐渐从传统的暖通空调系统，扩展到建筑围护结构、照明及其控制系统以及可再生能源系统；从设备的单机调适，延伸到整个机电系统的系统联合调适。建筑调适已经成为欧美等发达国家提高建造质量，实现运行节能的重要手段。

（3）发展现状

随着建筑规模的大型化、建筑功能的复杂化以及人们对舒适度要求的提高，特别是建筑节能的发展，推动了调适技术的快速发展。目前全球许多国家已经建立了较为成熟的调适技术体系，并且在实际工程建设中得到广泛的应用。调适技术应用的主要国家有美国、加拿大、英国等。

1）北美地区

近年来，在美国和加拿大，通过政府公共机构示范推广、专业组织研究、绿色建筑认证项目要求（例如LEED）以及对能源效率的重视度不断提高，建筑行业对调适的认可度正在逐渐提高。

① 美国

调适作为建筑行业提高舒适性和实现运行节能的措施，在美国的重视度不断提高。起初，调适的对象主要指得是建筑的暖通空调系统。如今，随着调适技术的发展，调适涵盖的对象包括了对能源可持续性、用户舒适性、安全性及工作效率产生影响的所有建筑系统，例如围护结构、暖通空调、电气、给水排水、消防及安防等系统，也被称为“整体建筑调适”。同时包括ASHRAE、NEBB、GSA和加州调适联合会（CACX）在内的相关机构，制定了不同应用范围的调适指南。在认证和培训方面，由ASHRAE、BCA、NEBB等多家协会组织，已经开展了专业人员和调适机构的认证培训工作，美国已有267个调适供应商公司和665个成员在BCA注册。

在全球范围内，相比其他国家，美国在调适技术领域，无论从技术发展、专业人员还是调适服务商等方面均处于领先地位。

② 加拿大

与美国相比，加拿大的建筑调适尚处于起步阶段，为了促进调适技术在本国的发展，加拿大自然资源部及其能源科学技术中心（Canmet ENERGY）提供知识、服务和工具，用于建筑调适项目。他们为建造工程师、技术人员、业主、经理和其他类似利益相关者提供技术培训和决策工具，包括提供技术指导、提供培训材料、召开技术研讨会、开发调适工具、研究和推广典型案例等。Canmet ENERGY 开发了一种应用软件工具 DABO，用于连续监测、检测和诊断建筑物机电系统的实际性能。此外，由加拿大自然资源部与公用事业、公共工程、绿色建筑协会和能源管理标准组织合作创建了需求侧管理工作组（DSMWG），以加速调适机构的培训和认证工作，并帮助利益相关者提升对调适工作收益的认识。2010 年，加拿大发布了新建建筑调适指南，该指南对调适过程、调适收益、成本、所需的团队和确保连续调适收益的策略做了详细阐述。

2）欧洲

除了英国之外，调适理念对欧洲的其他国家来说还是很新颖的。2002 年，为促进能源效率和建筑性能的提高，欧盟委员会发布了欧洲建筑能源性能指令（EPBD），该指令对欧盟成员国提出了 4 点实施要求，包括制定一个计算建筑物综合性能的方法框架、在新建和既有建筑物中设置最低性能标准、确认建筑物的能源性能和检查、评估暖通空调装置的性能。根据成员国的报告，EPBD 在其实际实施方面面临重大挑战，包括在不同气候条件下将要求实施到既有建筑中的困难。因为调适过程与 EPBD 的需求具有很好的一致性，一些国家研究项目正在将引入调适工具作为解决指令要求的手段。

① 英国

英国制定了最早的调适规范并为其他国家进行调适规范或指南的编写提供了依据。英国皇家注册设备工程师协会（CIBSE）在 1960 年发布了第一个关于通风系统的调适规范，随后发布了其他设备的调适规范。规范的适用范围最初只针对施工阶段完成后的调适。为减少能源消耗，降低温室气体排放量，英国在 2010 年发布的《建筑条例》中，针对商业建筑的暖通空调系统、照明系统和水系统强制要求调适，若调适结果无法满足 CIBSE 调适规范的要求，业主将无法获得竣工证书。现行的 CIBSE 调适规范设备包括：风系统、锅炉、自动控制、照明、调适管理、制冷和水系统。其中调适管理部分显示了在调适过程中的一个重要变化，表明应该在设计阶段提前指定调适顾问。

② 德国

新建建筑调适在德国还未实施。德国法律规定建筑师和设计工程师在建筑管理和施工监理中执行监督验收、性能测试和缺陷陈述、收集/编译和交付竣工文件、操作手册和验收协议、监督承包商的 2 年保修期或 5 年设计小组保修期期间的缺陷整改等相关工作。

③ 法国

建筑调适在法国刚刚开始兴起，调适指南正在制定中。尽管由于 EPBD 的要求，大型建筑业主对建筑全阶段实施调适过程有浓厚的兴趣，但在目前工程应用中，调适只是在运营阶段实施。目前的研究重点是自动化调适过程、推动在项目早期阶段实施调适过程，并为特定的建筑（例如学校）应用调适技术开发工具和程序。

④ 芬兰

2002 年，为提高建筑的性能，芬兰推出一项名为“Cube”的国家研究计划。这项计划包括制定建筑调适程序，以保证室内空气质量和实现建筑节能。目前建筑物生命周期的各个阶段实施调适的方法和工具正在开发中。

3）亚太地区

在亚太地区，建筑业正经历前所未有地增长。这种增长对环境的影响是全球性的。因此，建筑行业采用建筑调适作为提高设计、施工和运营的质量和效率的标准做法是至关重要的。亚太国家正在利用国家能源法律、机构授权和非营利组织来促进建筑系统调适的发展。

① 日本

2004 年，日本建筑性能检证协会（BSCA）作为一个非营利性组织成立，该协会在主要城市定期举办有关调适技术的研讨会，并与中国、韩国等亚洲国家开展合作活动。2005，日本供暖空调和卫生工程师协会（SHASE）调适委员会发布了一项关于建筑服务调适过程的指南。2006 年，日本《节能法》中将提交建筑节能报告列为强制性要求。该报告是基于对供暖、通风和空调系统中能耗影响最大的设备和系统的简单性能测试。但是在实践中，由于没有规定标准测试程序，并且对报告中所包含的数据是否需要验证的相关问题也未明确，因此建筑节能报告的实际效果并不尽人意。

② 印度

在印度建筑行业，LEED 绿色建筑评价体系的引入促进了调适的发展。2017 年，印度供暖、制冷和空调工程师协会（ISHRAE）发布了空调系统调适手册。

③ 澳大利亚

澳大利亚调适技术的发展很大程度上得益于绿色建筑评级方案的实施，如国家建筑环境评级系统和绿色建筑委员会的绿色之星计划。通过这个机制，几个大型商业地产业主和政府机构已经做出承诺，争取在未来有更多的建筑达到一定的评级。这些评级方案的实施和推广同时也激发了对既有建筑的能源审计和调适的需求。2011 年，澳大利亚制冷、空调与供热协会（AIRAH）联合新西兰制冷、暖气和空调工程师学会发布了调适手册。详细阐述了调适的定义和主要过程。该手册由以下 9 个部分组成：范围和介绍、调适概述、调适过程、指定和采购调适、重要调适文件、测试和调适、系统特定文件要求、移交和运行、既有建筑调适，另外手册还包括附录和注释部分。2017 年，由 AIRAH 主导，联合 NEBB、CIBSE 以及美国通风与空调协会（AMCA）开展了“Prime”项目，该项目的主要工作内容是制定建筑整体调适流程，并将其纳入到澳大利亚 2019 版国家建筑法规第一卷中，以确保建筑以及系统已按照规定的要求和设计意图交付。该项目的目的是通过在国家建筑法规中定义调适的最低级别的要求，以使建筑调适可按澳大利亚建筑法规强制性规定实施。

5.2.2　调适技术在国内的发展现状

（1）发展现状

空调系统调适的思想和方法在国内引入始于 20 世纪 90 年代清华大学与日本的交流与合作。合作以北京某高档写字楼变风量空调系统改造工程为对象，较为全面地实施了既有建筑空调系统改造调适过程，并以此为例，在国内详细介绍了既有建筑空调系统实施调适的步骤及实施过程中业主、咨询方、自控公司和设计单位的相互关系，从能耗状况出发分析了变风量空调系统调适的实施效果，并在实测分析的基础上提出了对该工程开展进一步调适的必要性，从中总结了既有建筑空调开展调适的方法。

2011 年由中国建筑科学研究院负责，中国科学技术部、国家能源局和美国能源部共同成立的中美清洁能源联合研究中心建筑节能合作项目——“先进建筑设备系统技术的适应性研究和示范课题”顺利开展，建筑暖通空调系统的调适是该课题的组成部分之一。

2014 年，由美国劳伦斯伯克利国家实验室、住房和城乡建设部科技发展促进中心和中国建筑科学研究院牵头，联合多家科研院所、高校和企业，在中美清洁能源联合研究中心建筑能效联盟的科研合作项目中成立了建筑调适的课题，中美双方的科研团队在此平台上对建筑调适技术在中国的应用进行了政策上的分析。

在技术推广方面，中国建筑科学研究院、上海建筑科学研究院、清华大学等科研院所一直致力于调适技术体系的本土化工作，结合节能诊断、能源审计、节能改造等工作基础，梳理工程设计、施工和运行中的常见问题，研究典型设备和系统的调适方法，分析调适技术体系与我国现有工程建设标准之间的关系，尝试建立适合我国实际情况的调适技术体系，并积极寻求技术推广应用的具体项目。2008 年，新建建筑调适技术在中国石油大厦冰蓄冷和变风量系统中首次进行示范应用，取得了非常好的效果，中国石油大厦也成为当时变风量系统应用的成功范例，对调适技术在国内的推广，特别是调适技术在变风量领域的应用起到了很好的引领作用。凭借中国石油大厦的成功经验，调适技术先后在国家开发银行、中冶大厦、泰康金融和泰康国际等高档办公建筑的变风量项目得到应用。2010 年，以国外标准规范为指导，结合自身的研究积累，中国建筑科学研究院完成了国内第一个由国内技术团队实施的外方机电系统调适项目——杭州西湖四季酒店项目。通过该项目，调适团队的技术能力获得了外方的认可，并在此基础上陆续完成了北京四季酒店、广州国际金融中心、深圳四季酒店机电系统等外方项目的调适工作。2014 年，调适技术首次应用于北京雁栖湖国际会议中心（APEC 峰会场馆）的场馆建设中，并作为成功的经验，推广到后续的杭州国际博览中心（APEC 峰会场馆）、厦门国际会议中心（金砖峰会场馆）和数字中国福州国际会展中心（2019 年第二届数字峰会场馆）机电系统建设项目中。

在标准规范方面，2015 年实施的《绿色建筑评价标准》GB/T 50378—2014 首次在其运行评价施工管理指标的评分项中，加入了建筑调适内容。另外《变风量空调系统工程技术规程》JGJ 343—2014 和《绿色建筑运行维护技术规范》JGJ/T 391—2016 中也提出了系统调适的技术要求，这些标准的发布和实施将大大促进建筑调适在我国的发展。图 5.1 给出了调适技术在我国应用发展历程。

（2）应用特点

从应用范围来看，调适技术目前主要应用于国家重点工程、高端商业项目和高档办公建筑中。

国家重点工程项目由于其政治、历史等特殊属性，建成后多成为城市标志性建筑，且建筑功能特殊、机电系统复杂、技术集成度高、高端产品和技术应用多、建筑规模大，因此建设单位责任重大。为了满足高规格、高品质需求，需要建设过程中各阶段、各专业之

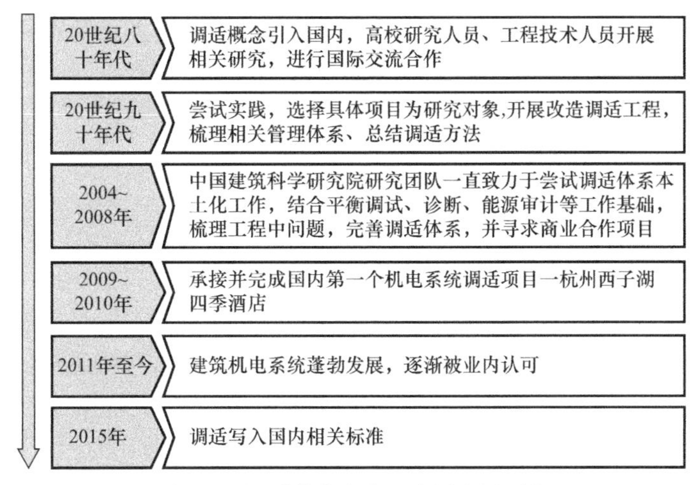

图 5.1　调适技术在我国应用发展历程

间密切配合、协同工作，才能保证建成系统的安全、可靠和高效运行，因此需要开展全专业、全过程的调适服务。国内重点工程项目成功案例有如上提及的北京雁栖湖国际会议中心、杭州国际博览中心、厦门国际会议中心和数字中国福州国际会展中心等。

高端商业项目多是与国际品牌合作的项目，方案设计多出自国际著名设计师手笔，项目造型独特、追求对美观和空间的最大限度满足，中庭规模大、舒适度要求高，对机电系统设计及施工都是极大的挑战，而且这类项目一般都有外方参与，因此很多项目将调适作为建造的重要质量保证措施。如上海迪士尼度假区、广州国际金融中心（广州西塔）、四季酒店等。但是由于该类项目多数由外方管理公司主导，因此调适工作主要由外方调适团队负责实施。

高档办公建筑目前普遍采用玻璃幕墙结构结合变风量技术，而变风量系统控制复杂、自动化程度高，因此对设计、建造和运行，以及各个专业的衔接提出了更高的要求，目前我国所采用的调试和验收体系难以满足这类复杂系统的建造需求，导致很多项目应用效果不理想，严重的甚至导致系统无法正常运行，使用效果和功能无法保证。鉴于以上问题的普遍性和严重性，要求项目建设团队对变风量的技术特点、复杂性、验收制度的局限性及严重的后果等有一定程度的认知，特别是中国中石油大厦变风量系统的成功，使得变风量调适获得了建筑业主和行业专家的认可，借鉴该项目的全过程管理经验，建设方在建设过程中引入了调适技术服务。

综上所述，目前国内的调适技术主要应用于建筑规模较大、建筑功能和系统形式相对复杂、对使用效果和功能要求较高的政府、商业和高档办公项目中，说明调适技术对于保证这类建筑机电系统建造质量和使用效果具有更加明显的作用。

从调适开始的阶段来看，由于系统的实际使用效果受设计、施工和运行各阶段因素的影响，因此国外调适技术体系建议调适工作从设计阶段，甚至是方案阶段就开始介入，并通过季节性验证延伸到运行阶段。然而，从国内目前实际开展的项目来看，调适工作主要是从施工的系统调试阶段开始介入，导致设计阶段和安装阶段形成的缺陷无法通过调适得到彻底的解决，影响最终的调适效果。另外，由于目前我国的建设和运行相互脱节，建设方对季节性验证不够重视，使得运行阶段系统反映出来的问题未能通过调适得到有效的解决。产生这类问题的主要原因是建设方缺乏全过程的概念，对调适技术体系的理解不够充分和全面，同时全过程调适的周期长、成本高也是重要影响因素。

5.3 工程调适要点

5.3.1 调适技术体系的建立原则

根据前文的调适需求分析结果可知，现存问题包括两方面：一是未覆盖全专业：我国现有的技术标准体系涵盖了各个专业，各专业标准中都对调试有所说明，但都基于本专业为主、其他专业配合的角度，对调试过程进行说明，缺乏系统整体性。二是未覆盖全过程：各专业标准分为很多阶段，包括规划、设计、施工、运行、专项技术、检测方法等。基于这两方面问题，确定技术体系的标准化流程的建立原则为“全专业、全过程”。

5.3.2 调适各阶段的定义和划分

调适可以从项目的规划设计阶段开始，也可以从施工后期开始。从施工后期开始的调适工作可划分为以下6个主要阶段：调适预检查阶段、设备单机试运转阶段、设备性能调适阶段、系统平衡调试阶段、系统联合运行调适阶段、季节验证阶段。具体调适工作的流程如图5.2所示。

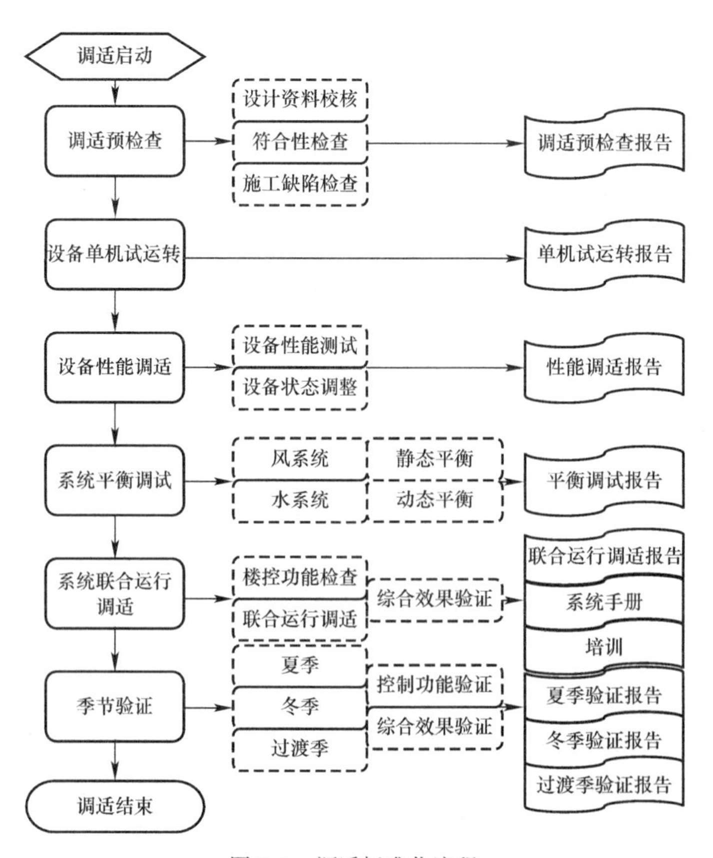

图5.2 调适标准化流程

按照这种方式对调适各阶段进行定义和划分，既能覆盖调适中的主要工作、确保系统最终的使用效果，又能确保与我国现行的施工过程基本吻合。各个阶段有明确的定义和定位，各阶段之间相辅相成、环环相扣、互为补充、互相支持。每个阶段的完成是下一阶段工作开始的必要前提，调适预检查是为了保证整个调适工作所需的资料充分完备、现场系统设备的安装符合设计要求、施工质量无明显缺陷。调适预检查包括对所有相关系统和设备的设计资料审查、符合性检查和施工缺陷检查。设备单机试运转的目的是考核单台设备的机械性能，确保设备的正常、稳定运行，是设备性能调适的必要前提条件。设备单机试运转前应对调适预检查的结果进行核查，确认调适预检查工作已完成。设备性能调适的目的是确保单个设备的性能和功能达到设计的要求，是开展系统平衡调试、确保系统综合效果的必要前提条件。设备性能调适应在设备单机试运转完成并符合要求后实施，应制定设备性能调适专项方案，明确额定参数、调适工况和判定原则等。系统平衡调试的目的是确保风系统、水系统按照设计合理分配各末端的风量和水量。调试完成后，系统性能（总风量、各末端风量、总水量、各末端水量）应满足设计或标准规范的要求。系统平衡调试主要针对静态系统，具体包括组合式空调机组、新风、送排风机等设备组成的风系统的平衡调试，以及冷冻水系统、冷却水系统、供热热水系统的平衡调试。系统联合运行调适的目的是通过对暖通空调系统联合运行时各项功能和系统综合效果的验证，确保整个暖通空调系统的运转情况良好、各项功能均可以正常实现，确保最终的使用效果。系统联合运行调适包括楼控功能检查、联合运行调适和综合效果验证。季节性验证的目的是对整个供暖空调系统实际运行效果的验证，包括验证系统在满负荷、部分负荷工况下的供热能力、供冷能力、室内环境的实际运行效果、暖通空调系统的调控性能和系统能效。根据供暖空调系统的特点，本阶段工作一般至少包括两个季节：制冷季和供暖季。根据系统的特性可增加过渡季验证。季节验证包括典型工况下系统运行方式、系统控制功能验证、室内综合效果测试、系统综合能效测试和系统能耗分析。应制定季节验证方案，验证方案应有针对性，体现出系统的特点。验证方案应全面、详细，具有操作性。

5.3.3　暖通空调系统调适方法

下文将按系统及设备分类介绍具体调适方法。由于供暖系统和空调系统调适有许多相似的地方，如二者的水平衡调试等。因此，本节将供暖系统和空调系统的调适方法一并进行介绍。

（1）供暖空调系统

1）组合式空调机组

① 准备工作

第一，资料收集包括设备样本参数、机组安装记录、出厂检验报告等，应充分熟悉图纸，了解设计意图和设备特点，尤其是对于新产品、新技术，需要提前熟悉相关的原理和技术要求，结合调适经验预估可能出现的问题，并做好对策。第二，准备现场用的图纸和操作表格，以方便快速准确地记录调试结果和问题。第三，准备测试仪表，包括压力表、风速计、微压计、温湿度计、流量计等，确认仪器的量程和精度满足测试要求。第四，确认相关系统正常运行且满足调适要求。

② 注意事项

主要注意事项包括：识别调适环境潜在安全隐患并做好防护准备工作（如防尘口罩、安全帽等）；性能测试时，确认工况；性能测试应在运行稳定后进行，并持续一段时间；尽可能地及时进行测试数据分析，以确认测试的有效性，以及是否需要进行其他测试；调适过程中记录应完整、全面（包括条件、测试位置、缺陷照片等）并做唯一性标识，以方便后续工作需要时调阅。

③ 调适预检查

首先是资料核查，设备资料信息是调适、运行维护的主要依据文件，应核查相关资料是否提交并得到业主的确认。资料清单见表5.1。

组合式空调机组调适预检查资料清单 **表5.1**

序号	资料
1	制造商的布线图
2	性能数据
3	安装和启动手册
4	运行维护手册
5	出厂检测结果
6	控制策略和控制程序

其次是符合性检查，主要检查系统形式和主要参数是否符合设计要求，见表5.2和表5.3。

组合式空调机组调适系统符合性检查内容 **表5.2**

序号	项目
1	现场组装或是整机
2	系统形式（变风量、定风量、热回收等）
3	冷盘管类型
4	热盘管类型
5	其他盘管类型和型号
6	送风风机类型（离心、螺旋、轴流等）
7	回风机类型（离心、螺旋、轴流等）
8	其他风机类型
9	是否有热回收
10	其他部分及附件

组合式空调机组主要参数符合性检查内容 **表5.3**

序号	项目
1	制冷量(kW)
2	加热量(kW)
3	风量(m^3/h)
4	机外余压(Pa)

续表

序号	项目
5	电流(A)
6	电压(V)
7	风机功率(kW)
8	功率因数
9	风机转速 (rpm)
10	加湿器类型
11	加湿量(kg/h)
12	包含的功能段

再次是安装检查，主要检查安装是否满足规范及业主要求，见表 5.4～表 5.9。

组合式空调机组调适基本检查项目　　表 5.4

序号	项目
1	风机粘贴了永久性标签
2	机组外壳状况良好：没有凹痕、泄漏，门安装了密封垫圈
3	检修门关闭严密、无泄漏
4	风管和机组紧密连接并且状况良好
5	安装了隔振设施
6	为机组和部件留了合适的维修通道
7	安装了消声设备（消声器、消声弯头、消声静压箱等）
8	按照规范安装了保温设施
9	根据规范安装了仪表（如温度计，压力表，流量计等）
10	皮带松紧
11	防冻保护措施运转正常
12	机房内排水沟和地漏

组合式空调机组水管检查项目　　表 5.5

序号	项目
1	管道保温及支、吊架完成安装，并保护完好
2	管道做了正确的标签
3	各附件安装完全，位置正确，包括：手动阀、电动阀、平衡阀，过滤器、软连接、温度计、压力表、泄水阀等
4	过滤器安装到位，且清洁、已排污
5	管道系统已冲洗
6	配件周围无明显泄漏
7	盘管清洁，无损伤，供回水接管正确
8	凝结水盘和冷凝水管安装正确，坡度和坡向符合要求，水封高度满足规范要求，接至排水点
9	阀门做了正确的标签

续表

序号	项目
10	阀门安装方向正确
11	根据图纸安装了湿度或压力测试插头和关断阀
12	过滤器压差测量装置已安装并且功能正常（差压表、斜压管测压计）
13	所有调节阀紧密关闭
14	所有调节阀门安装了执行器

组合式空调机组风管检查项目　　表 5.6

序号	项目
1	安装了消声器
2	安装了管道接口密封剂
3	根据图纸检查直角弯头内的导流片
4	送风吸入口应远离污染源或排气口
5	新风/排风风口设有防护网
6	压力泄漏测试已完成
7	分支管控制阀门操作正常
8	管道清洁
9	调节风阀、防火阀的数量与设计相符，安装位置正确，且便于操作
10	软连接安装合格，符合防火要求

组合式空调机组电气和自控检查项目　　表 5.7

序号	项目
1	配电单元柜内有按钮式开关电源并且贴有标签
2	所有电气元件连接牢固
3	配电单元柜和机组外壳做了接地
4	安装了过载保护装置，并且保护值设置合理
5	所有的控制装置和接线已完成
6	控制系统互锁已连接且功能正常
7	风阀及冷、热水阀执行器已安装且调节刻度已校准

组合式空调机组变频器检查项目　　表 5.8

序号	项目
1	根据制造商的要求和启动说明书完成安装
2	安装位置、运行环境不得过度潮湿、脏污、高温
3	伏特-赫兹曲线选用正确
4	变频器大小与电机的大小相匹配
5	变频器尽量在室内安装
6	空气开关通路径清洁且无阻碍

续表

序号	项目
7	贴上永久性标签
8	变频器与控制系统连锁
9	控制程序写入现场控制器
10	上升时间设置为：________________下降时间设置为：____________
11	检查手动、关机和自动功能的可操作性，有旁路的系统也要检查旁路的操作功能
12	与BAS配合检查所有的电气接口和信号抗干扰措施
13	电源故障重启，变频器参数设置为自动
14	检查VFD的供电接线
15	变频器最小频率设置为______Hz，最大频率设置为50Hz
16	变频器以及放置的配电单元柜做了接地
17	按每一级用户设定密码保护，并且为用户提供密码文件
18	变频器对信号（如0～10V或4mA～20mA）丢失的响应设置为________
19	检查变频器断开时的输入电压
20	电机的满载电流FLA是额定值的100%到105%

组合式空调机组传感器和仪表检查项目　　表5.9

序号	项目
1	安装了温度、压力、水的计量仪表或传感器
2	管道仪表、BAS和相关面板的温度、压力读数相匹配

最后是单机试运转检查，主要包括：送风机旋转方向正确（如果是VFD模式，检查旁路和VFD变频器模式下的切换）；回风机/排风机旋转方向正确；回风机/排风机振动和噪声可接受；送风机振动和噪声正常；送风机电流、电压正常；盘管正常换热、送风温度正常；进口叶片与外壳对齐，执行器平稳调节并与输入信号和EMS读数成正比；所有阀门（送风、回风、排风等）行程无阻力，跨距已校准，并与BAS读数进行验证；在正常工作压力下，阀门通过线圈无泄漏；完成了规定的点对点检查，并提交了记录文件。

④ 设备性能调适

测量仪表主要包括：风量、风压测量仪表需要毕托管和微压计，当动压小于10Pa时，风量测量推荐用热电风速计；温度测量仪表需要玻璃水银温度计、电阻温度计或热电偶温度计；大气压力测量仪表需要空压气压表。

测量步骤和方法主要包括：根据委托要求和现场的实际情况确定测试状态；检查系统或机组是否正常运行，并调整到测试状态；根据要求和现场的实际情况，确定风量测量的具体位置；根据要求和风管的实际尺寸，确定测点数和布置方法；依据仪表的操作规程，调整测试用仪表到测量状态；逐点进行测量，每点至少重复进行2～3次测量；当采用毕托管测量时，毕托管的直管必须垂直管壁，毕托管的测头应正对气流方向且与风管的轴线平行。测量过程中，应保证毕托管与微压计的连接软管通畅无漏气；记录所测空气温度和当时的大气压力。

之后是数据处理。采用毕托管测量时，按下述方法计算机组或系统的风量。一般情况下可取各测点的算术平均值作为平均动压，当各测点数据变化较大时，应按下式根据均方根计算动压的平均值：

$$P_v=\left(\frac{\sqrt{P_{v_1}}+\sqrt{P_{v_2}}+\cdots\cdots\sqrt{P_{v_n}}}{n}\right)^2 \tag{5.1}$$

式中：P_v——平均动压（Pa）；

P_{v_1}、P_{v_2}……P_{v_n}——各测点的动压（Pa）。

断面平均风速应按下列公式计算：

$$V=\sqrt{\frac{2P_v}{\rho}} \tag{5.2}$$

$$\rho=0.349B/(273.15+t) \tag{5.3}$$

式中：V——断面平均风速（m/s）；

ρ——空气密度（kg/m^3）；

B——大气压力（hPa）；

t——空气温度（℃）。

机组或系统实测风量应按下式计算：

$$L=3600VF \tag{5.4}$$

式中：F——断面面积（m^2）；

L——机组或系统风量（m^3/h）。

采用热电风速计测量风量时，断面平均风速为各测点风速测量值的平均值，实测风量和标准风量的计算方法与毕托管测量计算方法相同。

风压按其性质分为静压、动压和全压，其中动压和静压相加为全压。机组全压为机组进出口全压的差，因此测量机组全压时，应对机组进出口的全压分别进行测量。利用毕托管和微压计的不同连接方式，可分别对静压、动压和全压进行测量。平均风压为各测点风压实测值的算术平均值。

⑤ 控制功能验证

控制功能的验证方法参考冷水机组。表 5.10 为常规组合式空调机组的控制逻辑验证内容，具体项目需根据实际需求进行修改。

常规组合式空调机组控制逻辑验证内容 **表 5.10**

类别	控制逻辑验证内容
1	风压控制
2	送风温度控制
3	回风温度控制
4	二氧化碳控制
5	加湿控制
6	防冻报警
7	风压报警
8	过滤器压差报警

2）风机盘管

① 准备工作

第一，资料收集包括设备样本参数、机组安装记录、出厂检验报告等，应充分熟悉图纸，了解设计意图和设备特点，尤其是对于新产品、新技术，需要提前熟悉相关的原理和技术要求，结合调适经验预估可能出现的问题，并做好对策。第二，准备现场用的图纸和操作表格，以方便快速准确地记录调试结果和问题。第三，准备测试仪表，包括风量罩、风速计、温湿度计等，确认仪器的量程和精度满足测试要求。第四，确认相关系统正常运行且满足调适要求。

② 注意事项

主要注意事项包括：识别调适环境潜在安全隐患并做好防护准备工作（如防尘口罩、安全帽等）；性能测试时，确认工况；性能测试应在运行稳定后进行，并持续一段时间；尽可能地及时进行测试数据分析，以确认测试的有效性，以及是否需要进行其他测试；调适过程中记录应完整、全面（包括条件、测试位置、缺陷照片等）并做唯一性标识，以方便后续工作需要时调阅。

③ 调适预检查

首先是资料核查，设备资料信息是调适、运行维护的主要依据文件，应核查相关资料是否提交并得到业主的确认。资料清单参考组合式空调机组，见本指南表5.1。

其次是符合性检查，主要检查风机盘管主要参数是否符合设计要求，见表5.11。

风机盘管主要参数符合性检查内容　　表5.11

序号	项目
1	额定风量(m^3/h)
2	额定供冷量(W)
3	额定供热量(W)
4	盘管形式
5	出口静压(Pa)
6	噪声[dB(A)]
7	功率(W)

再次是安装检查，主要检查安装是否满足规范及业主要求，见表5.12～表5.15。

风机盘管调适基本检查项目　　表5.12

序号	项目
1	粘贴了永久性标签
2	回风形式（吊顶回风/管道回风）
3	检修空间
4	风管和机组紧密连接并且状况良好

风机盘管水管检查项目　　表 5.13

序号	项目
1	手动阀和电磁阀的位置正确，数量符合设计要求
2	凝结水盘和冷凝水管的坡向正确
3	水管完成保温，并保护完好
4	水管的软接管无损伤，长度适当（100mm）
5	支吊架系统及减振措施
6	各组件位置便于维护（应有检修口且有维修空间）
7	风机盘管的冷热盘管清洁无杂物

风机盘管风管检查项目　　表 5.14

序号	项目
1	新风管连接形式（独立，接至送风管，接至回风管）
2	风管保温措施已完成，保温层处于良好维护状态
3	送回风口在同一空间，送回风口位置是否合适，气流组织是否合理
4	管道支吊架位置合理，不影响其他设备和管线的安装
5	送风管为软质风管时，注意软质风管无损坏，气流通畅、与风口连接密封

风机盘管电气和自控检查项目　　表 5.15

序号	项目
1	控制面板位置合理（温度传感器已安装完成，且避免阳光直射，空气易流通，易于操作，能够反映房间的平均温度）
2	冷热水阀执行机构安装完成并经过校准，且动作正确
3	风盘的控制逻辑得到验证

最后是单机试运转检查，主要包括：检查风机的转向是否正常、是否有异常噪声；通电后，启动风机后立即停止，仔细检查有无擦壳声，检查无误后再启动风机；分别检查风机转速是否与控制开关的风速挡位一致，不一致的必须调整接线至正确；把控制开关拨到制冷状态，将温度调节器温度调至室内温度以下，此时电动阀应打开，将温度调节器温度调至室内温度以上，此时电动阀应关闭；把控制开关拨到制热状态，将温度调节器温度调至室内温度以下，此时电动阀应关闭，将温度调节器温度调至室内温度以上，此时电动阀应打开；如电动阀不能正确动作，应检查接线、控制开关及阀门。

④ 设备性能调适

风机盘管的设备性能调适方法可参考组合式空调机组，测试参数见表 5.16。

风机盘管设备性能调适参数　　表 5.16

序号	项目
1	风量(m^3/h)—高挡
2	风量(m^3/h)—中挡
3	风量(m^3/h)—低挡
4	水流量(m^3/h)

续表

序号	项目
5	冷冻水进口温度(℃)
6	冷冻水出口温度(℃)
7	热水进口温度(℃)
8	热水出口温度(℃)
9	送风温度(℃)
10	送风相对湿度(%)
11	回风温度(℃)
12	回风相对湿度(%)
13	功率(W)

⑤ 控制功能验证

控制功能的验证方法参考冷水机组。表 5.17 为常规风机盘管的控制逻辑验证内容，具体项目需根据实际需求进行修改。

常规风机盘管控制逻辑验证内容　　表 5.17

类别	控制逻辑验证内容
1	三速控制
2	室内温度控制

3）变风量空调

变风量空调系统调适需在组合式空调机组调适基础上开展联合运行调适。联合运行调适是基于自控系统，对变风量空调的联合运行效果及性能进行动态验证和优化。对于变风量空调系统，联合运行调适主要为组合式空调机组、VAVbox 及相关自控系统同时作用时开展调适工作。根据工程经验，总结了变风量空调系统联合运行调适方法，包括传感器准确性验证、执行器控制能力验证、系统控制逻辑优化及验证、运行效果验证。传感器准确性验证和执行器控制能力验证主要是针对单点进行验证，确保单项功能正常。系统控制逻辑优化及验证是针对复杂的控制需求制定详细的逻辑，并验证逻辑是否满足运行要求。

① 传感器准确性验证

传感器准确性验证时需使用测量精度高的仪器，建议使用标定仪器。例如，风速测量仪器在其量程范围内的测量误差应小于±5%。验证时需固定变风量空调机组和 VAVbox 的各项执行器，防止验证过程中数据波动。一般需验证的传感器包括：VAVbox 风量、VAVbox 温控器的温度、机组送风温湿度、回风 CO_2 浓度、主管静压和送风风量。验证步骤和方法如下：检查所有传感器的型号、精度、量程与所配仪表是否相符，并进行刻度误差校验，是否达到产品技术文件要求；检查自控系统输入的传感器量程及电参数是否正确；控制器读取的传感器数据与现场的测量值、状态是否一致；现场测试需使用经标定过的准确仪器；VAVbox 的风量传感器读数偏差较大时需开展现场整定。

② 执行器控制能力验证

执行器验证前先将自控系统调整至手动状态，不受控制逻辑影响，然后手动给出控制命令，现场观察执行器动作。一般需验证组合式空调机组的执行器包括：电动水阀、CAV

阀、过渡季新风阀、排风阀、回风阀、静电除尘器、变频器。VAVbox的执行器一般为风阀、水阀及风机。验证步骤和方法如下：执行器进行动作特性校验，验证执行器的动作和动作顺序是否与设计的工艺要求相符；自控系统读取的执行器状态是否与现场的状态一致；调节阀和其他执行器作调节性能模拟试验，测定全行程距离与全行程时间，调整限位开关位置，标出满行程的分度值，是否达到产品技术文件要求。

③ 系统控制逻辑优化及验证

变风量空调系统相较于定风量系统而言，需重点验证风机的变频逻辑、送风温度控制逻辑及新排风逻辑。变频控制逻辑主要有定静压、变定静压、总风量及变静压四类。送风温度控制逻辑主要有回风串级控制、频率上下限控制两类。新排风逻辑主要涉及 CO_2 浓度控制、过渡季免费新风等。不同的项目需有针对性地定制逻辑，并根据实际运行效果进行优化。调适前，需绘制逻辑流程图。验证步骤和方法如下：基于设计原则及现有自控点位，对变风量系统的控制逻辑进行优化；自控厂家编程后，在系统运行时对控制逻辑进行验证；通过验证发现的不合理问题及时调整相关参数或修改程序。

4）水平衡调试

① 准备工作

第一，资料收集包括水泵、系统管路部件安装资料、设备样本、打压试验记录等，应充分熟悉图纸，了解设计意图和设备特点，尤其是对于新产品、新技术，需要提前熟悉相关的原理和技术要求，结合调试经验预估可能出现的问题，并做好对策。第二，准备现场用的图纸和操作表格，以方便快速准确地记录调试结果和问题。第三，计算各支路平衡调试目标值。第四，准备测试仪表，包括压力表、流量计，确认仪器的量程和精度满足测试要求。第五，确认相关系统正常运行且满足调适要求。

② 注意事项

主要注意事项包括：识别调适环境潜在安全隐患并做好防护准备工作（如防尘口罩、安全帽等）；调适前确认工况；调试应在运行稳定后进行，并持续一段时间；尽可能地及时进行测试数据分析，以确认测试的有效性，以及是否需要进行其他测试；调适过程中记录应完整、全面（包括条件、测试位置、缺陷照片等）并做唯一性标识，以方便后续工作需要时调阅。

③ 调试程序

首先应确认平衡调试条件，主要包括：检查确认使系统正常运行；检查确认末端支路调节阀型号规格符合设计要求；检查确认各末端支路调节阀处于全开状态；测试系统总水量，确认系统总水量满足设计要求（如不满足应进行相应的诊断）。

水平衡调试方法有比例调节法和补偿调节法，调试时可根据空调系统的具体情况采用相应的方法进行调试。水平衡调试用主要设备是超声波流量计和压力表，测试应确认测试条件、选取合适量程和精度的仪器，如果系统有监测计量装置，在确认其准确性满足要求时可以采用系统计量仪表。另外，应记录水系统平衡调试过程数据和最终调试结果，以方便对一些问题进行诊断和分析。水系统平衡调试是伴随着诊断和分析的过程，应避免为过分追求个别支路或设备水量达到设计要求，而牺牲系统总能力。水平衡调试判定标准依据《通风与空调工程施工质量验收规范》GB 50243—2016 第 11.2.3 条，变风量末端装置的最大风量调试结果与设计风量的允许偏差应为 0～+15%。

目前，动态压差阀广泛用于风机盘管等末端支路中。其作用是屏蔽其他回路对于本回路流量的干扰，保证本回路控制阀的控制精度，减少噪声，图5.3为压差控制器即自力式压差平衡阀的工作原理。

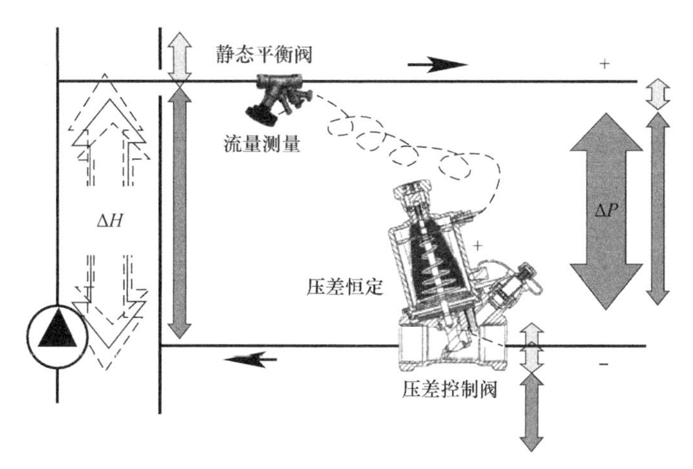

图5.3　自力式压差平衡阀的工作原理

当资用压头有所增加时，压差控制器通过内部弹簧膜片结构的移动，减小压差控制阀的开度，将所控目标增加的资用压头转移到压差控制器上，从而保证所控目标压差不变。

仅在回水支管上单独安装压差控制器（即单压差方案），从原理上来说，该压差控制器可以恒定住每层支管供回水之间的压差。但从实际情况来看，单压差方案是无法良好地实现平衡效果的，这是由于通常具体压差设定的参数并不能完全确认，这就导致了该平衡阀调试时没有依据。即使在设计初期曾经计算过每个压差阀所要设定的环路压差，但可能由于种种原因而造成控制回路实际所需的压差值发生了改变，不能满足设计初期的设计压差值。以下为造成控制回路水阻特性改变的几种情况：设计设备与实际选用设备阻力不一致；管路在安装时，安装长度及口径与设计不一致；由于躲柱、梁等重要构件而额外增加阻力；控制环路内其他阀门或设备选型不当；设计者为了规避风险，选大不选小；其他因人为或误操作造成的管路特性的变化。

为了解决这部分不足的地方，在回水管端安装压差控制器的同时，通常在末端空调设备供水管端上安装静态平衡阀，在局部构成静态＋压差水力调试方案：一是通过环路的流量可测量，在保障环路所需流量的情况下设定压差，使控制压差刚好满足用户在最不利情况下的使用，减小了泵流量的消耗，消除了因选型、施工及产品更换所带来的偏离。二是可以测量流量、关断压差、温度等重要参数，根据关断压差可以对系统进行诊断，诸如堵塞、设备安装错误等问题均可被发现并及时解决，避免系统投入使用后，二次返工的困难。三是压差控制器属于自力式阀门，随着外界扰动的变化而不断运动变化，过多的变化有可能产生一些如堵塞、损坏等问题，当压差控制器配合静态平衡阀使用时，静态平衡阀可以起到最基本的平衡作用，可以消除系统的静态水力失调问题，使用户的空调系统不会因为压差控制器失效而变化过大，从而影响用户使用。四是静态平衡阀具有关断作用，且密闭性极佳。在维修时可以起到关断的作用，提供更多一层的保障。

5）冷水机组

冷水机组调适是一项基于设计文件、标准规范的评估过程，目的是确保机组及相关辅件安装规范、过程资料齐全，可以安全运行，并且机组运行能效可以达到设计规范要求。

① 准备工作

第一，资料收集包括设备样本参数、安装机组、工厂测试报告等，应充分熟悉图纸，了解设计意图和设备特点，尤其是对于新产品、新技术，需要提前熟悉相关的原理和技术要求，结合调试经验预估可能出现的问题，并做好对策。第二，准备现场用的图纸和操作表格，以方便快速准确地记录调试结果和问题。第三，准备测试仪表，包括压力表、温湿度计、流量计、电流计、电压计等，确认仪器的量程和精度满足测试要求。第四，确认相关系统以满足调适要求。

② 注意事项

主要注意事项包括：相关设备如空调机组、冷却塔、泵等已完成预功能检查，并且可以进行临时运行；在寒冷天气条件下进行调试，要注意机组、管路、阀门等的防冻；重置验证完成后，参数设定值应恢复至原来的稳定运行状态；在较低负荷条件下验证冷冻水温度重置策略时，宜从最低的冷冻水温度重置开始进行测试，可以缩短测试时间；冷冻水温度重置可以节省冷水机组的能耗，但是可能会导致室内湿度控制失调，影响室内环境的舒适性；冷水机组逐级加载测试，需要在制冷高峰期时进行。

③ 调适预检查

首先，调适之前应确认设备样本、安装记录、检验报告等资料齐全、完善；检查设备的规格型号、性能参数与设计的一致性；检查设备及辅助构件的施工安装情况；检查设备单机运转是否存在异常情况。检查内容包括但不局限检查操作表格。

其次是资料核查，设备资料信息是调适、运行维护的主要依据文件，应核查相关资料是否提交并得到业主的确认。资料清单参考组合式空调机组，见本指南表5.1。

再次是符合性检查，执行检查前，应收集如表5.18所示文件资料。具体检查包括设备的制造商、型号、压缩机类型以及性能参数等，核查是否与设计或批准提交的文件相符，见表5.19。

冷水机组调适资料清单 **表5.18**

序号	资料
1	制造商的布线图
2	性能数据
3	安装和启动手册
4	运行维护手册
5	出厂检测结果
6	控制策略和控制程序

冷水机组符合性检查内容 **表5.19**

序号	项目
1	制造商
2	型号

续表

序号	项目
3	序列号
4	蒸发器型号
5	冷凝器型号
6	制冷机类型（离心、螺杆、涡旋式等）
7	冷凝器类型（水冷或者风冷）
8	压缩机电压
9	压缩机负载
10	压缩机电机，满载电流或者额定电流
11	制冷剂类型
12	制造商的效率等级

最后是安装检查，主要检查机组外观、隔振设施、管道配件、电气自控系统、传感器和仪表等安装是否满足规范要求，检查机组及相关部件是否留有足够检修空间等。检查项目见表 5.20～表 5.23。

冷水机组调适基本检查项目　　**表 5.20**

类别	冷水机组
1	机组外观良好，无明显损伤
2	安装了减振器并进行了调整校正
3	管道配件安装完成
4	液体循环系统已冲洗并且过滤器已清洁
5	冷却塔或冷凝器系统已完成检验
6	提供了蒸发器的通气孔
7	提供了冷凝器的通气孔
8	制冷剂排放管延伸至室外
9	所有控制传感器就近安装了测试插头
10	安装了流量开关
11	制冷剂液位合适
12	润滑油液位合适
13	安装清洗装置（如果说明书中有要求）
14	粘贴了设备标签
15	正确安装了油加热器
16	滤油器清洁
17	无明显泄漏
18	制冷剂泄压管不得有阀

冷水机组管路检查项目　　表 5.21

类别	水管
1	根据图纸检查管道的安装，仪表和附件已安装到位
2	管道做了固定支撑，支撑件未依靠制冷机
3	管道的类型和流向做了标识
4	安装了切断阀、平衡阀和一些特殊设备
5	完成了管道系统的冲洗和过滤器的清洁

冷水机组电气和自控检查项目　　表 5.22

类别	项目
1	配电单元柜内有按钮式开关电源，可控并且贴有标签
2	所有电气元件连接牢固
3	配电单元柜和机组外壳做了接地
4	安装了过载保护装置，并且保护值设置合理
5	所有的控制装置和接线已完成
6	控制系统互锁已连接且功能正常
7	电动机启动装置的过流保护器的保护值设置合理（如果适用）

冷水机组传感器和仪表检查项目　　表 5.23

类别	项目
1	安装了温度计、压力表和流量计及相应的传感器
2	管道计量表、BAS 和相关面板的温度、压力读数相匹配

④ 单机试运转调试及检查

在确认以上检查符合要求，相关配电系统安装完成且正常供电的条件下，开展单机试运转调试及检查，检查设备是否正常运行、有无异常振动和噪声等。

一般情况下，冷水机组单机试运转分三步进行，即无负荷试车、空气负荷试车和制冷剂负荷试车。无负荷试车是指试车时不装吸、排气阀和汽缸盖。无负荷试车的目的是检查吸、排气之外的制冷压缩机的各运动部件装配质量，如活塞环与汽缸套、连杆大头轴承与曲轴、连杆小头轴承与活塞销等的装配间隙是否合理。检查各运动部件的润滑情况是否正常。试车前，应对电气系统、自动控制系统、电机空载试运转试验完毕。冷却水管路正常投入使用，曲轴箱内已加入规定数量的润滑油之后方可进行试车。空气负荷试车亦称带阀有负荷试车，该项试车应装好吸、排气阀和汽缸盖等部件。空气负荷试车的目的是进一步检查压缩机在带负荷时各运动部件的装配正确性及各运动部件的润滑情况及温升。该项试车是在无负荷试车合格后进行的。试车前应对制冷压缩机进行进一步的检查并做好必要的准备工作。制冷剂负荷试车的目的是检查压缩机在正常运转条件下的工作性能和维修装配质量是否符合规定。对于新安装的和大修后的压缩机，都需拆卸、清洗、检查测量、重新装配之后进行负荷试运转，以鉴定机器安装及大修后的质量和运转性能，是整个制冷系统交付验收使用前对系统设计、安装质量的最后一道检验程序。

试运转时，需观察冷水机组的各项参数是否正常：冷凝器的参数是否正常，包括冷凝压力/温度、进出水压力、进出水压差、水流量、进出水温度、进出水温差；蒸发器的参数是否与设计相同，包括蒸发压力/温度、进出水压力、进出水压差、水流量、进出水温度、进出水温差。冷机台数一般较少，必须每台机组进行检查，检查的方法是观察显示屏上机组运行时显示的参数，并用相应的仪器测量所需要的参数。

⑤ 设备性能调适

在确认与冷水机组连接的循环泵、冷却塔、水系统管路、空调机组等末端设备的安装完成且相关检查和验证符合要求的条件下，开展冷水机组的性能调适，包括机组蒸发器、冷凝器的进出口水温、水流量、机组的电流、电压等参数，条件具备时对冷冻水供水温度、制冷量、机组能效进行调适，调适过程中发现某些性能不满足设计或使用要求时，应进行相关诊断、调整、调试，直到满足要求。

首先是制冷量检测。测点布置要求如下：温度传感器应设在靠近机组的进出口处；流量传感器应设在设备进口或出口的直管段上，并应符合冷水机组测试要求。检测步骤和方法如下：按《蒸气压缩循环冷水（热泵）机组性能试验方法》GB/T 10870规定的液体载冷剂法进行检测；检测时应同时分别对冷水的进、出口水温和流量进行检测，根据进出口水温差和流量检测值计算得到系统的供冷量；每隔5min～10min读一次数，连续测量60min，取每次读数的平均值作为测试的测定值。机组的制冷量应按下式计算：

$$Q_0=\frac{V\rho c\Delta t}{3600} \tag{5.5}$$

式中：Q_0——机组制冷量（kW）；

V——循环侧水平均流量（m^3/h）；

Δt——循环侧水进、出口平均温差（℃）；

ρ——水平均密度（kg/m^3）；

c——水平均定压比热［kJ/(kg·℃)］；

ρ、c可根据介质进、出口平均温度由物性参数表查取。

其次是冷水机组性能系数检测。检测步骤和方法如下：被测机组测试状态稳定后，开始测量冷水机组的冷量，并同时测量冷水机组耗功率；每隔5min～10min读一次数，连续测量60min，取每次读数的平均值作为测试的测定值；工程现场测试冷水机组的校核试验热平衡率偏差不大于15%。电驱动压缩机的蒸气压缩循环冷水机组的性能系数（COP）按下式计算：

$$COP=\frac{Q_0}{N_i} \tag{5.6}$$

式中：Q_0——机组制冷量（kW）；

N_i——机组平均实际输入功率（kW）。

溴化锂吸收式冷水机组的性能系数（COP）按下式计算：

$$COP=\frac{Q_0}{(Wq/3600)+P} \tag{5.7}$$

式中：Q_0——机组制冷量（kW）；

W——燃料耗量：燃气消耗量（m^3/h）；燃油消耗量（kg/h）；

q——燃料低位热值（kJ/m^3或kJ/kg）；

P——消耗电力（kW）。

⑥ 控制功能验证

首先是传感器精度验证。温（湿）度传感器、压（力）差传感器、流量计、风速传感器、液位传感器等均为模拟量传感器。验证步骤和方法如下：检查所有传感器的型号、精度、量程与所配仪表是否相符，并进行刻度误差校验，是否达到产品技术文件要求；检查自控系统输入的传感器量程及电参数是否正确；控制器读取的传感器数据与现场的测量值、状态是否一致；现场测试需使用经标定过的准确仪器。

其次是执行器动作验证。执行器分为开关型和调节型。两者验证的区别在于调节型执行器需测定全行程是否满足要求。验证步骤和方法如下：执行器进行动作特性校验，验证执行器的动作和动作顺序是否与设计的工艺要求相符；自控系统读取的执行器状态是否与现场的状态一致；调节阀和其他执行机构作调节性能模拟试验，测定全行程距离与全行程时间，调整限位开关位置，标出满行程的分度值，是否达到产品技术文件要求。

最后是控制逻辑验证。在控制逻辑验证前，需基于设计原则及现有自控点位，对冷水机组的控制逻辑进行优化。在传感器、执行器验证及程序编写后开始验证。表 5.24 为常规冷水机组的控制逻辑验证内容，具体项目需根据实际需求进行修改。

常规冷水机组控制逻辑验证内容 **表 5.24**

类别	控制逻辑验证内容
1	制冷机近似满足负荷需求
2	制冷机运行无异常次数
3	制冷机可以根据时间控制启用
4	OSA 温度锁定功能正常
5	冷冻水温度重设定逻辑
6	冷冻水温度遵循重置计划
7	冷水机组在 2h 的运行时间内维持设定点±1℃
8	冷水机组和相关辅件的启停顺序是否符合设计控制策略
9	多台机组和水泵的逐台开启和停止次序是否正确合理

（2）通风系统及设备

1）通风机

① 准备工作

第一，资料收集包括设备样本参数、风机安装记录、出厂检验报告等，应充分熟悉图纸，了解设计意图和设备特点，尤其是对于新产品、新技术，需要提前熟悉相关的原理和技术要求，结合调适经验预估可能出现的问题，并做好对策。第二，准备现场用的图纸和操作表格，以方便快速准确地记录调试结果和问题。第三，准备测试仪表，包括压力表、风速计、微压计、温湿度计、流量计等，确认仪器的量程和精度满足测试要求。第四，确认相关系统正常运行且满足调适要求。

② 注意事项

主要注意事项包括：识别调适环境潜在安全隐患并做好防护准备工作（如防尘口罩、

安全帽等）；性能测试时，确认工况；性能测试应在运行稳定后进行，并持续一段时间；尽可能地及时进行测试数据分析，以确认测试的有效性，以及是否需要进行其他测试；调适过程中记录应完整、全面（包括条件、测试位置、缺陷照片等）并做唯一性标识，以方便后续工作需要时调阅。

③ 调适预检查

首先是资料核查，设备资料信息是调适、运行维护的主要依据文件，应核查相关资料是否提交并得到业主的确认。资料清单参考组合式空调机组，见本指南表 5.1。

其次是符合性检查，主要检查系统形式和主要参数是否符合设计要求，见表 5.25～表 5.26。

通风机调适系统符合性检查内容　　**表 5.25**

序号	项目
1	风机类型（离心、螺旋、轴流等）
2	其他风机类型
3	其他部分及附件

通风机主要参数符合性检查内容　　**表 5.26**

序号	项目
1	风量(m^3/h)
2	机外余压(Pa)
3	电流(A)
4	电压(V)
5	风机功率(kW)
6	功率因数
7	风机转速

再次是安装检查，主要检查安装是否满足规范及业主要求，见表 5.27～表 5.30。

通风机基本检查项目　　**表 5.27**

序号	项目
1	风机粘贴了永久性标签
2	外壳状况良好：没有凹痕，泄漏，门安装了密封垫圈
3	检修门关闭严密、无泄漏
4	风管和风机紧密连接并且状况良好
5	安装了隔震设施
6	为风机和部件留了合适的维修通道
7	按照规范安装了保温设施
8	根据规范安装了仪表（如温度计，压力表，流量计等）
9	检查皮带松紧

通风机风管检查项目 表 5.28

序号	项目
1	安装了消声器
2	安装了管道接口密封剂
3	根据图纸检查直角弯头内的导流片
4	送风吸入口应远离污染源或排气口
5	新风/排风风口设有防护网
6	压力泄漏测试已完成
7	分支管控制阀门操作正常
8	管道清洁
9	调节风阀、防火阀的数量与设计相符，安装位置正确，且便于操作
10	软连接安装合格，符合防火要求

通风机电气和自控检查项目 表 5.29

序号	项目
1	配电单元柜内有按钮式开关电源并且贴有标签
2	所有电气元件连接牢固
3	配电单元柜和机组外壳做了接地
4	安装了过载保护装置，并且保护值设置合理
5	所有的控制装置和接线已完成
6	控制系统互锁已连接且功能正常
7	风阀及执行器已安装且调节刻度已校准

通风机变频器检查项目 表 5.30

序号	项目
1	根据制造商的要求和启动说明书完成安装
2	安装位置、运行环境不得过度潮湿、脏污、高温
3	伏特-赫兹曲线选用正确
4	变频器大小与电机的大小相匹配
5	变频器尽量在室内安装
6	空气开关通路径清洁且无阻碍
7	贴上永久性标签
8	变频器与控制系统连锁
9	控制程序写入现场控制器
10	上升时间设置为：__________________下降时间设置为：______________
11	检查手动、关机和自动功能的可操作性，有旁路的系统也要检查旁路的操作功能
12	与 BAS 配合检查所有的电气接口和信号抗干扰措施
13	电源故障重启，变频器参数设置为自动
14	检查 VFD 的供电接线
15	变频器最小频率设置为________Hz，最大频率设置为 50Hz

续表

序号	项目
16	变频器以及放置的配电单元柜做了接地
17	按每一级用户设定密码保护，并且为用户提供密码文件
18	变频器对信号（如0～10V或4mA～20mA）丢失的响应设置为________
19	检查变频器断开时的输入电压
20	电机的满载电流FLA是额定值的100%到105%

④ 单机试运转检查

单机试运转检查包括：风机旋转方向正确（如果是VFD模式，检查旁路和VFD变频器模式下的切换）；进口叶片与外壳对齐，执行器平稳调节并与输入信号和EMS读数成正比；所有阀门行程无阻力，跨距已校准，并与BAS读数进行验证；在正常工作压力下，阀门通过线圈无泄漏；完成了规定的点对点检查，并提交了记录文件。

⑤ 设备性能调适

通风机的风量风压测试参照组合式空调机组。

2）风平衡调试

① 准备工作

第一，资料收集包括风机、系统管路部件安装资料、设备样本、打压试验记录等，应充分熟悉图纸，了解设计意图和设备特点，尤其是对于新产品、新技术，需要提前熟悉相关的原理和技术要求，结合调试经验预估可能出现的问题，并做好对策。第二，准备现场用的图纸和操作表格，以方便快速准确地记录调试结果和问题。第三，计算各末端风口平衡调试目标值。第四，准备测试仪表，包括压力表、风速计、微压计、温湿度计、风量罩、辅助风口等，确认仪器的量程和精度满足测试要求。第五，确认相关系统正常运行且满足调适要求。

② 注意事项

主要注意事项包括：识别调适环境潜在安全隐患并做好防护准备工作（如防尘口罩、安全帽等）；调适前确认工况；调试应在运行稳定后进行，并持续一段时间；尽可能地及时进行测试数据分析，以确认测试的有效性，以及是否需要进行其他测试；调适过程中记录应完整、全面（包括条件、测试位置、缺陷照片等）并做唯一性标识，以方便后续工作需要时调阅。

③ 调试程序

首先应确认平衡调试条件，主要包括：检查确认风系统正常运行；检查确认末端各风量调节阀型号规格符合设计要求；检查确认各末端风量调节阀处于全开状态；测试机组总风量，确认系统总风量与设计风量的比值大于100%（如不满足应进行相应的诊断）。

风平衡调试方法有流量等比分配法、基准风口调整法和逐段分支调整法，调试时可根据空调系统的具体情况采用相应的方法进行调试。末端风口风量测试可采用风量罩法、辅助风管法、风口风速测试方法，具体操作参照《通风与空调工程施工质量验收规范》GB 50243—2016中的附录E，采用各种方法测试时应注意测试条件及选取合适量程和精度的仪器。应记录风平衡调试过程数据和最终调试结果，以方便对一些问题进行诊断和分析。

风平衡调试是伴随着诊断和分析的过程，应避免为过分追求个别支路或风口达到设计要求，而牺牲系统总能力。风平衡调试判定标准根据《建筑节能与可再生能源利用通用规范》GB 55015—2021 中的第 6.3.13 条，各风口的风量与设计风量的允许偏差不应大于 15%。

5.4 工程运行维护要点

建筑全生命周期内运行是满足建筑使用目标的重要环节，如何在建筑运行阶段有效体现产品性能，产品运行维护方法的标准化尤为重要。当前，暖通空调产品标准主要涉及产品性能及检测方法等内容，在建筑运行阶段的运行维护要求以工程标准形式从系统层面提出。现行暖通空调系统运行维护标准主要有《空调通风系统运行管理标准》GB 50365、《绿色建筑运行维护技术规范》JGJ/T 391。

5.4.1 工程运行维护管理要点

（1）建筑设备系统的设计、施工、验收、综合效能调适、交付资料等技术文件应齐全、真实

对照系统的实际情况和相关技术文件，保证技术文件的真实性和准确性。下列文件为必备文件档案，并作为节能运行管理、责任分析、管理评定的重要依据：建筑设备系统的设备明细表；主要材料、设备的技术资料、出厂合格证及进场检（试）验报告；仪器仪表的出厂合格证明、使用说明书和校正记录；图纸会审记录、设计变更通知书和竣工图（含更新改造和维修改造）；隐蔽部位或内容检查验收记录和必要的图像资料；设备、风管系统、制冷剂管路系统、水系统的安装及检验记录；管道压力试验记录；设备单机试运转记录；系统联合试运转与综合效能调适记录；系统综合效能调适报告。以上资料转化成电子版数字化方式存储，便于管理和查阅。

（2）建筑设备运行管理记录应齐全

运行管理记录主要包括：设备运行记录、巡回检查记录、运行状态调整记录、故障与排除记录、事故分析及其处理记录、设备系统缺陷记录、运行值班记录、维护保养记录、能耗统计表格和分析资料等。原始记录应填写详细、准确、清楚，并符合相关管理制度的要求。

巡回检查应定时、定点、定人，并做好原始记录。采用计算机集中控制的系统，可用定期打印汇总报表和数据数字化存储的方式记录并保存运行原始资料运行记录的时间间隔，主要设备记录的时间间隔应不大于 4h；次要设备的记录时间间隔应不大于 1 天。

（3）能源系统应按分类、分区、分项计量数据进行管理

对电、水、气、冷/热量等分类、分区、分项计量，是进行节能潜力分析和能源系统优化管理的前提，对收集的数据进行分析总结，能够摸清建筑能耗特点及运行特点，可实现节能潜力挖掘，提高设备用能效率。通常，电表、水表账单是开始追踪记录能源使用情况唯一所需的数据。

根据建筑应用不同和能源利用比例不同，应设立不同的分级分项计量装置，例如：以电能为主要能源的，设立多级电表，大功率设备安装连续电量记录仪等。根据《中华人民

共和国节约能源法》，对一次能源/资源的消耗量以及集中供热系统的供热量均应计量。住房和城乡建设部2008年发布的《国家机关办公建筑和大型公共建筑能耗监测系统分项能耗数据采集技术导则》中对国家机关办公建筑和大型公共建筑能耗监测系统的建设提出指导性要求。用电量分为照明插座用电、空调用电、动力用电和特殊用电。其中，照明插座用电包括照明和插座用电、走廊和应急照明用电、室外景观照明用电等子项；空调用电包括冷热站用电、空调末端用电等子项；动力用电包括电梯用电、水泵用电、通风机用电等子项。其他类能耗（水耗量、燃气耗量、集中供热耗热量、集中供冷耗冷量等）则不分项。同时发布的《国家机关办公建筑和大型公共建筑能耗监测系统楼宇分项计量设计安装技术导则》则进一步规定以下回路应设置分项计量表：变压器低压侧出线回路；单独计量的外供电回路；特殊区供电回路；制冷机组主供电回路；单独供电的冷热源系统附泵回路；集中供电的分体空调回路；照明插座主回路；电梯回路；其他应单独计量的用电回路。

在运行管理时需明确实际配电线路信息，对各个安装电能表的电力线路逐个进行校核。对于VRV分户计量系统，有条件时可在脉冲电能计量表旁并列一台机械电量计量表，运行计量时比对校核。

（4）建筑设备系统运行过程中，宜采用无成本/低成本运行技术

无成本/低成本运行技术在运行过程中的实用性较好，能够真正付出少的代价，起到实际的作用，是建筑绿色运行管理技术中非常重要的环节。无成本/低成本运行技术指在对建筑全面调查和测试诊断的基础上，充分挖掘和利用现有资源，实施采用成熟可靠的控制优化运行策略、完善运行管理、节能效果明显、无须再投资或投资回收期较短的节能运行措施。

（5）建筑再调适计划应根据建筑负荷和设备系统的实际运行情况适时制定

建筑竣工和交工过程中，都是按照设计状态进行综合效能调适验收的，而建筑在使用过程中的使用性质、情况、功能等可能发生一些改变，而且建筑系统本身也是一个不断寻优的过程，因此，建筑绿色运行也是一个不断调适与再调适的过程，以此不断提升设备系统的性能，提高建筑物的能效管理水平。

5.4.2　工程节能运行维护技术要点

（1）工程节能运行技术要点

第一，采用集中空调且人员密集的区域，运行过程中的新风量宜根据实际室内人员状况进行调节，并应符合《民用建筑供暖通风与空气调节设计规范》GB 50736的规定。建筑内人员数量多，经常出现和设计值不符的情况，建筑运行过程中，应根据实际室内人员状况调节新风量，避免出现由于室内人员数量多于设计值而新风量不足的状况，或者室内人员数量过少，新风量过多而出现能源浪费的情况。

第二，制冷（制热）设备机组运行宜采取群控方式，根据系统负荷的变化合理调配机组运行台数，保证各机组使用时间均衡。制冷（制热）设备机组群控是利用自动控制技术对制冷（制热）设备机房内部的相关设备（冷水机组、水泵、阀门等）进行自动化的监控，使机房内的设备达到最高效率的运行状态。采用群控方式有以下两个目的：根据系统负荷的大小，准确控制制冷（制热）设备机组的运行数量和每台制冷（制热）设

备机组的运行工况，从而达到节能并降低运行费用的目的；通过机组轮换、故障保护、负荷调节等控制程序，确保制冷（制热）设备机组的安全，延长机组的使用寿命。对系统冷、热量的瞬时值和累积值进行监测，冷水机组优先采用由冷量优化控制运行台数的方式。通常60%～100%负载为冷水机组的高效率区，故根据系统负荷变化，合理的控制机组的开启台数，使得各机组的负荷率经常保持在50%以上，有利于冷水机组节能运行。

第三，技术经济合理时，空调系统在过渡季节宜根据室外气象参数，实现全新风或可调新风比运行，宜根据新风和回风的焓值控制新风量和工况转换。在技术经济合理时，过渡季节根据室外空气的焓值变化，增大新风比或进行全新风运行，一方面可以有效地改善空调区内空气的品质，大量节省空气处理所需消耗的能量，另一方面可以延迟冷水机组开启和运行的时间，有利于建筑运行节能。但是，增大新风比或进行全新风运行可能会带来过高的风机能耗，或者过低的湿度。因此，需要综合判断，进行技术经济分析。

第四，冷却塔出水温度设定值宜根据室外空气湿球温度确定；冷却塔风机运行数量及转速，宜根据冷却塔的出水温度进行调节。为了适应建筑负荷的变化，目前大多数建筑物制冷系统都采用多台冷水机组、冷水泵、冷却水泵和冷却塔并联运行，并联系统的最大优势是可根据建筑负荷的变化情况，确定冷水机组开启的台数，保证冷水机组在较高的效率下运行，以达到节能运行的目的。

第五，冷水机组冷凝器侧污垢热阻，宜根据冷水机组的冷凝温度和冷却水出口温度差的变化监控。污垢所带来的危害十分巨大，会造成恶化传热性能，增加系统的能耗，威胁设备安全等。冷凝器污垢热阻对冷水机组的运行效率影响很大，为了及时有效地判断冷水机组冷凝器的结垢情况，在冷水机组运行过程中，应密切观察冷凝温度同冷却水出口温度差变化，采用相应的除垢技术，保持冷水机组高效运行。

第六，供暖、通风、空调、照明等设备的自动监控系统应工作正常，运行记录应完整。采用计算机集中采集系统，将各种智能化系统通过接口和协议开放，进行系统集成，汇总数据库，自动输出统计汇总报表并以数据数字化存储的方式记录并保存，降低设备维护运营成本。

下文将按系统及设备分类介绍具体调适方法。由于供暖系统和空调系统调适有许多相似的地方，如二者的水平衡调试等。因此，本节将供暖系统和空调系统的运行要点一并进行介绍。

1）风机盘管

由于风机盘管机组在实际运行过程中，房间内空气负荷在不断地发生变化，为了使风机盘管能发挥其本身最大的能效，需要对风机盘管进行局部调节。风机盘管局部调节主要有两种形式，分别是水量调节和风量调节。

当空调房间热负荷发生变化时，为了维持空调房间内温、湿度的变化情况，可通过调节风机盘管机组供水管道上的直通或三通调节阀开度来进行水量调节。例如：室内的冷负荷减少，通过调节水量改变进入盘管内的冷媒水水量，使风机盘管中冷媒水的吸热能力下降，以适应房间冷负荷减少的变化。如果室内的冷负荷增加，为了维持房间空调温度，增大三通阀的开度会增加风机盘管中冷媒水的流量，使冷媒水吸收热量的能力增加。该系统的供水、回水管各有一根管子与风机盘管相连。这种系统冬季供热水，夏季供冷水，系统简单、投资少。但在过渡季节，有些房间要求供冷而有些房间要求供热时就不能全部满足。对这种情况往往采取将整个建筑物按朝向分几个区的方法，不同区域通过各自的区域热交换站控制供水温度并进行调节，才能满足不同房间对温度的不同要求。

风量调节是用户通过改变风机功率的大小来调节风机盘管的出风量，利用风量来实现负荷调节是风机盘管普遍的调节方法。它是通过风机盘管机组上风扇电动机的挡位变化来实现的。当空调房间内的冷（热）负荷发生变化时，导致室内温度发生变化，使用者可以通过改变风扇电动机的转速，来改变通过风机盘管机组的空气处理量，实现空调房间内温度、湿度调节的目的。另外，也可以用无级调速电机来进行调节。

风机盘管的管径较小，容易发生堵塞，要保证进出水管的清洁，初次使用前，应对管路的干管进行冲洗。在盘管处安装水过滤器，以免水中污物堵塞盘管。风机盘管机组的回水管安装手动放气阀，在风机盘管运行前应将放空阀打开，待风机盘管及其管路内的空气排净后再关闭放气阀。风机的轴承应采用的滚珠轴承，具有双面防尘功能，风机盘管系统盘管应保持清洁，应定期吹除，以保证盘管本身具有良好的传热性能。此外，在风机盘管的使用过程中，要注意温度控制器在冬季和夏季之间的转换。

2）组合式空调机组

组合式空调机组是全空气集中空调系统的主要组成装置之一，对空调房间冷热量的需求和冷热源的冷热量供应起着承上启下的作用，同时空调房间的空气参数也要通过它来控制。因此，其运行管理工作至关重要。

组合式空调机组运行调节方法如下：手动或采用自控装置（如焓差控制器）来调节组合式空调机组的新回风阀门开度，通过调节新回风比来达到适应室内负荷变化和节能的双重目的；通过改变多速电动机的转速挡或调节电动机的变速装置（如变频器），来改变空调机中送风机的送风量，以适应室内负荷的变化；组合式空调机组运行时，检修门一定要关闭严密，发现密封材料老化或由于破损、腐蚀引起漏风时要及时修理或更换。有些组合式空调机组的电缆接线管与机组连接处漏风严重，应及时封堵。

3）新风系统

由于室内环境中存在着污染物，因此暖通空调系统中摄入室外新鲜空气是必要的。从大量工程实例可以知道，建筑物中空调新风能耗在空调通风系统总负荷中所占比例为20%～30%。因此，在保证新风量的前提条件下，降低新风系统能耗对暖通空调系统的节能具有重要意义。

在夏季、冬季或者不能直接利用室外新风时，必须考虑降低或提高入室的新风送风温度来减少新风处理能耗。在房间负荷为冷负荷的情况下，当室外新风的焓值低于室内空气的焓值时，新风作为“免费冷源”，不仅可以节省制冷能耗，而且可以改善室内空气品质。利用热回收装置回收排风中的能量，能取得显著的节能效益、经济效益和环境效益。通过热回收技术的应用，一方面减少了主机的制冷量或加热量，即减少了冷（热）水机组初期投资费用；另一方面，降低了冷却塔、冷冻水泵、冷却水泵等输出功率，更客观的是降低了在运行过程中的运行费用。增加热回收装置，因其系统的阻力增大，相应的通风机的消耗功率也有所增加。

系统应对新风的需求量进行合理控制，保证最小新风量的需求，控制措施应遵循以下原则：一是宜采用室内 CO_2 浓度值的控制，保证最小新风量的需求，当室内 CO_2 浓度值不大于各场所要求的浓度限值时，应关闭新风系统或减少新风送入量。二是间歇运行的空气调节系统，宜设自动启停控制装置。当对系统进行预热或预冷运行时，应关闭新风系统。三是当采用室外空气进行预冷时，应充分利用新风系统，即新风系统满负荷运行。四是在夏季、冬季或者不能直接利用室外新风时，必须考虑降低或提高入室的新风送风温度以减少新风处理能耗。五是调节新回风比例。春秋季采用新回风混合或是全新风来供冷，而不用开冷冻机。从最小新风量到全新风变化，在春秋季可以节约近60%的能耗，全年累计变新风量所需的供冷量比固定最小新风量所需的供冷量减少约20%。充分利用低温室外新风实现建筑节能是应该鼓励的，同时又可改善室内空气质量。六是热回收系统运行调节。对使用转轮式和板翅式全热换热器以及热管式和中间冷媒式显热换热器的新风系统，应根据室内外温差或焓差，结合风机、水泵能耗综合确定机组运行时间。

4）变风量系统

由于建筑物内空调系统耗电很大，节能运行在楼宇自动化系统中就显得格外重要。20世纪60年代变风量系统在美国出现，并在其后的岁月中不断发展，现在已成为美国空调系统的主流形式。近年来，在国内也受到越来越多的重视，变风量系统应用越来越多。

变风量空调系统属于全空气送风方式，系统的特点是送风温度不变，通过改变送风量来满足房间对冷热负荷的需要，用改变送风机的转速来改变送风量。通常采用变频调速来调节送风机电机转速的方式实现送风量的控制。空气输送系统的动力是送风机与回风机，定风量系统中的风机在设定值下运行；而在变风量系统中，风机消耗的功率是随负荷大小而变化的，因而可以节约风机的运行费用。

① 总风量控制

变风量空调机组的系统类型很多，控制方式也随之不同。总风量控制是变风量系统控制的核心，这里仅对应用最为广泛、最有代表性的单风管变风量空调系统的风量与温度控制进行讨论。现在常用的总风量控制有定静压定温度法（Constant Pressure & Temperature，CPT）、定静压变温度法（Constant Pressure Variable Temperature，CPVT）、变静压变温度法（Variable Pressure Variable Temperature，VPVT）和变风量总风量控制法。在CPT、CPVT和VPVT三种控制方法中，末端静压均是一个重要的被调参数。但在末端静压稳定的条件下，某一末端负荷发生变化会引起总风管系统特性的改变，而这种改变又会引起一些负荷没有变化的末端装置的气流条件发生变化，引起末端产生扰动。这表明静压控制的变风量系统存在整个系统稳定性能不是太好的问题，这是由于所有末端通过风路管网形成耦合所引起的。由于静压控制存在不稳定因素，对变风量系统的使用造成了极大的障碍。如果通过统计计算出各末端风量的总量，并通过送风机相似特性计算出此风量所对应的空调机组送风机的转速，并控制空调机组送风机在此转速运行，从而保证送风量与负荷需求一致。这就是总风量控制的基本原理。总风量控制是开环控制的思路，其优点是控制算法简单、速度快、稳定性好；缺点是当设备性能变化时，空调系统会产生很大的误差，甚至完全失效无法工作。因此，需要和某种反馈方式结合起来才会取得好的效果。

② 回风机转速控制

在较大的变风量空调系统中，末端数量较多、分布范围大，总风量大且风道管路较长。系统装置中包含总回风管路中的回风机。在控制上，除了对送风机进行变频调速控制外，还要求对回风机进行相应的联动控制，既控制送风量，也控制回风量，以保证空调房间在其他运行参数得到满足的同时使送风量和回风量达到平衡。一般情况下，回风量要小于送风量，但在被调控区域有负压要求时，回风量应大于送风量。应根据系统的实际情况确定送风量与回风量的差值，同时根据风管末端静压信号调控回风机的转速及风量，还可以将送风机前后风道压差测量值和回风机前后风道压差测量值送入 DDC 的 AI 口并与 DDC 内存储的设定值进行比较，对偏差进行给定控制算法运算后，输出控制信号调节风机转速，使回风满足要求。

③ 变风量末端温度控制

变风量空调系统中的空调机组采用变频风机，送入每个房间的风量由变风量末端装置 VAVbox 控制，根据房间的布局每个变风量末端装置可设置几个送风口。变风量控制器以房间温度为主参数，以风道空气流量为副参数组成主副环串级调节系统，控制对象为室内温度、主送风道静压，检测装置为静压传感器，调节装置是现场 DDC 控制器，执行器是变频风机，干扰量是 VAVbox 风阀开度、空调负荷。PI 调节输出到副环，副环为随动调节系统，变风量控制器将以主环的输出为设定值与空气流量进行比较，PI 或 PID 控制 VAVbox 变风量调节室内温度。送入房间的实际风量可以通过 VAVbox 的检测装置进行检测，如果实际送风量与系统计算的送风量有偏差，则 VAVbox 自动调整进风口风阀以调整送风量。送风道的严密性，可以通过改善施工工艺使之降低到最小限度。

④ 送回风量匹配控制

送风量随负荷变化，回风量也要随之变化，这样才能保证房间的正常压力。由于房间向外渗风和厕所排风，回风量要比送风量小。空调机组的送风温度可以通过现场 DDC 控制器进行设定，送风机和回风机都由一个送风静压控制器来调节。系统送风量的变化导致送回风量差值的变化，控制器会调整回风量以维持设定值。

⑤ 变风量回风机控制

回风机采用的是送、回风道流量匹配控制，这是使用最为广泛的一种回风机控制方法，几乎可以说是回风机控制的标准方法。它通过测量送、回风道上的流量，调节回风机保持这两者之差始终为一常数，以维持房间合适的正压度。然而这种方法经常给系统带来较严重的不稳定。因为这两个环节的耦合控制，将给机组内混风温度控制造成严重的振荡。解决方法可将通常的新、排、混风阀三阀联动改为各自单独控制，其中控制排风阀以使排风压力基本上保持为一稳定值。也有人提出使用压力无关型的末端，用排风机代替回风机，考虑到回风机的存在总是给系统增加控制上的耦合环节，所以避免使用回风机而采用排风机是一个更有价值的方案。

⑥ 新风量、回风量与排风量的比例控制

DDC 根据新风的温湿度、回风的温湿度进行新风及回风的焓值计算，并按新风和回风的合理焓值比例调节新风、回风阀门的开度，使系统在接近最佳的新风、回风比值状态运行，实现节能。

5）水力平衡

由于系统投入运行之前未进行严格的水力平衡调试以及系统投入运行使用后，建筑使用功能和负荷特性发生变化等原因而导致的水力不平衡现象，是目前供暖空调系统在实际运行时普遍存在的问题。因此要定期对供暖空调系统的水力平衡进行检查，当系统主要支管的回水温度存在较大的差异或建筑不同使用区域存在比较明显的区域温差时，应考虑对系统进行水力平衡调试。

调试注意事项和要点如下：一是每次调试开始前，确认一、二次水泵开启状态，分集水器两端压差，风机盘管和空调机组电动阀门开启状态，和上一次水量调试时一致才能开始调试工作。二是当风机盘管和空调机组并联时，由于风机盘管阻力较小，水量较大，应调小风机盘管的球阀以保证空调机组的水量要求。如果空调机组水量大、风机盘管水量偏小，应确认风机盘管电磁阀的开启状态、水过滤器是否干净、换热盘管是否堵塞等。三是水量测试时，检查电动和手动阀门，调节阀门开度，测试不同开度下的水流量，确认其状态良好，避免以后做重复工作。四是调节阀门时，一般遵循水力平衡阀→供水手动阀→回水手动阀的顺序。

6）通风设备

风机最理想的调节方式是采用变转速法，目前最常用的方法是使用变频电机来实现转速的调节，变频电机的使用虽然一次性成本增加，但从长远的利益来看，这是一种最理想的节能调节方式。

通过调节阀门开度来控制风机流量的方法最为简单、可行，但这种方法从节能的角度来说不是一种好的调节方式，虽然能达到所需的目标，但增加了压力损失。

切割和加长叶轮介于如上变转速和调节阀门之间，也是一种比较好的节能调节方式，但改造起来工期较长，而且有可能需要反复改造，才能达到最终的目的。当风机的运行工况偏离设计工况时，其效率比设计工况的效率低，当管网阻力变化时，常使风机的容量过大或过小。当容量过大或过小，不能满足实际工况需要时，需要对风机进行改造，目前现场改造风机最简单的方法就是切割或加长叶轮。

实际上，现场风机并非处于设计工况下工作，而是在变工况下工作。因此，为了满足用户要求，需要对风机的工况进行调节。但是，即使做出调节，也不等于节能。在实际运行中，只有将有效的调节与节能技术结合起来，才能实现风机稳定的工作状态，既能最大限度地实现节能目标，又能满足用户对流量和压力的需求，所以节能与调节是息息相关的。如果仅达到用户对流量压力的要求而不顾节能效果，甚至连用户要求都不能达到的调节，不能认为是有效的调节；只有真正实现有效的调节，才能保障设备稳定工作范围的扩大，防止喘振，从而满足用户要求，实现最大限度的节能。工况点的变化可以由改变管网曲线，或改变风机特性曲线，或同时改变二者来实现。

(2) 工程节能维护技术要点

建筑设备设施应满足以下要求：建筑应进行日常维护管理，发现隐患应及时排除和维修；设备维护保养应符合设备保养手册要求，并应严格执行安全操作规程；各类设备维修应通过对系统的专业分析确定维修方案；修补、翻新、改造时，宜优先选用本地生产的建筑材料；建筑设备系统应定期保养，设备完好率不应小于98%；应制定维修保养工作计划，按时按质进行保养，并应建立设施设备全寿命档案；设备保养完毕后，应在设备档案中详细填写保养内容和更换零部件情况。

设备及系统应满足以下要求：暖通空调系统应按时巡检并记录，发现隐患应及时排除和维修；空调风系统应定期对空气过滤器、表面冷却器、加热器、加温器、冷水盘等部位进行全面检查和清洗；公共建筑内部厨房、厕所、地下车库的排风系统应定期检查，厨房排风口和排风管宜定期进行油污处理；严寒和寒冷地区进入冬季供暖期前，应检查并确保空调和供暖水系统的防冻措施和防冻设备正常运转，供暖期间应定期检查；设备及管道绝热设施应定期检查，保温、保冷效果检测应符合《设备及管道绝热效果的测试与评价》GB/T 8174 的有关规定；排风能量回收系统，宜定期检查及清洗；自动控制系统的传感器、变送器、调节器和执行器等基本元件应定期进行维护保养。

5.4.3　工程运行维护案例

苏州工业园区某大厦于 2004 年筹建，作为工业园区管理委员会的办公大楼，建筑面积 9.85 万 m^2，单层面积超过 3300m^2；楼高 98.445m，共 22 层，地上 20 层，地下 2 层。大厦内部功能分为政府办公、后勤和对外服务、公共活动三大区域。建筑外观如图 5.4 所示。

该项目从技术与管理两个维度多措并举将大厦的绿色运行维护贯彻始终，运行近 20 年的建筑从今天来看仍不失为集高科技、智能型为一体的绿色办公大楼。该项目建筑能耗逐年下降，室内环境舒适健康，管理制度执行可追踪并持续优化，获得了国内第一张 5A 级设施设备绿色运行管理服务认证证书，如图 5.5 所示。

图 5.4　苏州工业园区某大厦外观

AAAAA

5A 级设施设备绿色运行管理服务认证证书

证书编号：CABR-03-2021-007-01
申请方名称：苏州工业园区机关事务管理中心
申请方地址：苏州工业园区某大道 999 号某大厦 1 楼
申请项目名称：某大厦
申请项目地址：苏州工业园区某大道 999 号
建筑类型：办公建筑（行政办公楼）、高层建筑
建筑面积：98490.02m²
认证范围：空调系统、给排水系统、电气与控制系统、空气源热泵生活热水系统
认证标准：《设施设备绿色运行管理服务规范》T/CPMI 011-2020
上述系统符合 CABRCC/TD-03-003:2020《设施设备绿色运行管理服务规范》认证方案的要求，特此发证。
有效期至：2024 年 10 月 25 日
本证书的有效性依据发证机构的定期监督获得保持。

批准：　　发证日期：2021 年 10 月 26 日

认证专用

中国建筑科学研究院有限公司
China Academy of Building Research
中国·北京北三环东路30号 100013

图 5.5　5A 级设施设备绿色运行管理服务认证证书

（1）节能运行维护技术

项目主要采用根据室外温度调节冷源运行状态、末端设备按需再调适、传感器定期维护校准等节能运行技术手段，具体如下。

① 按需供冷

根据大楼实际使用情况及天气因素，对空调系统设备运行时间进行了重新评估和调整，确定了更为合理的空调系统设备节能运行启停时间表，并按照其规定严格执行，减少电能消耗。综合管理云平台冷水机组运行工单每小时记录制冷设备运行过程以及温度设定值，如图 5.6 所示。项目制定了冷水机组和换热器的出水温度设定方案，操作人员按照方案进行操作，如图 5.7 所示。同时，项目制定了空调系统节能运行时间表，如图 5.8 所示。

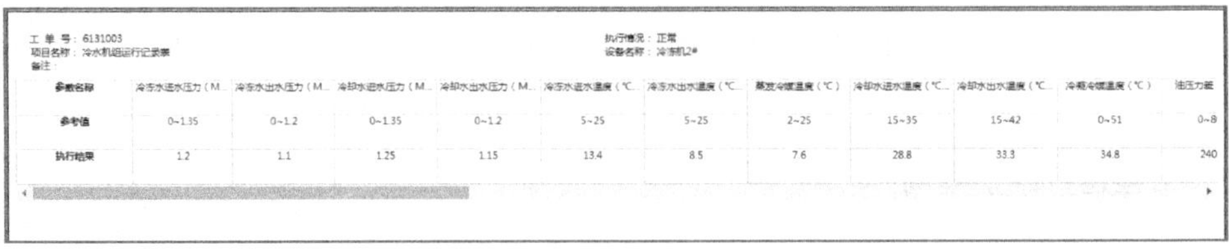

工 单 号：6131003　　执行情况：正常
项目名称：冷水机组运行记录表　　设备名称：冷冻机2#
备注：

参数名称	冷冻水进水压力（M…	冷冻水出水压力（M…	冷却水进水压力（M…	冷却水出水压力（M…	冷冻水进水温度（℃…	冷冻水出水温度（℃…	蒸发冷媒温度（℃）	冷却水进水温度（℃…	冷却水出水温度（℃…	冷凝冷媒温度（℃）	油压力差
参考值	0~1.35	0~1.2	0~1.35	0~1.2	5~25	5~25	2~25	15~35	15~42	0~51	0~8
执行结果	1.2	1.1	1.25	1.15	13.4	8.5	7.6	28.8	33.3	34.8	240

图 5.6　冷水机组运行记录表

夏季	冷机使用与设定温度				备注
焓值范围	1号	2号	3号	4号	
58.48~63.73	13				此焓值范围内，使用1号机组。
63.74~68.98		12	√	√	此焓值范围内，使用2号、3号、4号机组任1台，应合理调配保证各机组使用时间均衡。
68.99~74.24		11	√	√	
74.25~79.5		10	√	√	
79.51~84.67	9.5	9		√	此焓值范围内，使用1号+2号、1号+4号机组组合。
84.68~90.02		9	8.5	√	此焓值范围内，使用2号+3号、3号+4号机组组合。
90.03~95.28		8.5	8	√	
95.29~126.84		7.5	7	√	
126.85~132.1		√	7	7	此焓值范围内，使用3号+4号机组组合。
132.11以上	8	√	7	7	此焓值范围内，使用1号+2号+3号、1号+3号+4号机组组合。

图 5.7　冷水机组使用与设定温度方案

② 末端设备再调适

运行管理部门加强了对大楼空调自控系统中传感器的检查维护和校正工作，使得系统获取的数据更加精确；同时对系统程序进行了优化调整，使空调系统末端的控制更为精准，大大提升了系统设备运行效率。对空气处理机组和传感器的调校分别达到 34 台和 613 只，更换修理近 30 个，重新改写优化控制程序 51 台次。运行团队提取大楼所有 823 台变风量末端数据进行逐层分析，系统精准度偏差最小为 0.81 位于 17 楼、最大为 1.15 位于 7 楼，大楼逐层均值为 0.95。针对系统精准度偏差的原因分析如图 5.9 所示。

2020 年 11～12 月对大楼各楼层空调末端进行优化调适工作，对设备进行逐台检查处置。全部完成后，再次对全部 823 设备精准度进行汇总分析，确认处理效果，所有楼层精准度均达到甚至好于目标 0.82，大楼系统平均精准度达到 0.80，运行效果优于预期，再调适前后全楼系统精准度分布如图 5.10 所示。

③ 监测仪表、传感器定期检验校准

隶属大厦的监测仪表、传感器按照计划定期检验校准。燃气：涡轮流量计每年检测一次；蒸汽：蒸汽流量计每年检测一次；节能平台为第三方设备，根据平台数据与实际用电量每月对比；水表总表为供水单位设备属于第三方设备，总表和分表通过定期抄表和巡检核对进行确认。

空调班组设备节能运行控制表

设备	开启时间				关闭时间				备注
	春	夏	秋	冬	春	夏	秋	冬	
22F处理机	8:30	8:00	8:30	8:00	16:30	17:00	16:30	17:00	根据室内温度可适当运行一台
21F处理机	提前2小时左右				离开即关				根据客情通知
18~20F处理机	8:00	7:30	8:00	7:30	19:00	20:00	19:00	20:00	根据领导办公情况可适当延时关闭
VAV末端					19:30	20:30	19:30	20:30	
4~17F处理机	8:00	7:30	8:00	9:00	17:30	17:30	17:30	17:30	根据室内温度中间可适当停运，双休日不运行(有通知例外)
VAV末端					18:00				
3F自助餐厅	7:30	7:00	7:30	7:00	9:15	9:15	9:15	9:15	双休日不运行(有通知例外)
	10:30	10:00	10:30	10:00	13:30	13:30	13:30	13:30	
3F职工餐厅	10:30	8:30	10:30	8:30	14:00	14:30	14:00	14:30	晚上及双休日根据气温可适当运行一台或停运
	16:30	16:00	16:30	16:00	19:00	19:00	19:00	19:00	
3F宴会厅	提前2小时左右				离开即关				根据客情通知
3F厨房新风机	供暖送风温度30℃以上				13:30	13:30	13:30	13:30	
	供冷送风温度20℃以下				18:45	18:45	18:45	18:45	
3F其他处理机	8:00	7:30	8:00	7:30	17:30	17:30	17:30	17:30	双休日不运行(有通知例外)
2F会议室包括裙房区域	提前2小时左右				离开即关				根据客情通知
现代会堂	根据气温提前2~5小时				离开即关				根据客情通知
国际会议厅	根据气温提前2~3小时				离开即关				根据客情通知
1~2F办公区	8:00	7:30	8:00	7:30	17:45	17:45	17:45	17:45	双休日不运行(有通知例外)
1~2F公共区	停运	7:30	停运	7:30	停运	18:00	停运	18:00	双休日不运行(有通知例外)
1F展厅	8:00	7:30	8:00	7:30	17:45	17:45	17:45	17:45	
厕所排风	7:15				18:00				中控电脑控制
厕所总排风	7:00				18:30				中控电脑控制
茶水间排风	8:00				16:30				环境处现场人控
茶水间总排风	7:45				17:00				中控电脑控制
车库送、排风	8:30		17:30		9:00		18:00		中控电脑控制
冷水机组	7:00				19:00				根据天气合理启、停机型、调整运行。
热交换器(锅炉)	6:30				19:00				
冷水系统循环泵	7:00				19:30				机组停止半小时后水泵停止运行
热水系统循环泵	6:30				19:30				注意停机后热量的利用合理停止水泵运行
蒸汽	根据天气合理调控蒸汽流量，尽力将蒸汽月使用量控在最低水平(保底数)。平均每天保底量为28.5吨，每月不少于22天，流量控制在8000吨以内。								

注：室内温度根据国家规定夏季控制在26℃以上，冬季控制在20℃以下，春秋季尽可能利用室外新风，各区域VAV末端应根据办公人员及室内温度延时关闭。

图5.8 空调系统节能运行时间表

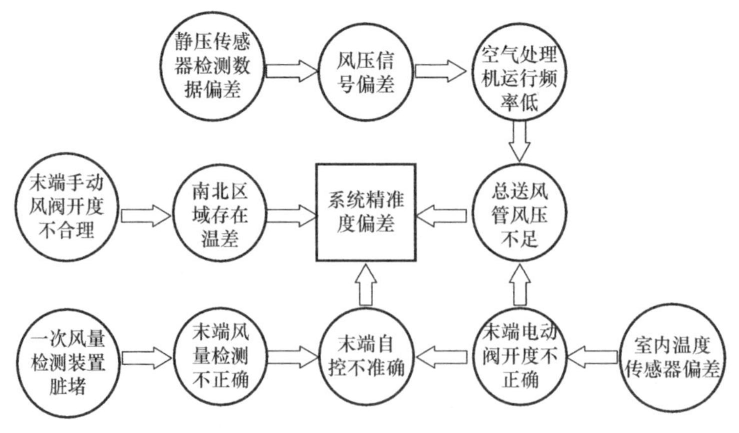

图 5.9 原因分析关联图

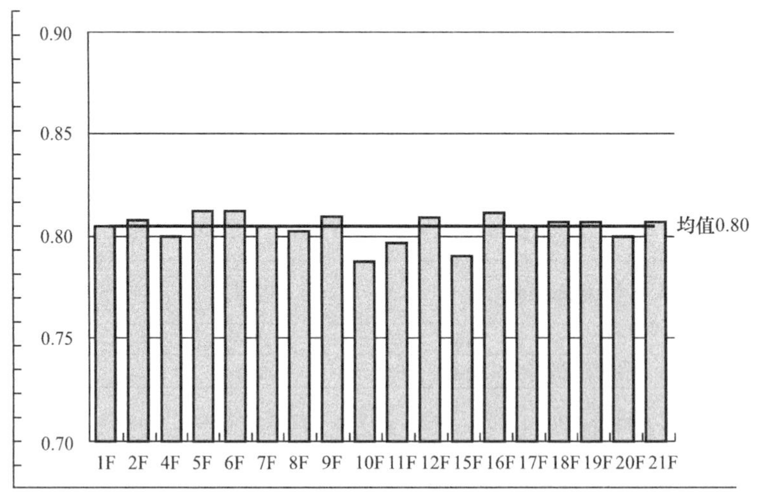

(a) 调适后全楼系统精准度分布

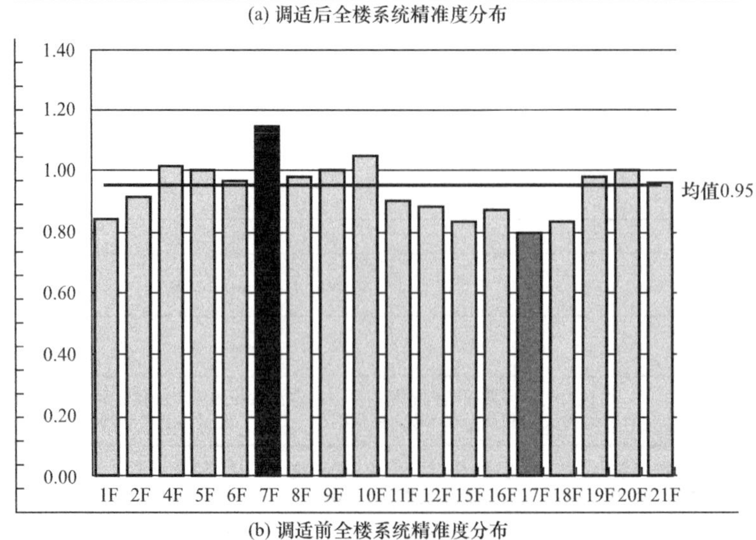

(b) 调适前全楼系统精准度分布

图 5.10 再调适前后全楼系统精准度分布（逐层）

(2) 节能运行维护管理措施

项目采用的节能管理措施包括以能源管理平台建设为抓手进行用能管理，采用能源审计方式定期体检诊断，对运行管理人员进行节能技术培训以及对用能人员进行节能知识宣传等。

该项目建立了在线管理制度、操作规定文件库，将其融入“物业管理云平台”便于运行人员在工作中及时查看，相关管理制度如图 5.11 所示。

查询　文件名：输入文件名搜索

□	文件名	大小
□	2.7.2设备运维部岗位职责20170825.pdf	835.45 KB
□	07-054-C 现代大厦给排水设备日常巡检规定.pdf	200.46 KB
□	07-055-现代大厦冷水机操作规定.pdf	123.19 KB
☑	07-056 现代大厦换热器操作规定.pdf	128.79 KB
☑	07-057-A现代大厦热水锅炉操作规定.pdf	325.33 KB
□	07-059-A现代大厦直接饮用水设备操作规定.pdf	271.62 KB
□	07-061-B现代大厦会议音控设备巡检维护及现场操作规定.pdf	417.91 KB
□	07-047-现代大厦电梯运行操作规定.pdf	100.26 KB
□	07-048-现代大厦柴油发电机操作规定.pdf	166.67 KB
□	07-049-A现代大厦擦窗机运行操作规定.pdf	347.45 KB
□	07-052-B现代大厦结构装饰日常巡检规定2019.11.19.pdf	138.58 KB
☑	07-053-A现代大厦空气处理机组、送风机、排风机巡检(点试)规定.pdf	298.43 KB
□	07-045-C现代大厦强电电气设备日常巡检维护规定.pdf	309.34 KB
□	07-046-B 现代大厦变配电操作规定2019.9.18.pdf	214.4 KB

图 5.11　相关管理制度

设备在园区公共机构能源管理云平台的构架下，对大厦内各建筑用电、楼层重点用能设备用电进行实时监测。能源管理云平台用电量记录界面如图 5.12 所示。

报表查询

项目列表

机关事业

苏州工业园区现代大厦

报表 总配电电量统计　时间类型 年　时间 2020　查询　导出

苏州工业园区现代大厦-总配电电量统计(kWh)

(年分界点:当年 1月1日0时)

测点名称	2020年1月	2020年2月	2020年3月	2020年4月	2020年5月	2020年6月
苏州工业园区现代大厦总节点	619746.1	551492.9	568223.3	569389.8	631774.2	813238.3
1#总变	141893.6	128818.6	125390.7	126654.9	115282.3	110604.1
2#总变	124089.5	117617.9	124164.1	120433.1	114194.1	115471.8
1401 应急动力配电柜(1)	2512.0	3364.4	4054.0	2917.6	4262.0	5294.0
1501 地下室一般电力	174.0	194.4	218.4	171.6	180.0	166.0
1503 裙楼自动扶梯	1338.5	1499.5	1672.6	1642.9	1331.0	1465.0
1506 地下室锅炉房	203.2	436.0	1121.0	2344.6	1776.0	2210.4
1601 餐厅用电	0.0	0.0	0.0	0.0	0.0	0.0
1602 地下室生活水泵控制中心(常用)	3416.5	3353.4	3608.3	3632.4	3686.4	4386.2
1603 裙楼3层厨房用电	19768.8	20763.4	22122.0	23018.0	21737.0	22101.4
1702 地下室正常照明	9283.8	9891.7	8194.8	7248.8	8194.3	6839.6
1704 主楼1-3层(东侧)正常照明	6725.9	6403.0	7305.0	6869.0	6764.6	6600.8
1804 裙楼1-3层(东侧)正常照明	4752.4	2972.8	3814.0	3829.0	3559.0	3414.0
1901 地下室电热水器(2)	7666.5	6399.0	4939.5	5856.0	402.0	0.0
2001 应急照明配电柜(1)	60794.8	56662.0	59704.0	56074.0	57898.0	56792.0
3#总变	82983.7	83677.2	92845.1	91479.1	85710.6	88932.0
4#总变	91021.2	90277.7	101163.1	99367.9	94356.6	97225.1
5#总变	89078.4	64468.5	61916.4	68411.2	108973.4	153287.4
6#总变	90679.7	66633.0	61743.9	63043.6	113257.1	247717.9
901 裙楼1-3层(东侧)空调及排烟机	5410.5	3663.5	3006.0	2720.0	2103.0	2109.0
903 主楼1-10层(东侧)空调及排烟机	43943.2	32166.1	27784.2	27390.4	29037.6	37137.6
904 主楼11-20层(东侧)空调及排烟机	30065.0	19541.6	21179.2	21840.0	25488.0	28536.0
1001 地下室空调控制中心(备用)	10485.6	10500.0	8827.2	7989.6	25836.8	49850.4
1101 地下室4#冷冻机组	423.0	399.0	462.0	438.0	357.0	12664.0
1201 地下室2#冷冻机组	609.0	576.0	654.0	2937.0	30273.0	120288.0
应急EM						
4F-19F 卫生间、茶水间、垃圾间排风						

图 5.12　能源管理云平台用电量记录界面

通过智能管理平台，将“互联网＋”融入节能日常管理；通过微信平台，帮助巡查人员对发现的问题拍照取证、及时上传，而管理人员可以借助手机或电脑终端及时获取信息、快速处理，以减少能源资源的无效损耗。

大楼自动监控系统应用共有 6 大项，包括：苏州工业园区公共机构能源管理云平台（电量监测）、路创控制系统（照明，开水器）、空调自控监测平台、物联网监控平台、电梯实时监测系统、排水系统实时监控系统，其中物联网监控平台整合了六氟化硫及氧含量报警、水浸报警、路灯巡检报警、燃气泄漏报警及失电报警。自动监控系统界面如图 5.13 所示。

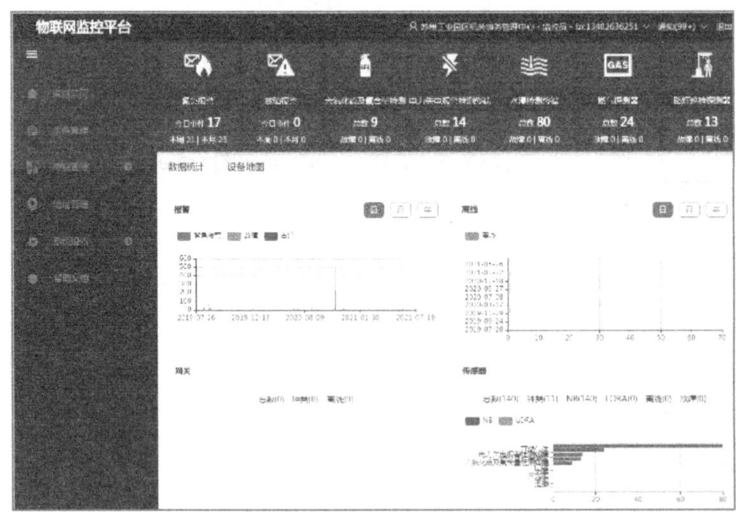

图 5.13　项目公共机构能源管理云平台及物联网监控平台

自动监控系统运行记录查看方式有：公共机构能源管理云平台—报表查询、联网平台终端列表实时查看实时数据，以及综合管理云平台的数据记录。

建立设施设备全生命周期运行电子档案，对设备进行必要的、全面合理的管理和监控，确保设备资产投入与生产经营中的设备运行、设备能效、安全管理等方面产生最优化的效益。图 5.14 为冷冻机运行记录与“物业管理云平台”截屏。

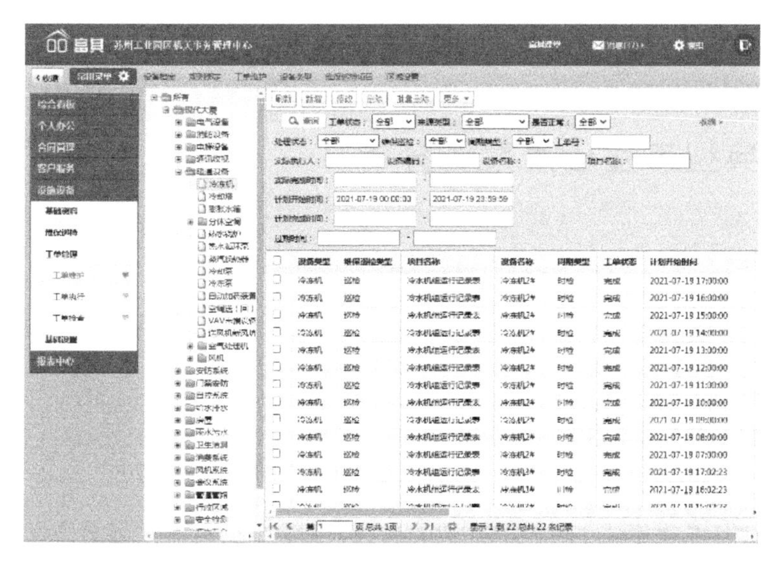

图5.14　冷冻机运行记录与“物业管理云平台”截屏

委托专业机构对用能情况进行专项审计；依据审计结果，逐步推进照明系统改造、冷水机组及冷冻水泵变频改造、空气源热泵热水系统改造项目的实施。依据园区节能减排任务落实节能责任和节能考核；每年公示能源资源消费情况，推动节能工作深入开展。

积极开展节能、节水宣传周活动，充分运用海报、网络、微信及发放倡议书等方式宣传节能常识；通过讲座、宣传册形式宣传相关法律法规。同时，运行管理过程中对相关管理规定进行持续改进。

（3）用能情况

该项目在绿色运行维护的实践中，实现了每年同等条件下的能耗数据逐年下降。2018～2020年总用电量分别为6381962kWh、6294628kWh、6160188kWh，分别同比下降1.4％、2.2％。

第 6 章　典型工程应用案例分析

6.1　供暖产品

6.1.1　热水辐射供暖装置典型工程应用案例

（1）基本信息

夏热冬冷地区某大厦住宅区预制式地暖项目采用上下架空型预制沟槽保温板地暖管线分离系统，面层为多层实木地板，构造做法如图 6.1 所示，设备列表见表 6.1。

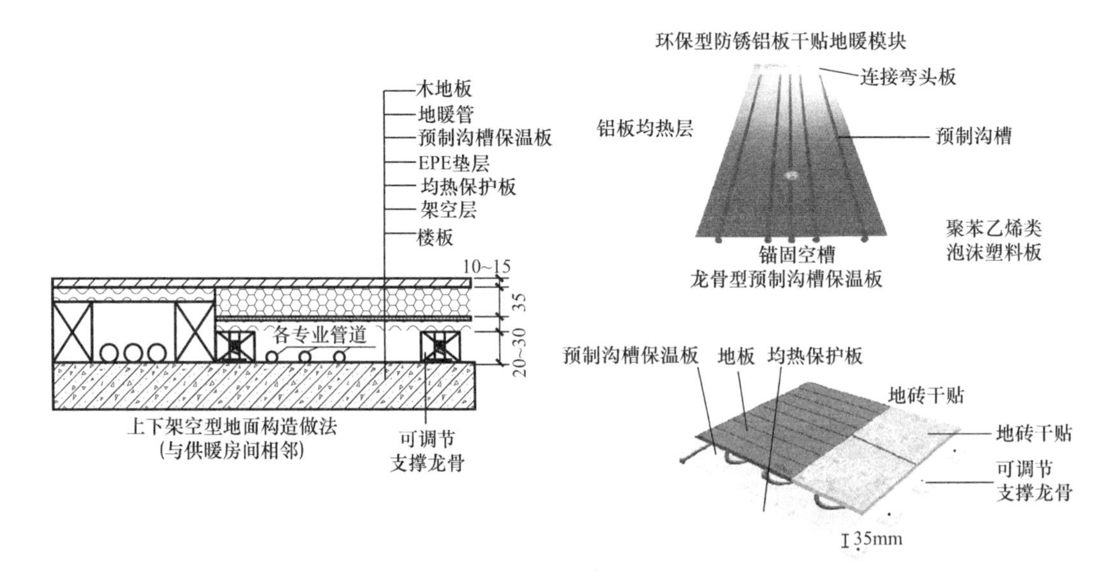

图 6.1　上下架空型预制沟槽保温管供暖地面构造做法

预制式热水辐射供暖装置设备列表　　**表 6.1**

类型特征		技术参数							
安装位置	加热管管径	房间热负荷指标（W/m²）	室内设计温度（℃）	进出口水温度（℃）	敷设面积比例（%）	辐射供暖表面温度（℃）	有效供热量/热损失值（W/m²）	工作压力（MPa）	水流阻力（kPa）
地面	16 管	80	20	45/40	100%	29	120/20	0.2	25

该项目案例的具体设计说明如下：

1）上下架空型干法找平地面设计：采用防潮阻燃的玻镁龙骨条和玻镁板组合固定，龙骨条宽 50mm、厚 18mm、中心距 300mm，玻镁板厚 12mm、长 1200mm、宽 600mm；

干法找平地面厚度 30mm，地面抗压强度≥1.6t/m²，新地面对角高低差平整度≤20mm。

2）预制式地暖设计：地暖区全部采用免地楞型三层环保预制式地暖模块 TB 系列，厚 35mm，地暖模块长 1800mm、宽 600mm，管外径 16mm、管间距 150mm，如图 6.2 所示。

图 6.2　预制式地暖

3）管线分离区设计：管线分离区在原地面沿墙边预留，采用沟槽防腐木楞骨，架空层净高 53mm，沿墙边预留 300mm，管线分离区的保护板单独固定，方便维修打开，与地暖模块表面平齐。

4）卫生间地暖设计：采用 20mm 厚平板地暖模块湿贴地砖，按卫生间标准工艺铺设可根除蹿水隐患，竣工面比过道低 5mm。

5）分集水器安装在厨房地柜里，不同户型分别采用了 6 路、7 路和 8 路温控型分集水器。

6）项目配置了壁挂炉温控器，安装在主卧室墙面上，可实现预约开关和分时段自动控制行为节能，餐客厅选配了 2 路房间温控器，方便业主夜间关闭地暖节能。

（2）案例分析

装配式建筑要求原始地面不能用水泥找平，常规地暖直铺后容易出现地板响声等问题。该项目采用上下架空型预制沟槽保温板地暖管线分离系统，通过在墙边做管线分离区，采用 18mm 厚玻镁龙骨条和 12mm 厚欧标玻镁板组合，用自攻螺钉固定，实施干法找平地面，在玻镁板表面铺设免龙骨型三层环保预制式地暖模块，确保了干式工法楼面地面和管线分离两项装配率满分，并实现了铺设地板后脚感踏实，无任何地板响声。此外，该项目配置了锅炉温控器分时段自动控制行为节能，其燃气费较低，该项目整体满意度较高。

6.1.2　蓄热式电暖器供暖案例

（1）基本信息

寒冷地区“煤改电”清洁供暖以 2020 年前平原地区村庄基本实现“无煤化”为目标，相关部门全力推进冬季清洁取暖改造工作。该项目就是清洁供暖中的一个优秀应用案例。

项目所在农宅建筑面积为 80m²，包含两个卧室、一个厨房和门厅。经计算农宅建筑热负荷设计指标为 62W/m²，考虑到极端天气，需要预留 20%～30%的余量。每户配置 3 台蓄热电暖器，按房屋面积分别布置在卧室和门厅，电暖器宜布置在外窗下方，如图 6.3 所示。经计算蓄热电暖器总电功率为 8.8kW，其中两个卧室分别布置两台 3.2kW 的电暖器，门厅布置 1 台 2.4kW。由于蓄热电暖器的功率较大，电容和配线必须按照表 6.2 要求匹配。电暖器室内布线如图 6.4 所示。

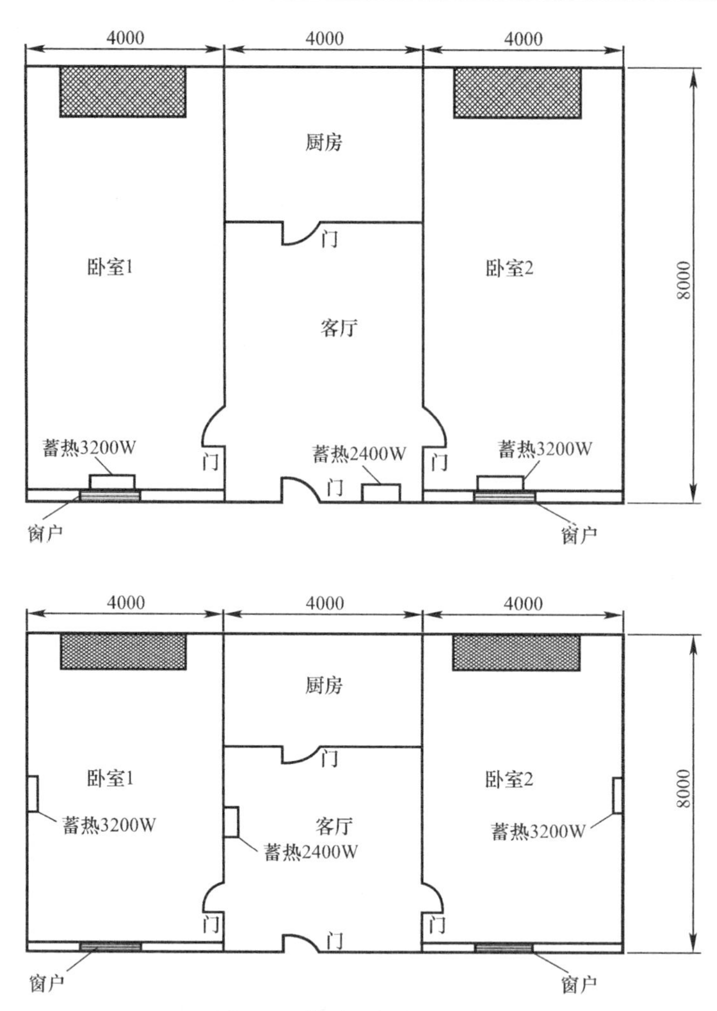

图 6.3 供暖设备布置示意图

蓄热电暖器电容和配线要求 **表 6.2**

功率(kW)	配线(mm^2)	配用插座(A)
2.4	3×2.5	16
3.2	3×2.5	16

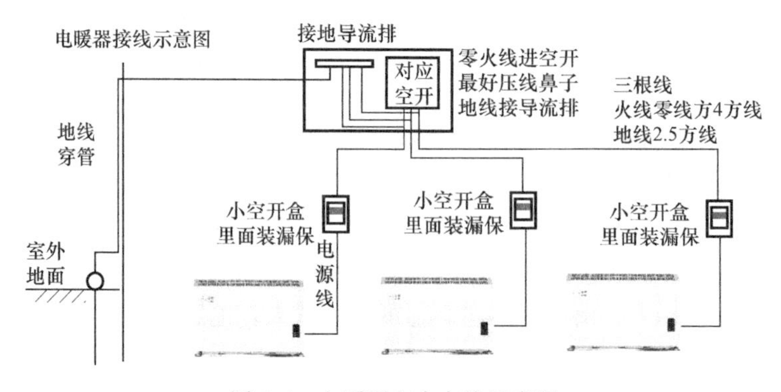

图 6.4 电暖器室内布线示意图

根据《民用建筑电气设计标准》GB 51348、《住宅建筑电气设计规范》JGJ 242等建筑电气设计标准的要求，电源进线进入户内后，应首先接入用户总配电箱。用户总配电箱内应包含总开关、分路控制开关、剩余电流动作保护器等。每个电供暖散热器均为独立配电回路，电供暖配电回路导线截面规格与保护开关参数应配合，并应满足具有短路保护和过负荷保护的功能要求，电供暖散热器用电容量小于2.5kW时，配电回路导线截面不小于2.5mm²；电暖器用电容量大于等于2.5kW并小于3.5kW时，配电回路导线不小于4.0mm²。电暖器为Ⅰ类用电器具时，应设置接地线，并与电源的接地线可靠连接。用户应统一使用户内总保护线接地方式。保护线与接地装置应通过螺栓可靠连接，严禁通过缠绕的方式连接。用户总配电箱接地装置通过箱体自带的接地螺栓，通过接地引线与接地装置连接。接地引线两端的接线端子应压接牢固，确保箱体与接地装置可靠连接。根据《低压配电设计规范》GB 50054—2011第3.2.14条要求，当保护线（以下简称PE线）所用材质与相线相同时，PE线最小截面要求符合表6.3的规定。

PE线最小截面　　**表6.3**

相线芯线截面S(mm²)	PE线最小截面(mm²)
$S \leqslant 16$	S
$16 < S \leqslant 35$	16
$S > 35$	$S/2$

当户内电供暖主线小于16mm²线，地线也不得小于户内主线直径。项目主线为10mm²，接地引线也为10mm²。

按照电气设计规范要求，每个电供暖设备供电回路应采用具备短路保护、过负荷保护和剩余电流动作保护装置的断路器，并能同时断开相线和中性线。供电回路中性线应与相线等截面。用户必须安装使用剩余电流动作保护器（俗称“漏电保护器”）。剩余电流动作保护器应装设在与其配合的刀闸的电源侧。安装剩余电流动作保护器时，中性线（N）应接入保护器。通过剩余电流动作保护器的中性线（N）不得重复接地，不得与保护线或设备外露可导电部分联接。

项目施工安装完成后，依据《建筑电气工程施工质量验收规范》GB 50303、《电气装置安装工程　低压电器施工及验收规范》GB 50254等有关标准，重点对户内电暖器装置的设备选型、安装工艺、绝缘水平、接地电阻、剩余电流动作保护器性能等进行了相应验收。

对项目进行了为期一个供暖季的运行效果监测，监测结果见表6.4。

蓄热电暖器运行效果监测结果　　**表6.4**

时间	实际平均每日用电费用(元)	室内每日平均温度(℃)	供暖季运行费用(元/m²)
2020-11-15～2021-03-15	9.8	19.4	13.2

室内设计温度为18℃，供暖热指标约为62W/m²，实际运行供暖时室内每日平均温度为19.4℃，满足了用户的供暖需求。从供暖费用和耗电量来看，平均每天单位面积耗电1.1kWh/m²，供暖季总耗电10560kWh，按照北京市居民“煤改电”补贴政策，低谷电价为0.1元/kWh，供暖设备全部在低谷时间段耗电加热，供暖季取暖费用为1056元，单位

面积取暖费为13.2元/m^2，供暖运行费用比较低，低于当地集中供暖收费标准。

（2）案例分析

项目中蓄热式电暖器以电热管为加热体，以高性能蓄热砖为蓄能媒介，在低谷电阶段（20：00～次日8：00，共12h）将廉价的电能转化为热能，并存储起来，在用电高峰时段将存储的热能释放，可持续24h向室内供热，这样它既能“削峰填谷”，又可以充分利用廉价的低谷电，达到经济运行的目的，使用户和电力部门同时受益。蓄热式电暖器调节灵活，每台电暖器都可以单独控制，用户可以根据不同情境需求调节热量输入输出，最大限度满足不同用户的不同需求。此外，蓄热式电暖器腔体内的节能储热材料具有防冻特性，不会因为天气寒冷出现冻裂现象，运行安全可靠。

6.2 通风产品

6.2.1 通风机应用案例

（1）基本信息

夏热冬暖地区某实验室通风系统项目，该实验室有分析室、储存室、研发测试室等功能房间，根据实验室房间功能、平面布局、室内排风设备情况、工艺流程等设计排风系统。该项目排风系统采用楼顶排放方式，通风机安装在楼顶，室内排风设备由风管连接至通风机。设计采用12套排风系统，设计风量分别为：3000m^3/h、9900m^3/h、9600m^3/h、3800m^3/h、3738m^3/h、3400m^3/h、8400m^3/h、10900m^3/h、6760m^3/h、9600m^3/h、4600m^3/h、9600m^3/h。按照《民用建筑供暖通风与空气调节设计规范》GB 50736进行排风机选型，选用的通风机为离心式通风机，其空气动力性能符合《一般用途离心通风机技术条件》JB/T 10563和《暖通空调用离心通风机》JB/T 7221的规定。12套排风系统选用的通风机设备列表见表6.5。

夏热冬暖地区某实验室通风系统项目选用的通风机设备列表　　表6.5

序号	名称	型号	风量(m^3/h)	风压(Pa)	功率(kW)	转速(r/min)
1	玻璃钢离心式风机	F4-72-4.5A	2700-4960	670-400	1.5	1450
2	玻璃钢离心式风机	F4-72-6A	8400-14730	1370-881	5.5	1450
3	玻璃钢离心式风机	F4-72-6A	8400-14730	1370-881	5.5	1450
4	玻璃钢离心式风机	F4-72-7A	10781-19670	1370-1100	7.5	1450
5	玻璃钢离心式风机	F4-72-5A	4096-6550	820-490	2.2	1450
6	玻璃钢离心式风机	F4-72-5A	4096-6550	820-490	2.2	1450
7	玻璃钢离心式风机	F4-72-6A	8400-14730	1370-881	5.5	1450
8	玻璃钢离心式风机	F4-72-7A	10781-19670	1370-1100	7.5	1450
9	玻璃钢离心式风机	F4-72-6A	6291-12120	1230-710	4	1450
10	玻璃钢离心式风机	F4-72-6A	8400-14730	1370-881	5.5	1450
11	玻璃钢离心式风机	F4-72-5A	4096-6550	820-490	2.2	1450
12	玻璃钢离心式风机	F4-72-6A	8400-14730	1370-881	5.5	1450

该项目的通风机安装过程严格按照《通风与空调工程施工规范》GB/T 50738 的规定。通风机安装在楼顶厚度为 200mm 水泥基础上，水泥基础表面水平，通风机与水泥基础间用螺栓固定，并采取防松动措施。通风机与风管之间采用防腐软连接，通风机的进风管、排风管的安装采用单独支架。

图 6.5　夏热冬暖地区某实验室通风系统项目安装的通风机

（2）案例分析

该项目排风系统选用的离心式通风机符合《一般用途离心通风机　技术条件》JB/T 10563、《暖通空调用离心通风机》JB/T 7221 和《前向多翼离心通风机》JB/T 9068 的规定。设计选型和施工安装按照《民用建筑供暖通风与空气调节设计规范》GB 50736 和《通风与空调工程施工规范》GB/T 50738 进行，安装完成后的通风机（图 6.5）按照《通风与空调工程施工质量验收规范》GB 50243 进行验收：通风机叶轮旋转平稳，运转中无抖动。通风机传动装置的外露部位以及直通大气的进、出风口，装设防护罩（网）。经调试，系统风量满足《通风与空调工程施工质量验收规范》GB 50243 的规定。

6.2.2　通风器应用案例

（1）基本信息

寒冷地区某住宅新风系统项目，住宅层高 2.9m，套内建筑面积 75.2m^2。设计新风系统形式为全热回收新风系统，按照《住宅新风系统技术标准》JGJ/T 440 的要求进行设计和设备选型。

该全热回收新风系统选用的通风器设备列表见表 6.6。选用的通风器性能满足《通风器》JG/T 391 的要求。

通风器设备列表　　**表 6.6**

序号	名称	型号	额定风量（m^3/h）	机外静压（Pa）	功率（kW）	噪声[dB(A)]	温度热交换效率（%）
1	通风器	—	250	85	105	27	72

图 6.6　安装的通风器

（2）案例分析

该新风系统项目施工安装完成后（图 6.6），对系统的通风量、功率进行了调试测试。初步测得通风器实际运行风量为 181m^3/h，通风器出口风压实测值为 97Pa；与新风机的额定风量 250m^3/h、出口静压 85Pa 相差较大。分析原因是设计管路阻力偏大，新风机的运行工况点偏离其额定工况。测得通风器出口风量 181m^3/h，而各房间的风量和为 160m^3/h，说明系统可能存在漏风情况。此外，各房间风量存在严重的不平衡，需要加装调节装置进行风量平衡调试。

根据初步测试结果，对该新风系统进行了风管漏风量测试、风量平衡调试，对系统风管、连接等进行了密封处理，并加设风量调节阀。经调试后，系统风量符合《住宅新风系统技术标准》JGJ/T 440 的规定。

6.2.3 风管应用案例

（1）基本信息

夏热冬暖地区某工程项目的防火防排烟风管采用镀锌钢板风管+单面漂珠耐火隔热复合板，风管的结构如图 6.7 所示。

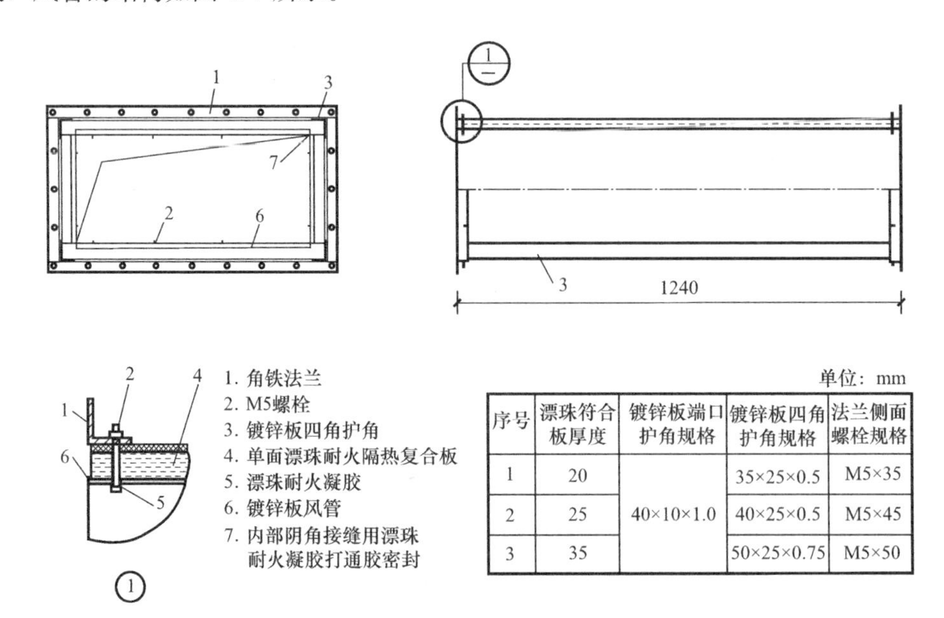

单位：mm

序号	漂珠符合板厚度	镀锌板端口护角规格	镀锌板四角护角规格	法兰侧面螺栓规格
1	20	40×10×1.0	35×25×0.5	M5×35
2	25		40×25×0.5	M5×45
3	35		50×25×0.75	M5×50

图 6.7 防火防排烟风管结构示意图

根据《通风管道技术规程》JGJ/T 141 要求，排烟系统风管的钢板厚度按高压系统风管选用。法兰的选用、螺栓规格及连接件等符合《通风管道技术规程》JGJ/T 141 的要求。设计要求漂珠外包覆防排烟风管的耐火性能、漏风量、比摩阻、变形量、耐久性能、风管强度、抗冲击性能及抗凝露等均应满足《通风管道技术规程》JGJ/T 141 和《非金属及复合风管》JG/T 258 的规定。

风管的制作按照《通风与空调工程施工规范》GB 50738 要求，并按下列要求进行质量控制：钢板风管板材连接应采用咬口连接或铆接，不得焊接。风管板材拼接的咬口缝应错开，不得有十字形拼接缝。咬口缝紧密、宽度一致，折角平直。风管无明显扭曲与翘角，表面应平整，凹凸不大于 3mm。风管的外径其允许偏差不应大于 1mm；管口平面度的允许偏差不大于 1mm，矩形风管两条对角线长度之差不应大于 1mm。矩形风管边长大于 630mm、保温风管边长大于 800mm，管段长度大于 1250mm 或低压风管单边平面积大于 $1.2m^2$，中、高压风管大于 $1.0m^2$，均应采取加固措施。

（2）案例分析

该项目的风管设计时严格按照风管产品标准的要求，风管的材料、厚度，法兰、螺栓规格及连接件等均按照产品标准要求进行选用。风管的制作按照工程标准要求进行，并制定了高于标准要求的质量控制要求，保证了风管质量。比如《通风与空调工程施工规范》GB 50738—2011 中第 4.1.7 条规定：表面应平整，无明显扭曲与翘角，凹凸不应大于 10mm，而该项目质量控制要求凹凸不大于 3mm。

此外，风管制作时还严格控制：在连接法兰铆钉时，必须使铆钉中心线垂直于板面，让铆钉头把板材压紧，使板缝密合；风管生产线、剪板机、咬口机等设备使用前要根据板材厚度调整好，以保证风管的加工精度；发现板材损伤、变形、断裂、开裂等现象，不可投入使用；风管组合位置两端对齐，不可发生错边。法兰应平整无翘起，钢板无翘起，四角钢板无凹陷；风管板材对接缝应采用漂珠耐火凝胶填缝，不可漏填；打胶宽度应均匀、平整，并无断点、漏点、起疙瘩，非打胶位置不可粘附漂珠耐火凝胶；通丝加固，螺栓紧固，加固垫片与板材间应结合紧密，无缝隙。

由于该项目风管设计和施工时严格按照标准规定，并制定了严于标准的质量控制要求，有效地保证了风管工程质量。安装完成后的风管如图 6.8 所示。

图 6.8　防火防排烟风管系统

该防火防排烟风管系统施工完成后，对其进行了漏风量检验，实测系统漏风量 $2.3m^3/(m^2 \cdot h)$，远低于标准规定的系统允许漏风量 $6m^3/(m^2 \cdot h)$。

6.3　空调产品

6.3.1　风机盘管机组应用案例

（1）基本信息

严寒地区某酒店建筑总建筑面积 6.9 万 m^2，共有 200 余间客房，空调系统主要采用“风机盘管＋新风”系统。

2020年，酒店为应对新冠疫情，全方位保障客人健康安全，对客房进行了重装升级，考虑节能、洁净、低噪、智控等理念，末端空调设备采用永磁同步电机（无刷直流电机）风机盘管机组并配置杀菌净化装置。该项目共计安装无刷直流风机盘管机组893台，设备情况一览表见表6.7，除部分公共区域采用出口静压12Pa、两管制机组外，酒店客房均采用出口静压30Pa、四管制机组。

风机盘管机组设备情况一览表　　表6.7

序号	机组型号	类型特征		技术参数							数量
		管制类型	电机类型	出口静压	风量	输入功率	供冷量	供热量	噪声	水阻	
				Pa	m^3/h	W	W	W	dB(A)	kPa	台
1	FP-34	两管制	无刷直流电机	12	340	22	1800	2700	37	30	24
2	FP-51	两管制	无刷直流电机	12	510	30	2700	4050	39	30	64
3	FP-68	两管制	无刷直流电机	12	680	36	3600	5400	41	30	48
4	FP-85	两管制	无刷直流电机	12	850	44	4500	6750	43	30	24
5	FP-34	四管制	无刷直流电机	30	340	26	1800	1210	40	30	303
6	FP-68	四管制	无刷直流电机	30	680	42	3600	2430	44	30	184
7	FP-85	四管制	无刷直流电机	30	850	51	4500	3030	46	30	75
8	FP-102	四管制	无刷直流电机	30	1020	65	5400	3650	47	40	82
9	FP-119	四管制	无刷直流电机	30	1190	73	6300	4250	48	40	40
10	FP-136	四管制	无刷直流电机	30	1360	91	7200	4860	48	40	43
11	FP-204	四管制	无刷直流电机	30	2040	140	10800	7290	52	40	6

将该项目中所应用的出口静压30Pa的无刷直流电机风机盘管机组高速挡的输入功率实测值与《风机盘管机组》GB/T 19232中规定的常规交流电机机组的输入功率额定值进行比较，结果如图6.9所示。从图中可以看出在高速挡下无刷直流机组的输入功率实测值显著低于常规交流机组的国标额定值，各个型号的相对节能率基本在40%左右。

（2）案例分析

《风机盘管机组》GB/T 19232—2019修订时，增加了对无刷直流电机风机盘管机组的要求。无刷直流电机风机盘管机组相比于常规交流电机机组具有显著的节能优势，同时自身具有优异的调节性能。本项目采用无刷直流电机风机盘管机组，在额定负荷下无刷直流电机机组的能耗显著低于常规交流电机机组，在部分负荷下，无刷直流电机机组可自动无级调速，更好地响应室内负荷变化，节能优势更加显著，运行噪声更小；同时结合净化杀菌技术为室内提供洁净健康的环境。另外，该项目无刷直流电机风机盘管机组还配备楼宇控制端口，便于接入酒店管理系统进而实现智控管理。该项目所采用的无刷直流电机风机盘管系统的综合效果比常规交流电机风机盘管系统节约能耗40%左右，为住客提供舒适健康环境的同时也为酒店节省了运营费用。

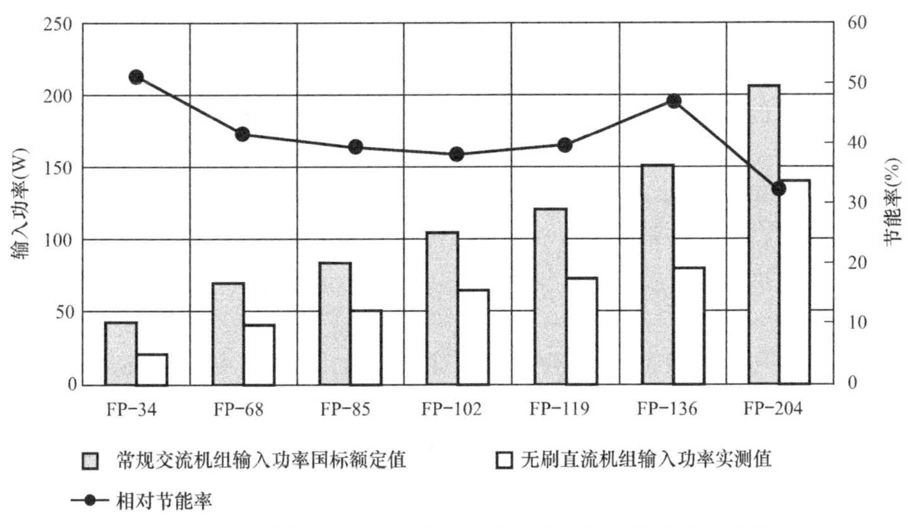

图 6.9　无刷直流电机机组与常规交流电机机组输入功率比较

6.3.2　水蒸发冷却空调机组应用案例

（1）基本信息

严寒地区某综合文化中心包含大剧院、图书城、博物馆、文化馆、音乐厅等若干个大空间建筑，总建筑面积约 28.7 万 m^2。项目共采用单台 26t/h、额定制冷量为 302kW 的模块化大温差小流量干空气能间接蒸发冷水机组 80 台，总供冷量 24160kW；采用多级蒸发冷却空调机组 175 台，总送风量 280 万 m^3/h。

由于该项目多为大空间建筑，且冬季采用热水辐射供暖，因此夏季制冷空调设计选用了基于间接蒸发冷水机组的地面辐射供冷＋独立新风空调系统（图 6.10）。该空调系统是克服了传统湿工况风机盘管加新风空调系统诸多问题、因地制宜的高质量空调方式。在该空调系统中新风机组采用多级蒸发冷却空调机组，用“免费供冷”（干空气能）的方式送入大量新风，在完全满足房间内人员的新风需求，提高室内的含氧量和新鲜度的同时承担室内全部潜热负荷和部分显热负荷，其余的显热负荷由地冷盘管承担。

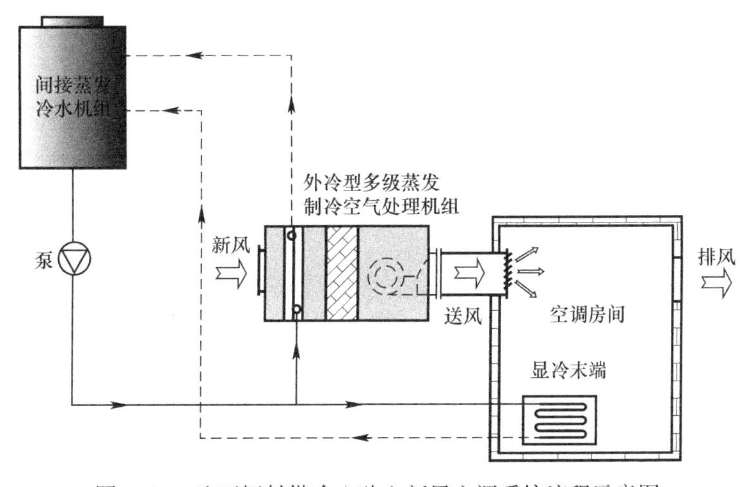

图 6.10　地面辐射供冷＋独立新风空调系统流程示意图

在该项目中，干空气能间接蒸发冷水机组放置于建筑室外屋面，不占用室内有限的使用空间，冷水机组根据各项目建筑面积及冷负荷由若干台大温差小流量的间接蒸发冷水机组提供。高温冷水经过滤、杀菌、防腐等处理，通过板式换热器换热形成闭式系统，再由水泵打入系统，为室内地冷盘管末端及新风机组间接蒸发冷却段提供高温冷水。

地面辐射盘管可承担 $20W/m^2$～$30W/m^2$ 的显热负荷，系统安全可靠，热舒适性好。由于冷水机组供水温度高于室内露点（室内露点温度为15℃左右）温度，因此无冷凝水产生，所以不存在室内冷凝水及二次污染等问题。同时，该系统较好地实现了地面辐射盘管的冬夏共用。

该项目的新风机组采用多级蒸发冷却空调机组，如图 6.11 所示，其主要功能段包括过滤段、间接蒸发冷却段/加热段、直接蒸发冷却段、送风段。夏季向室内供冷，冷源来自间接蒸发冷水机组提供的冷水，空气制冷过程首先是通过逆流表冷器等湿降温，再通过复合直接蒸发制冷段等焓降温后送入室内；冬季承担室内全部或部分供暖负荷，或不承担供暖负荷仅为新风通风换气，热源为市政提供的热水。

(a) 机组外观

(b) 功能段组成

图 6.11　多级蒸发冷却空调机组

该项目新风机组均采用变频控制，可根据室内反馈信号，调节新风机组风量及选择开启不同的功能段，达到节能的目的；各空调机组均自带控制柜，控制柜内均配备有通信接口，可与楼宇自控系统充分衔接，在自控中心就可以开启并监控所有空调主机设备。

项目投入使用后，空调效果优良，夏季测试室内温度在22℃～26℃范围内；因采用全新风空调机组，室内具有良好的空气品质；因采用蒸发制冷系统形式减少了配电增容，可降低项目整体投资；同时，由于使用干空气能作为制冷的动力源，可以大大减少空调系统的能源消耗和运行费用，具有良好的经济效益、社会效益和环境效益。

（2）案例分析

该项目因地制宜，在气候干燥地区人员密度较高的公共建筑中采用蒸发冷却空调技术，取得了非常好的实际运行效果。与传统机械制冷空调相比，干空气能蒸发制冷技术和产品以水为制冷剂，不使用化学制冷剂，无温室效应气体和污染物的排放；间接蒸发冷水机组能效比可高达20以上，多级蒸发制冷空气处理机组能效比高达10以上，能效比突出，系统装机功率小，运行费用低，是蒸发冷却空调产品在工程中合理应用的典型案例，对于蒸发冷却空调产品在技术适宜地区的推广应用具有积极示范作用。

6.3.3 热泵型新风环境控制一体机应用案例

（1）基本信息

寒冷地区某建筑以探索未来建筑环境质量提升、能源消耗降低、智慧化全覆盖的技术路径为目标建造完成。该建筑集科研、展示、体验等功能于一体，总建筑面积 1500m²，可开展建筑热平衡、室内声光热环境、建筑能源系统、人行为模型等 10 大类 30 小项全尺寸、长时间、真实应用的实验，具有可重复、可变换、可比对的长期监测功能。在其中的一套 130m² 住宅户型中，安装了一台制冷量 4200W、制热量 4500W 的空气源环控机，环控机室内机外观如图 6.12 所示，内部组成结构如图 6.13 所示。

图 6.12 环控机室内机外观

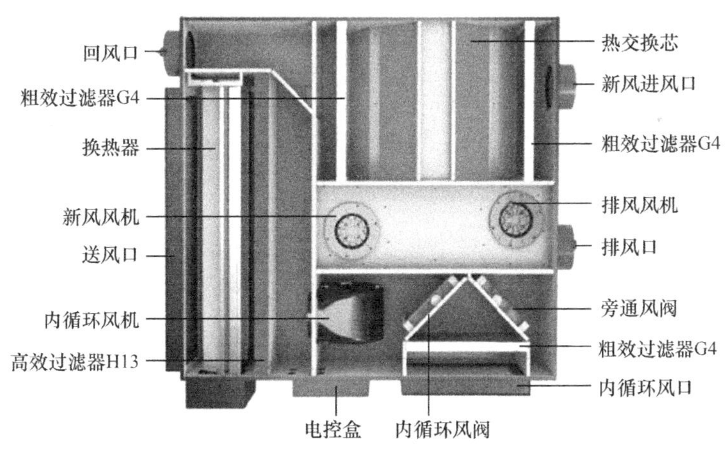

图 6.13 环控机内部组成结构

环控机总送风量 600m³/h，新风量 150m³/h，采用膜式全热回收换热芯，新风入口配有初效过滤器，室内出风口配有高效过滤器，机外余压 120Pa。环控机安装前在焓差实验室进行了热工性能测试，在制冷工况下全热交换效率为 70.3%，制冷能效比 3.69，制热工况下全热交换效率 78.8%，制热能效比 3.84。

该环控机主要有 4 种运行模式，即新风热回收模式、新风旁通模式、内循环热泵制冷/热模式、新风热回收＋热泵制冷/热模式。室内新风系统由与中央控制器相连的 CO_2 传感器信号控制，达到 CO_2 浓度设定启动值时，开启新风系统，运行至关闭浓度后停止。热泵系统由与中央控制器相连的室内温度传感器信号控制，在超过温度设定范围后开启或停止。当室内 CO_2 浓度满足要求，而温度不满足时，开启内循环模式，仅为用户补充冷热，无新风运行，降低能耗。

项目投入使用后，采用集中的能源监控平台对环控机的应用进行监测，记录了逐时的室内环境和能耗变化情况。监测数据显示，环控机为室内提供舒适环境的同时，亦具有良好的综合运行能效。

（2）案例分析

环控机为建筑提供了一体化的能源及新风解决方案，集成高效，一体多用。该项目中所采用的环控机具有新风供应、净化过滤、高效热回收、制热制冷、信号采集、智能控制并可以远程协作等多重功能，通过监测室内的 CO_2 浓度和温度，可自动切换机组的运行模式，在满足室内环境控制要求的前提下尽可能减小能耗。通过环控机的应用，仅采用电能即可取代传统建筑的供暖系统及制冷空调设备，分户设置安装灵活，便于分户进行电耗计量，非常适合应用于寒冷地区的近零能耗住宅建筑中。

6.3.4 吊顶辐射板换热器应用案例

（1）基本信息

夏热冬冷地区某冷暖辐射项目采用温湿分控空调系统。以热泵作为主要的冷热源，由末端空调辐射板承担室内的显热负荷，采用独立的除湿新风机组调节室内湿度。末端空调板采用工厂预制的辐射板吊顶，表面油漆。构造做法如图 6.14 所示。

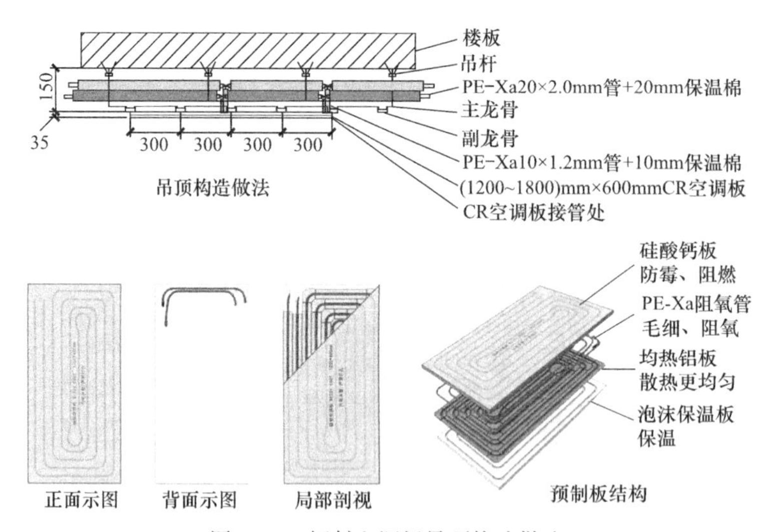

图 6.14　辐射空调板吊顶构造做法

该项目案例的具体设计说明如下：

1）吊顶结构设计：采用阻燃型轻钢龙骨组合固定，主龙骨条宽 60mm 厚 27mm，中心距 1000mm，副龙骨宽度 60mm，厚度 27mm；吊顶距离楼板留空 150mm，吊顶承重强度≥30kg/m²，吊顶的整体平整度≤3mm。

2）辐射空调板设计：辐射吊顶全部采用预制辐射板，空调板单板尺寸为 1200mm×600mm（长×宽），设计进出水温度为 18/21℃，供冷量为 50W/m²，安装面积比例为 65%。

3）主输配管设计：主输配管采用 *DN*20 的 PE-Xa 管，采用 20mm 厚度的保温材料，主管和辐射板之间采用“记忆环”快速连接，连接完成后进行保温处理，如图 6.15 所示。“记忆环”依靠 PE-Xa 管材的热记忆特性，通过特殊的扩径工具来进行快速的扩径并完成与管件的连接，再通过管材强大的收缩力锁紧管件，这种连接可在数秒完成，并且不会渗漏。

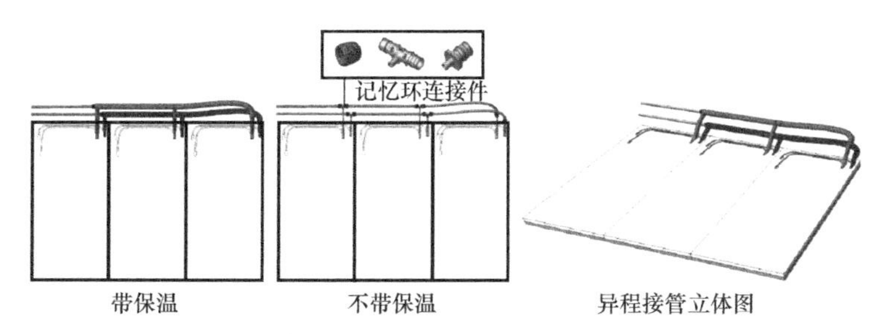

图 6.15　辐射板水管连接做法

4）辐射输配中心采用吊顶安装，其自带混水阀和二次输送水泵，可以精确地控制辐射板的输送水温。

5）该项目各控制区域配备了墙面温湿度控制器，可以有效地监控每个区域的露点情况，进而实现辐射板输送水温的自动调节。

6）该项目配置了物联网控制网关，可实现远程的数据展示和系统运行策略调控。

（2）案例分析

该项目采用热泵作为主要的冷热源，采用空调辐射板作为末端温度调节装置，采用独立的除湿新风机组调节室内湿度，室内具有良好的舒适性；主管和辐射板之间采用“记忆环”快速连接，大大提高了辐射板系统的安装效率和安装质量；采用温湿度控制器监控每个空调区域的露点情况，并自动调节辐射板的供水温度从而避免辐射板表面结露；同时，该项目还配置了远程物联网控制网关，整体数据可以上传到云服务器，实现远程的运行策略调整和用户的手机 App 控制。

第7章　发展趋势与标准化展望

7.1　发展趋势

暖通空调产品标准体系的发展要服务于城乡建设的总体目标。标准体系的发展应聚焦发展目标，面向实践中反映出的突出问题，响应行业发展的急迫需要，加强前瞻性策划和系统性布局。暖通空调产品由于其领域属性和技术特征，是高品质人居环境营建的关键产品，有助于提升人民群众的获得感、幸福感和安全感。暖通空调产品标准体系的发展应以支撑城乡建设绿色低碳发展和建筑业转型升级为目标，积极推动科研成果落地，促进暖通空调产业的升级转型和高质量发展。

下面从碳达峰碳中和、电气化转型、可再生能源利用、智能化与数字化、全面能效提升、分布式与一体化、时空延伸的新应用场景7个方面，综述未来暖通空调技术和产品的发展趋势，为下一步暖通空调产品标准体系发展提供参考。

7.1.1　碳达峰碳中和

全球气候变化已经成为人类可持续发展所面对最严峻的挑战之一。根据世界气象组织（WMO）发布的《2020年全球气候状况报告》统计，全球平均气温较工业化之前已升高1.2℃，这将对人类的生存发展产生严重的威胁。全面降低碳排放强度是人类面对全球气候变化的重要举措。2020年9月22日，习近平主席在第七十五届联合国大会一般性辩论上的讲话中提出“中国将提高国家自主贡献力度，采取更加有力的政策和措施，二氧化碳排放力争于2030年前达到峰值，努力争取2060年前实现碳中和”。我国碳中和实施方向主要聚焦于建筑、工业、交通三个领域。

在国际能源署（IEA）的报告中指出，建筑占全球最终能源消耗的近1/3，占全球电力需求的55%。过去25年来，建筑用电需求增长迅速，占全球用电量总增长的近60%。在一些快速发展的经济体，包括中国和印度，过去10年来建筑用电需求平均每年增长8%以上。2018年，建筑运行阶段碳排放量占全国碳排放总量的22%(图7.1)。暖通空调设备产生的碳排放占建筑碳运行排放的50%以上，达到我国建筑碳排放的10%以上。

我国正在经历产业升级转型，高能耗粗放型工业比例将进一步降低，参考发达国家规律，我国工业能耗和碳排放占比将逐渐降低。随着我国城镇化进一步发展，以及生活水平的提高，我国供冷、供暖和通风的实际需求将不断增加，暖通空调设备相关碳排放将进一步增加，相对占比也将进一步提高，逐步接近发达国家水平。

我国是世界暖通空调设备的主要市场和主要产业基地。在中国生产的暖通空调设备占全世界同类设备的50%以上。随着全世界范围对气候变化重视程度的不断提高，对于产业链碳排放核查、计算、限额的需求更加迫切，如果不建立我国暖通空调产品碳排放相关的

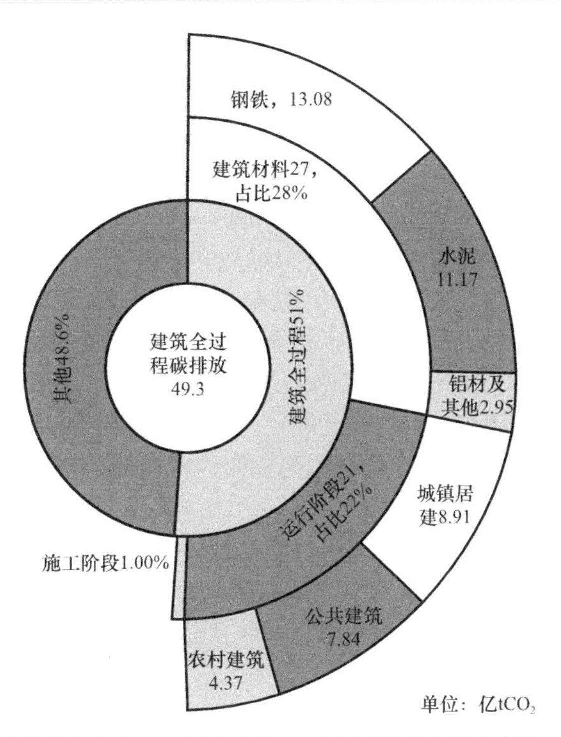

图 7.1　建筑碳排放占比（图片来源：《中国建筑能耗研究报告（2020）》）

基础性工作，我国出口相关产品也将面临更多潜在的风险和限制。

随着《中共中央　国务院关于完整准确全面贯彻新发展理念做好碳达峰碳中和工作的意见》正式公布，各级主管部门和相关行业对于碳排放计算、计量、核查都提出了越来越高的要求，在 2022 年 4 月 1 日正式实施的《建筑节能与可再生能源利用通用规范》GB 55015—2021 中，要求新建、扩建和改建建筑以及既有建筑节能改造均应进行建筑节能设计。建设项目可行性研究报告、建设方案和初步设计文件应包含建筑能耗、可再生能源利用及建筑碳排放分析报告。在进行建筑碳排放分析计算时，暖通空调设备相关碳排放如何计算？在建筑运行阶段时，如何计量与核查暖通空调设备的碳排放？在对建筑进行碳排放强度相关评价时，如何评价暖通空调设备的碳排放强度？这一系列问题，都对暖通空调行业和标准体系提出了新的要求。在新要求、新形势、新规范的背景下，暖通行业的标准体系也需尽快调整补充，响应国内主要生产企业，以及多位行业知名专家的呼吁，加快充实暖通空调产品的碳排放相关领域的科研储备，尽快建立完善相关标准体系。

7.1.2　电气化转型

2022 年 3 月，住房和城乡建设部印发《“十四五”建筑节能与绿色建筑发展规划》，规划中提出应充分发挥电力在建筑终端消费清洁性、可获得性、便利性等优势，建立以电力消费为核心的建筑能源消费体系。开展新建公共建筑全电气化设计试点示范。在城市大型商场、办公楼、酒店、机场航站楼等建筑中推广应用热泵、电蓄冷空调、蓄热电锅炉。引导生活热水、炊事用能向电气化发展，促进高效电气化技术与设备研发应用。在发展目标中明确指出，建筑能耗中电力消费比例超过 55%。因此推动建筑用能电力消费比例转型，减少建筑直接 CO_2 排放，加快建筑用能的能源结构转变，承接更多的可再生能源清洁电力，建立以电力消费为核心的建筑能源消费体系势在必行。

在建筑电气化转型的过程中，一系列的新技术、新产品将迎来快速发展，原有化石燃料驱动的制冷制热设备将被逐步替代。

财政部、住房和城乡建设部、生态环境部、国家能源局 4 部门自 2017 年组织开展中央财政支持北方地区冬季清洁取暖试点工作。截至 2021 年底，国家能源局公布北方地区清洁取暖率达到面积约 156 亿 m^2，清洁取暖率达到 73.6%，替代散煤（含低效小锅炉用煤）1.5 亿 t 以上。其中主要的能源替代方式就是采用电取暖。蓄热式电暖器、热泵热风机、可在寒冷气候区使用的空气源热泵热水机等多种新型供暖产品得到了快速发展。

在城市供暖方面，目前一批采用燃气锅炉或壁挂炉，使用天然气燃烧进行供暖的设备，随着设备寿命到齐，也逐步面临更换的问题。一些城市已经在加快进行政策研究，原则上这些直接产生碳排放的取暖设备应更换为电驱动的供暖，对于热泵等技术和产品来说，未来的市场将进一步扩大。

在过去的十年中，可再生能源的占比已逐步攀升（图 7.2），随着电力行业“双碳”工作进程，电碳因子将进一步下降，可再生能源清洁电力占比也将逐渐替代对火电的依赖，其他能源与电能的价格差距也将进一步缩小，这些利好因素将进一步推动暖通空调设备电气化转型。

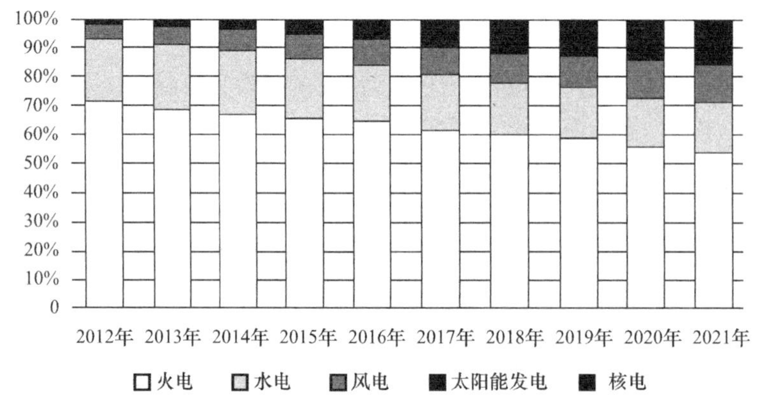

图 7.2　2012—2021 年全国电力装机结构（图片来源：《中国能源大数据报告（2022）》）

7.1.3　可再生能源利用

在“十四五”期间，住房和城乡建设部设定了全国新增建筑太阳能光伏装机容量 0.5 亿 kW 以上，地热能建筑应用面积 1 亿 m^2 以上，城镇建筑可再生能源替代率达到 8%的发展目标。

在规划文件中，政府提出要推动太阳能建筑应用。具体应根据太阳能资源条件、建筑利用条件和用能需求，统筹太阳能光伏和太阳能光热系统建筑应用，宜电则电，宜热则热。推进新建建筑太阳能光伏一体化设计、施工、安装，鼓励政府投资公益性建筑加强太阳能光伏应用。同时开展以智能光伏系统为核心，以储能、建筑电力需求响应等新技术为载体的区域级光伏分布式应用示范。在城市酒店、学校和医院等有稳定热水需求的公共建筑中积极推广太阳能光热技术。在农村地区积极推广被动式太阳能房等适宜技术。

规划文件中还提出要加强地热能等可再生能源利用。推广应用地热能、空气热能、生物质能等解决建筑供暖、生活热水、炊事等用能需求。鼓励各地根据地热能资源及建筑需求，因地制宜推广使用地源热泵技术。对地表水资源丰富的长江流域等地区，积极发展地表水源热泵，在确保 100%回灌的前提下稳妥推广地下水源热泵。在满足土壤冷热平衡及不影响地下空间开发利用的情况下，推广浅层土壤源热泵技术。在进行资源评估、环境影响评价基础上，采用梯级利用方式开展中深层地热能开发利用。在寒冷地区、夏热冬冷地区积极推广空气热能热泵技术应用，在严寒地区开展超低温空气源热泵技术及产品应用。合理发展生物质能供暖。

末端设备应具有低温供暖、高温功能能力，并能够灵活根据外部条件进行优化调节和控制。现有技术和产品多根据传统工况开发，在工况大幅变化后，相应的设备形式和关键参数需要相应变化。除传统末端外，可进行辐射、强制对流和自然对流多工况切换的末端设备也日益受到关注。

随着“双碳”工作的推进，在可预见的未来，中深层地热换热设备与装置、太阳能光伏光热一体化装置、中温太阳能制冷装置、蒸发冷却机组和建筑一体化换热换冷装置等新型技术新产品将得到快速发展，示范项目规模及数量也将逐渐增加，越来越多的暖通空调设备将由太阳能和热泵驱动。

在从自然界取用能源方面，中深层地热换热设备与装置、太阳能光伏光热一体化装置、中温太阳能制冷装置、蒸发冷却机组和建筑一体化换热换冷装置等新型技术新产品也发展较快，示范项目规模越来越大，项目数量越来越多。

除了充分利用可再生能源，在消纳可再生能源方面，随着可再生能源电力占比的上升，发电端受天气影响的不确定性以及发电资源和用电资源的时空不匹配，将对高度电气化的暖通空调系统提出新的要求。“光储直柔”技术近年来备受关注（图 7.3），在住房和城乡建设部发布的“十四五”规划中，明确提出鼓励建设以“光储直柔”为特征的新型建筑电力系统，发展柔性用电建筑。“光”是指和建筑一体化的分布式光伏发电系统；“储”是指在建筑内通过储热、储冷和储电实现建筑的用能缓冲；“直”是指通过直流在建筑内进行输配电，避免光伏发出的直流电转换为交流带来的损失；“柔”是指建筑具备一定的调节能力，可以根据内部外部情况调整用能方式，以更好地吸纳可再生能源电力，服务电网的调节需求。适用于“光储直柔”体系的暖通空调设备，能够使用直流驱动，可以智能调配及时配合进行储能系统储能和放能模式切换，可以动态柔性调节特性的暖通空调设备，目前仍处于市场空白，引起了行业的高度关注，技术演变迅速。

7.1.4 智能化与数字化

智能化与数字化是目前时代的技术主题。各行各业都在积极推动智能化和数字化工作。在《中华人民共和国国民经济和社会发展第十四个五年规划和 2035 年远景目标纲要》提出，迎接数字时代，激活数据要素潜能，推进网络强国建设，加快建设数字经济、数字社会、数字政府，以数字化转型整体驱动生产方式、生活方式和治理方式变革。近年来，物联网、大数据、云计算、人工智能、区块链、虚拟现实等多种多样的信息技术快速改变着社会的生产生活形态，暖通空调行业也不例外（图 7.4）。

在国际能源署（IEA）的报告指出中，建筑用电量将从 2014 年的 11 千兆瓦时

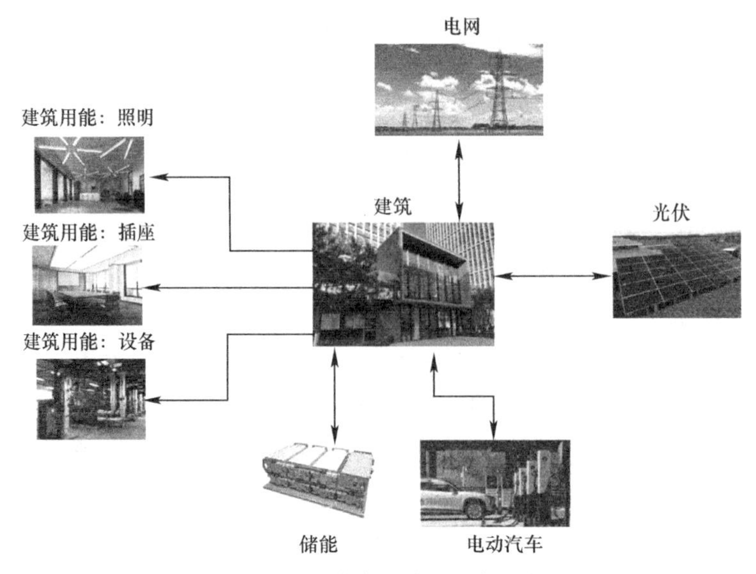

图 7.3　光储直柔建筑电力系统

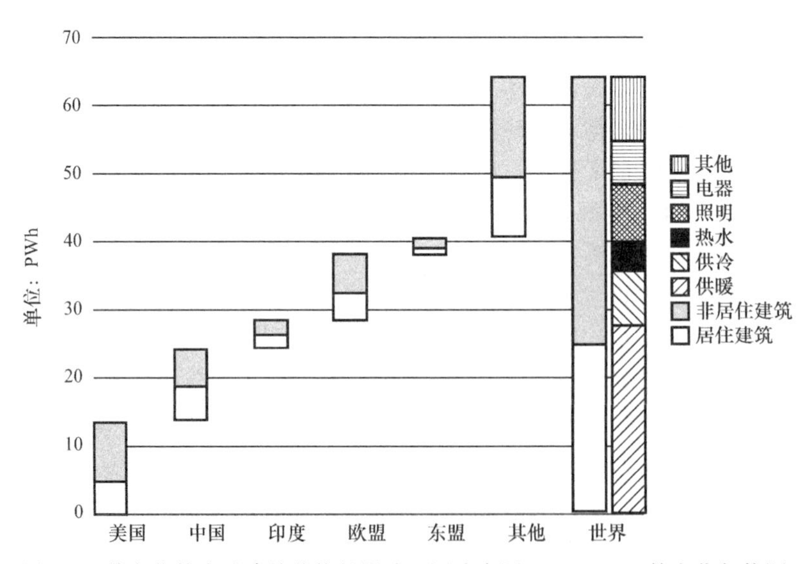

图 7.4　数字化技术对建筑节能的影响（图片来源：IEA 2017 数字化与能源）

（PWh）增加到 2040 年的 20PWh，几乎翻了一倍，导致发电量和网络容量大幅增加。包括智能恒温器在内的数字化技术可以在 2017 年至 2040 年间将住宅和商业建筑的总能源使用量比现状情景减少多达 10%。到 2040 年的累计节能将达到 65PWh，相当于 2015 年非经济合作与发展组织（OECD）国家最终消耗的总能源。

从产业层面看，我国目前在这个领域还是落后于发达国家，与我国总体建造标准和建造成本低于发达国家，人工成本较低，暖通空调设备的使用和调节更多依赖于人工，自动化程度较低有关。在欧美发达国家，不少暖通空调设备出厂就带有相关的智能控制装置，我国更多地依靠现场通过智能建筑系统进行二次集成。

从另一方面来看，我国暖通空调产业虽然经历着从低端迈向高端，从小型化商业产品到大型商业复杂设备的过程，但我国信息产业发达，在信息技术方面总体规模世界领先，在很多技术领域和产业领域处于领先地位，近年来IT技术在暖通空调设备集成应用的趋势明显，我国暖通空调设备的智能化具有后发优势。随着我国智能化数字化产业的发展，国内企业也逐步开始相关技术及产业的布局。有的企业将总体定位更新为物联网生态品牌，在人工智能和物联网领域技术与空调产品结合方面投入巨大；有的企业推出了物联网操作系统、物联网中台、AI对话开发平台和物联网开放平台，提出以智慧科技为楼宇赋能，让传统建筑从单一冰冷的钢筋水泥演变成可感知、有温度、会思考的“智慧生命体”。

伴随着当前信息技术的不断演进，国内外市场环境的变化，我国产业转型的步伐迈进，能够集成更多物联网传感器、连接云端大数据平台、支持多种智能运算、通过先进方式与人和建筑进行交互的暖通空调设备将成为下一阶段的重要主题。

7.1.5　全面能效提升

在绿色可持续发展、能源转型与能源安全、“双碳”行动方案等国家政策方向的要求下，建筑能效提升以及暖通空调设备能效提升速度明显。如制冷行业，由国家发展改革委、工业和信息化部、财政部、生态环境部、住房和城乡建设部、市场监管总局、国管局于2019年6月13日印发了《绿色高效制冷行动方案》。方案中提到我国是全球最大的制冷产品生产、消费和出口国，制冷产业年产值达8000亿元，吸纳就业超过300万人，家用空调产量全球占比超过80%，电冰箱占比超过60%。我国制冷用电量占全社会用电量15%以上，年均增速近20%，大中城市空调用电负荷约占夏季高峰负荷的60%，主要制冷产品节能空间达30%～50%。以大型商业建筑的制冷站为例，相关研究表明，目前我国90%制冷站的综合SCOP仅为2.5～3.5，与ASHRAE对制冷站能效的规定相比，效率值低于3.5的制冷站亟待改善，性能良好的制冷站综合效率应超过4.4，高效机房试点从南到北蓬勃发展，可获得40%甚至更多的节能率。根据《高效空调制冷机房评价标准》T/CECS 1100—2022高效空调机房制冷效率普遍要求到4.5以上（表7.1），示范项目数量逐年增加。变频式制冷机组的市场占比越来越大，磁悬浮式离心机组从个别少数的示范项目逐渐被越来越多追求高能效的项目所接受，制冷主机的效率提升30%以上。

高效空调制冷机房能效要求　　**表7.1**

指标	能效等级			
	气候分区	Ⅲ级	Ⅱ级	Ⅰ级
冷源系统全年能效比	严寒/寒冷地区	≥4.5	≥5.0	≥5.5
	夏热冬冷地区	≥4.6	≥5.1	≥5.6
	夏热冬暖地区	≥4.7	≥5.2	≥5.7

除制冷设备外，换热机组、热回收式新风机组、空气处理机组、通风机组等与一系列能耗设备，以及风阀、水阀、流量分配器等一系列系统能效相关产品的性能都将在未来逐步提升，这将为暖通空调行业发展带来新的动力。

该方案要求到2030年，大型公共建筑制冷能效提升30%，制冷总体能效水平提升25%以上，绿色高效制冷产品市场占有率提高40%以上，实现年节电4000亿千瓦时左右。主要制冷产品能效准入水平再提高15%以上。加快新制定数据中心、汽车用空调、冷库、冷藏车、制冰机、除湿机等制冷产品能效标准，淘汰20%～30%低效制冷产品。鼓励龙头企业制定严于国家标准的企业标准，争当企业标准“领跑者”。制修订公共建筑、工业厂房、数据中心、冷链物流、冷热电联供等制冷产品和系统的绿色设计、制造质量、系统优化、经济运行、测试监测、绩效评估等方面配套的国家标准或行业标准。

在 2022 年 4 月执行的国家标准《建筑节能与可再生能源利用通用规范》GB 55015—2021 中也将主要能耗设备性能要求同步进行了提升，我国暖通空调设备市场正在从粗放、低价的特征逐渐向高效、高质量方向转变。

7.1.6 分布式与一体化

伴随着建筑用能电力化的发展和自动控制技术的进步，受益于电力快速响应、长距离输送、方便冷热转变的特性，以及自动化控制的暖通空调设备便于启停调节和工况转换的优点，暖通空调系统将逐步向分布式、小型化和一体化发展。

随着建筑能效的快速提高，终端冷热负荷逐步降低，大型供热网络和集中式供冷模式日益受到挑战。以流体作为媒介的供冷供热系统，长期以来存在输配系统能效低，热力水力不平衡，管网跑冒滴漏难以解决，源头和末端协同控制困难，运行维护和管理要求高等一系列问题。由于终端需冷需热量进一步降低，以上问题会更加突出。与之对应的是以电为传输媒介，在终端进行冷热转换的供冷供热方式，不存在上述热力网络传输的各种问题，还有助于消纳更多可再生能源产生的电力。在目前一些示范的超低能耗建筑项目中，一些地方已经规定超低能耗建筑原则上不应使用集中热力，必须使用以热泵为主的分布式供冷供暖方案。

此外，在建筑光伏日益增多的前提下，建筑物成为分布式的产能单元，同时又是分布式的用能单元，产能和用能之间如何协同，多个分布式暖通空调设备之间如何协同，如何共同响应外部电网的调节需求，如何与发电和储能设备进行互动，这些新形势下的新问题都需要尽快开展针对性的科研工作。

由于我国建筑节能要求不断提高，建筑的冷热负荷与多年前已经有了显著的下降，然而，目前我国的暖通空调设备厂家没有及时响应建筑行业的快速变化，大量供暖、空调、通风设备仍然延续之前的容量习惯进行分级；除了容量变化外，建筑围护结构性能快速提升导致在不同气候区不同建筑类型中夏季显热负荷占比下降，冬季供暖负荷大幅下降且时空规律变化，现有暖通空调设备在热湿比设置、调节控制逻辑等方面沿用原有设计思路，在新时期高节能率建筑中使用，会造成频繁启停、室内相对湿度过高等问题。在建筑综合能效不断提高的产业要求下，暖通空调行业势必要不断向小型化发展，以更好地匹配高节能率建筑的特点。

随着暖通空调设备的分散化、小型化、智能化，多种功能的发展势必形成向集成一体发展的趋势。在目前的超低能耗居住建筑中，主要采用的方案是热泵型新风环境控制一体机（图 7.5），一体机集成供冷、供暖、新风及热回收、排风等多种功能，体型紧凑，减少设备占据空间和层高的要求，便于安装和维护，经过几年时间的实践，已经取代多联机+独立热回收新风机组的方案，逐步成为市场主流选择。

近年受到多个开发企业追捧的科技住宅用的集中式辐射空调系统，具有温湿度可控、室内环境标准高、无吹风感、新风调节能力等特点，为一些改善型住宅提供了更高标准的室内环境，得到了一部分市场的认可。然而，由于其响应调节温湿度需求慢，输配系统能

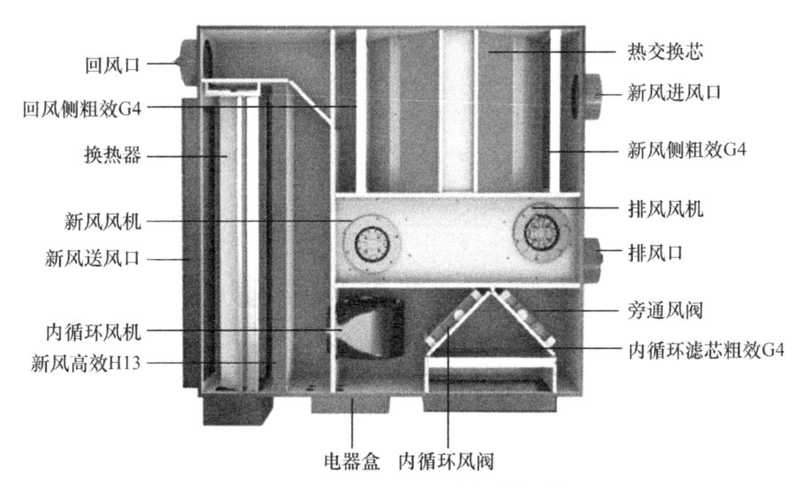

图 7.5　热泵型新风环境控制一体机

耗高，年耗能量大等问题，也引起了不少争议。近年来，相关研究人员和企业研发了户式辐射热泵新风系统，一定程度上解决了大系统不好调节，难以满足个性化需求的问题，为行业发展带来了新的思路。

随着生活水平的提高，使用者对于建筑的服务品质要求不断提高，为了满足冷风供冷、地暖、生活热水的需求，催生了多联供系统。户式多联供系统基于一台室外机，产生生活热水、地暖热水和室内空调用冷风，解决了常规系统需分别使用户式多联机、电热水器和燃气壁挂炉的问题，多种功能集成一体，得到了市场的青睐（图 7.6）。在有生活热水需求的商业建筑中，也可以应用可以回收冷凝器热量的供冷、供热、生活热水一体的三联供机组，减少单独的生活热水制取设备的同时，利用冷凝器热量，提高了系统能效。

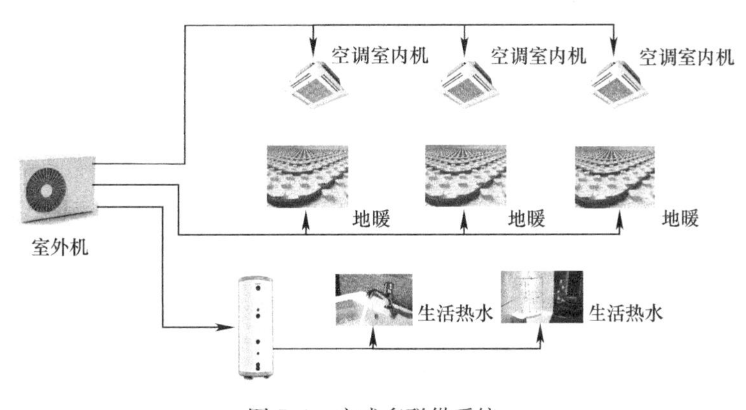

图 7.6　户式多联供系统

7.1.7　时空延伸的新应用场景

随着生活水平的提高和使用习惯的转变，建筑能源系统的时空边界仍将进一步拓展延伸。冷与热是全社会生产和生活的核心需求，随着社会的发展和科技的进步，衍生出了越来越多的新型应用场景。

以多年来备受关注的南方供暖问题为例。南方呼吁集中供暖多年，十年来，上海、武汉等城市也陆续出现了一些区域性的集中供暖试点。由于南方地区供暖时间短、需求分散、用热量少，沿用北方的热电联产余热+调峰锅炉房的方式一直以来无法得到认可。随着近年来建筑节能水平的大幅提高，以及热泵技术的日趋完善，以电作为驱动力的分散式供暖系统得到越来越多的认可。尽管位于夏热冬冷气候区内不同城市区域的气候差异仍然不小，城乡建筑差异和生活差异客观存在，然而对于冬季需要进行补充性供暖的需求广泛存在。在节能减碳的大背景下，如何面对进一步提高室内环境水平的客观需求，针对不同气候环境、生活习惯、经济水平的特点，研发新型暖通空调设备和系统，具有重要的现实意义。

在我国北方，自2017年起，以治理冬季大气质量为主要目的北方地区清洁取暖工作已经持续了5年，期间北方地区清洁取暖面积约156亿m^2，除在城区进行了大量的燃煤锅炉超低排放改造、提高集中供热比例、开展建筑节能改造等工作外，在县域和农村开展了大量的分散燃煤取暖的改造工作。热泵热风机、低温型户式风冷热泵机组、蓄热式电暖器等一系列适用于农村应用场景的新型供暖设备在短期内完成研发并大范围应用，填补了农村用低成本电驱动供暖设备的空白（图7.7、图7.8）。随着应用场景的不断延伸，面对严寒地区的超低温空气源热泵，可智能控制响应电网调峰需求的供暖设备和系统等新型设备的研发工作得到了行业的重视。

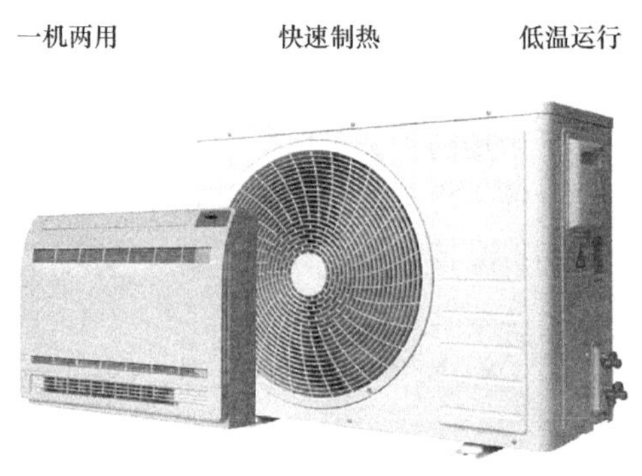

图7.7　热泵热风机

图7.8　蓄热电暖器

随着近几年云计算技术的飞速发展，作为其核心基础设施，数据中心也在进行不断的建设。数据中心的耗电量与日俱增，增长速度极快。据IDC发布的调研结果来看，数据中心的能耗问题，已成为数据中心管理者目前所面临的最大挑战。据统计，数据中心的能耗成本占到了总成本的50%左右，在2009年到2015年之间，数据中心的用电量基本保持10%～20%的增长率。国家能源局相关数据表明，截至2020年底，中国数据中心耗电量已经突破2000亿kWh，能耗占全国总用电量的2.7%，预计2022年耗电量将达到2700亿kWh。在数据中心能耗中，除信息设备能耗外，占主导地位的能耗设备就是暖通空调设备。近年来，为进一步提高数据中心能效，各地纷纷出台数据中心能效限额，以北京市为例，数据中心能效系数PUE不得大于1.3，否则将强制进行整改，甚至不能继续运营。为了尽量在高可靠性的前提下提高数据中心能效，冷热通道封闭、蒸发冷却、液体冷却、热管技术等一系列暖通空调新技术新产品不断得到应用（图7.9），相关领域技术发展活跃，研究机构和企业非常重视。

图7.9　数据中心液体冷却

7.2　标准化工作展望

为更好地开展暖通空调产品标准的立项、编制、应用、推广工作，应加强标准化工作全要素、全生命周期的管理和协调，配合标准编制团队和标准应用主体更高质量地开展标准化工作。下面从完善标准体系、加快标准国际化、加强宣贯宣传和强化应用协同四个方面，提出暖通空调产品标准化工作展望。

7.2.1　完善标准体系

在本指南基础上，按照城乡建设领域中长期发展规划和“十四五”发展规划要求，总结制约行业发展的关键共性问题，响应行业发展趋势和方向，梳理现有标准体系，完善供暖、通风、空调产品相关标准体系，主要体现在以下方面。

(1) 支撑城乡建设高质量发展要求

2021年10月，中共中央办公厅、国务院办公厅印发了《关于推动城乡建设绿色发展的意见》，文件提出，到2035年，城乡建设全面实现绿色发展，碳减排水平快速提升，城市和乡村品质全面提升，人居环境更加美好，城乡建设领域治理体系和治理能力基本实现现代化，美丽中国建设目标基本实现。建设高品质绿色建筑。实施建筑领域碳达峰、碳中和行动。推动区域建筑能效提升，降低建筑运行能耗、水耗，大力推动可再生能源应用。暖通空调系统的能耗和碳排放占建筑运行能耗和碳排放的一半以上，暖通空调产品标准下一步应围绕提高暖通空调系统能效、积极应用可再生能源驱动的暖通空调设备、降低暖通空调系统和设备的能耗等方面积极开展工作，支撑城乡建设全面绿色发展的工作要求。

2022年6月30日，住房和城乡建设部和国家发展改革委印发《城乡建设领域碳达峰实施方案》，方案作为我国碳达峰1+N方案的重要组成部分，是未来我国城乡建设领域“双碳”工作的重要指导性文件。文件中要求，2030年前，城乡建设领域碳排放达到峰值，力争到2060年前，城乡建设方式全面实现绿色低碳转型。实施方案从建设绿色低碳城市和打造绿色低碳县城和乡村两个方面提出12项具体要求。

根据实施方案提出的建立完善法律法规和标准计量体系的要求，结合重点工作和暖通空调产品标准的领域分工，下一步暖通空调产品标准应在以下方面响应实施方案要求，开展标准化工作。

一是在全面提高绿色低碳建筑水平方面，研编制冷与空调全年能效和碳排放监测试验方法相关标准，发展暖通空调设备和系统运行调适标准，支撑实施方案到2030年实现公共建筑机电系统的总体能效在现有水平上提升10%的要求。

二是在优化城市建设用能结构方面，编制服务“因地制宜推进地热能、生物质能应用，推广空气源等各类电动热泵技术的相关标准。到2025城镇建筑可再生能源替代率达到8%。引导建筑供暖、生活热水、炊事等向电气化发展”的工作目标，组织开展二氧化碳空气源热泵、供暖储能装置、多联供热泵机组等方向的标准编制工作。为实现“探索建筑用电设备智能群控技术，在满足用电需求前提下，合理调配用电负荷，实现电力少增容、不增容”的目标，开展暖通空调数字化相关标准编制，推动关键控制设备、传感器、执行装置等软硬件系统标准化。

三是在建立完善标准计量、核算等基础性标准体系方面，推动开展暖通空调能效和碳排放相关术语标准、核算标准、监测标准和评价标准的编制，满足实施方案提出的“建立完善节能降碳标准计量体系”的要求。

四是加强科技成果的转化和落地。在住房和城乡建设部发布的《“十四五”住房和城乡建设科技发展规划》提出，“十四五”时期，要围绕建设宜居、创新、智慧、绿色、人文、韧性城市和美丽宜居乡村的重大需求，聚焦“十四五”时期住房和城乡建设重点任务，在城乡建设绿色低碳技术研究、城乡历史文化保护传承利用技术创新、城市人居环境品质提升技术、城市基础设施数字化网络化智能化技术应用、城市防灾减灾技术集成、住宅品质提升技术研究、建筑业信息技术应用基础研究、智能建造与新型建筑工业化技术创新、县城和乡村建设适用技术研究等9个方面。标准体系的建设与科技发展规划关联度高，是先进技术在产业落地的重要保障和转化形式，暖通空调产品标准体系尤其应结合绿色低碳、城市人居环境品质提升和住宅品质提升三项重点工作开展标准的立项、修订和管理工作。

(2) 支撑全文强制标准体系

全文强制性规范起到了“守底线”作用，为优化精简推荐性标准，培育发展市场化标准提供了前提保障。推荐性标准的制定一方面以满足政府促进行业发展为前提，为支撑产业政策、战略规划提供基础、通用和急需制定的标准，另一方面以支撑全文强制性规范实施为目的，通过对现行标准进行调整、修订，将强制性要求落实到设计施工验收等各个环节。产品标准的发展应紧密支撑全文强制性规范的内容，细化全文强制性规范需要的相关要求，补充具体实施操作步骤及测试方法，明确性能指标要求及测试方法的内容，应根据工作需要，制修订相关暖通空调产品标准，助力全文强制标准体系的顺利实施。

2022年4月1日，《建筑节能与可再生能源利用通用规范》GB 55015—2021和《建筑环境通用规范》GB 55016—2021正式实施，其中《建筑节能与可再生能源利用通用规范》GB 55015—2021规定了建筑节能总体目标，并对供暖通风与空调的相关节能要求及措施，地源及空气源热泵等可再生能源建筑应用系统设计要求，建筑设备系统调试、验收和运行维护要求进行了强制性规定。为了更好地支撑《建筑节能与可再生能源利用通用规范》GB 55015—2021的有效实施，暖通空调产品标准应做好衔接和支撑工作，包括通风空调末端装置性能测试方法、储能装置性能测定方法、系统调试方法、设备维护与更新技术要求等一系列方法和技术要求方面的标准化工作，以及新型储能装置、新型热泵等有利于提高建筑能效，促进可再生能源利用方面的新型设备方面的标准编制。

《建筑环境通用规范》GB 55016—2021 规定了七类室内空气污染物的总体要求，包括浓度限量以及空气污染物控制的主要措施和测量原则等。规定了用于建筑环境设计的基础参数要求。室内空气污染是目前建筑质量的重要问题，客观存在很多工程纠纷，暖通空调系统是保障室内热环境和空气质量的关键系统，做好暖通空调产品标准与《建筑环境通用规范》GB 55016—2021 的有效衔接非常重要，应加强空气净化系统和过滤器的相关检测和评价、住宅新风净化设备、建筑室内空气质量监测与评价等方面的标准制定和修编工作。

（3）响应行业热点问题和发展需要

标准发展是产业发展的助推器，标准化工作应从产业发展需求出发，从工程实践的问题出发，在满足监管部门的要求的前提下，重视响应市场需求，通过标准化的形式引领和帮助产业健康快速发展。暖通空调标准尤其应重视在推进城乡建设绿色低碳发展、提升民用建筑节能水平方面着重结合产业需求。

在暖通空调设备碳排放相关标准方面，跟踪研究国际暖通空调产品碳排放相关研究与标准编制工作，积极开展暖通空调产品通用碳排放核算准则的相关研究工作，积极筹划不同类型的暖通空调产品的核算标准，支撑我国城乡建设双碳转型的总体要求；在支撑电气化转型方面，重点关注替代燃气、热力的热泵型产品及其配套末端设备，推动低温型供暖末端和中温型空调末端产品的相关标准化探索；在智能化与数字化方面，推动建立覆盖传感器、执行器、控制器、人机交互设备、网络协议与专用设备、上位机及相关设备的暖通空调智能化标准体系，关注物联网、云计算、大数据和人工智能的发展，以标准方式推动行业升级转型，为新兴技术的广泛应用助力；在能效提升方面，应紧密跟踪国际暖通空调产品标准性能要求的最新进展，关注产业新产品新技术的开发和应用情况，稳妥积极推进暖通空调产品的性能要求提升，推动现场检测性能评价方法和相关标准的制定；关注行业一体化、小型化、分布式的发展趋势，及时响应行业要求，优先支持具有市场竞争力、发展较快的新型产品的标准立项；对于南方冬季取暖、北方农村清洁取暖、数据中心高效冷却等新场景和新问题，重点关注适用于夏热冬冷地区的新型供暖产品、低温型热泵产品、数据中心蒸发冷却产品等新型暖通空调产品及其配套设备的技术和市场发展趋势，推动主要产品的标准立项；面对未来生物安全风险不断增加的可能性，及时总结行业相关研究成果，推动相关产品标准和工程标准的制定和修编工作。

结合以上重点领域，暖通空调标准在完善采购阶段产品质量技术要求标准，设备运行检查与维护标准等方面，进一步加强和产业联系，及时听取相关企业的发展需求，推动标准体系建设更紧密地与行业发展结合。

7.2.2　加快标准国际化

标准化制度作为一项纠正市场失灵和改善福利的边界内措施，逐渐变成了世界经济规则的重要组成部分。让中国标准走向世界，是实现技术、产品和服务输出最有效的方式。标准竞争是核心技术硬实力的体现，美、日、欧等标准有其历史优势，在市场上已形成体系优势，我国标准制定和输出想要追赶发达国家的脚步，一方面要实现自身质量与技术含量提升，积极推动科研成果尽快落地转化。另一方面，技术之外的配套工作也要加速完善，特别是需要充分尊重他国文化和技术传统，与他国形成互信。

我国是暖通空调设备的主要生产国和主要市场，通过推动我国主导的国际标准，积极参与相关行业国际标准制定，并积极推动我国标准外译等工作，对于支撑我国相关行业快速发展，规避国际风险，降低潜在成本，争取国际技术产业话语权等方面意义重大。

（1）加强参与国际组织活动

加强 ISO 相关工作组的活动，积极推动更多中国主导标准的编制，积极参加相关领域标准制定，统筹开展 ISO 本领域标准的采纳。梳理国际能源署（IEA），国际电工协会（IEC）等其他有影响力的国际组织，积极拓展参与国际组织活动的深度和广度，增强国际交往，扩大国际影响。

（2）重视国际标准和主要国家标准比对

避免闭门造车，尤其在产品标准方面，加强与国际接轨和对标。除积极采纳 ISO 标准外，积极开展中国国家标准与美国 ASHRAE 标准、AHRI 标准、欧洲 EN 标准和日本 JIS 标准的比对工作，查漏补缺，补齐短板，助力我国技术进步与产业升级。

（3）加强推动外文版标准翻译工作

推动国家标准的外文版翻译工作，在新立项国标时，鼓励同时立项外文版标准，同时鼓励已经颁布的标准翻译中文版标准。建议在未来相关标准创新奖评审或其他科技奖励评审时，给应用效果好，实际效果显著的外文版标准以针对性奖励，鼓励中国标准走出国门。

（4）培养高素质国际标准化人才

加强国际标准化人才的培养，建立“传、帮、带”的体制，设立专项基金，支持重点领域突破，举办相关培训和经验交流会，打造国际化标准人才梯队。

（5）加强与国外学协会组织的交流

加强与国际暖通空调学协会等学术组织的交流，中国暖通空调学会（CCHVAC）长期以来与欧洲暖通空调学会（REHVA）、日本空气调和卫生工学会（SHASE）和 ASHRAE 等主要国家和地区的学术组织保持着紧密的合作和交往，定期举办联合学术会议和论坛，联合举办科技竞赛，这些活动都有益于增强本领域的国际互信，促进标准国际化工作开展。

7.2.3 加强宣贯宣传

（1）加强标准宣贯培训

标准宣贯培训是向标准执行人员讲解标准内容的有组织的活动，是标准从制定到实施的桥梁，是促进标准实施的重要手段。随着我国标准化工作的开展，标准数量的增多，对标准应用的要求有所提高。在标准颁布后，应主动、及时、高质量地完成标准宣贯工作。在标准执行后，定期进行标准宣贯，以帮助行业了解标准内容，熟悉标准思路，能够掌握和运用标准内容，在实际工作中发挥标准作用，检验标准质量。绿色发展和低碳转型已经成为城乡建设能源与环境领域的主旋律，全文强制规范《建筑节能与可再生能源利用通用规范》GB 55015—2021 和《建筑环境通用规范》GB 55016—2021 正式实施，全文强制规范《民用建筑供暖通风与空气调节通用规范》已经启动编制，在《近零能耗建筑技术标准》GB/T 51350—2019 实施的前提下，国家标准《零碳建筑技术标准》也即将征求意见。这些行业重要标准行业关注多，与暖通空调产品关系紧密，暖通空调产品标准的宣贯和培训可加强与行业重点标准的协同，以提高宣贯培训效果，加强暖通空调产品标准对行业主要标准的支撑作用。

（2）加强标准成果宣传

除正式的标准宣贯活动外，充分利用多种形式宣传标准成果。标准编制前和编制过程中，开展的一系列研究工作，不仅支持了标准编制过程，解释了标准内容，对于行业来说，也是重要的技术文献。鼓励标准编制组通过论文、著作等多种方式发布标准编制相关的研究成果。

在互联网技术快速发展的今天，利用网络途径，通过视频讲座、短视频科普、公众号信息等多种方式加强知识传播，扩大标准影响，创造更多社会价值。

在具体工作中，紧密结合中国建筑学会暖通空调分会和中国制冷学会空调热泵专业委员会举办的年会和行业活动，及时召开标准成果的宣传和推广论坛；积极支持相关学协会的网络课堂、在线论坛和会议等网络形式，协调鼓励制修订标准的主编单位向所在单位及行业机构提供新闻稿件，扩大社会认知和行业影响。

7.2.4　强化应用协同

（1）与工程标准协同

加强与工程标准的互动。一方面，暖通空调工程标准的编制组应积极了解涉及的产品标准的内容和动向，在工程标准中加强对产品标准的引用，并避免因不了解而重复规定不一致的内容。另一方面，产品标准编制中要以支撑产业和工程应用为目标，条文注意便于工程应用，形成与工程标准的互动，形成完善的标准体系。在当前阶段，尤其应注意与正在编制的全文强制标准《民用建筑供暖通风与空气调节通用规范》和推荐性国家标准《零碳建筑技术标准》的协同，积极主动支持主要工程标准的制修订，并在产品标准的制修订过程中，加强与行业主要标准的一致性，切实加强产品标准对行业发展的支撑作用。

（2）产品标准间协同

产品标准之间要充分协同，完善标准体系。应通过对暖通空调现有标准体系的梳理，与国际标准的对比，面向当前城乡建设领域技术发展趋势和宏观政策要求，完善考虑，提前布局，充分征求主管部门、行业专家和核心企业意见，充分沟通处理好相关归口单位所归口管理的标准之间的关系，规划好暖通空调产品的标准体系，并定期根据情况更新完善。避免标准立项编制的碎片化，构建清晰完善的产品标准体系，便于标准的使用、管理和发展。在一些处于多行业、多归口管理的产品领域，应积极通过归口单位、主管部门的协调，共同推动处于“中间地带”的标准的立项和编制工作，及时沟通联系，确保标准体系的一致、协调和有效。